全球变化热门话题丛书

主　编　秦大河
副主编　丁一汇　毛耀顺

气候系统变化与人类活动

Qihou Xitong Bianhua yu Renlei Huodong

李爱贞　刘厚凤　张桂芹　编著

气象出版社

图书在版编目(CIP)数据

气候系统变化与人类活动/李爱贞,刘厚风,张桂芹编著.—北京:气象出版社,2003.3(2009.6重印)

(全球变化热门话题/秦大河主编)

ISBN 978-7-5029-3553-5

Ⅰ.气… Ⅱ.①李…②刘…③张… Ⅲ.人类活动影响-气候变化-普及读物 Ⅳ.P461-49

中国版本图书馆CIP数据核字(2003)第018186号

气象出版社出版

(北京市海淀区中关村南大街46号 邮编:100081)

总编室:010-68407112 发行部:010-68409198

网址 http://www.cmp.cma.gov.cn E-mail:qxcbs@263.net

责任编辑:陶国庆 终审:周诗健

封面设计:新视窗工作室 责任技编:王丽梅 责任校对:王丽梅

*

北京京科印刷有限公司印刷

气象出版社发行 全国各地新华书店经销

*

开本:889×1194 1/32 印张:7.625 字数:198千字

2003年3月第一版 2009年6月第四次印刷

印数:9001~12000 定价:20.00元

本书如存在文字不清、漏印以及缺页、倒页、脱页等,请与本社发行部联系调换

序　言

全球变化科学是从20世纪80年代发展起来的一个新兴的科学领域。其研究对象是气候系统(包括岩石圈、大气圈、水圈、冰冻圈和生物圈)、各子系统内部以及各子系统之间的相互作用。它的科学目标是描述和理解人类赖以生存的气候系统运行的机制、变化规律以及人类活动在其中所起的作用与影响,从而提高对未来环境变化及其对人类社会发展影响的预测和评估能力。近20年来,全球变化的研究方向经历了重大调整。首先是从认识气候系统基本规律的纯基础研究为主,发展到与人类社会可持续发展密切相关的一系列生存环境实际问题的研究;其次是从研究人类活动对环境变化的影响,扩展到研究人类如何适应和减缓全球环境的变化。全球变化的研究已经取得了重大的进展。

气候变化是全球变化研究的核心问题和重要内容。科学研究表明,近百年来,地球气候正经历一次以全球变暖为主要特征的显著变化。近50年的气候变暖主要是人类使用矿物燃料排放的大量二氧化碳等温室气体的增温效应造成的。现有的预测表明,未来50~100年全球的气候将继续向变暖的方向发展。这一增温对全球自然生态系统和各国社会经济已经产生并将继续产生重大而深刻的影响,使人类的生存和发展面临巨大挑战。

自工业革命(1750年)以来,大气中温室气体浓度明显增加。大气中二氧化碳的浓度目前已达到368 ppmv(百万分之一体积),这可能是过去42万年中的最高值。增强的温室效应使得自1860年有气象仪器观测记录以来,全球平均温度升高了0.6 ± 0.2℃。

最暖的14个年份均出现在1983年以后。20世纪北半球温度的增幅可能是过去1 000年中最高的。降水分布也发生了变化。大陆地区尤其是中高纬地区降水增加,非洲等一些地区降水减少。有些地区极端天气气候事件(厄尔尼诺、干旱、洪涝、雷暴、冰雹、风暴、高温天气和沙尘暴等)的出现频率与强度增加。近百年我国气候也在变暖,气温上升了0.4～0.5℃,以冬季和西北、华北、东北最为明显。1985年以来,我国已连续出现了17个全国大范围暖冬。降水自20世纪50年代以后逐渐减少,华北地区出现了暖干化趋势。

对于未来100年的全球气候变化,国内外科学家也进行了预测。结果表明:(1)到2100年时,地球平均地表气温将比1990年上升1.4～5.8℃。这一增温值将是20世纪内增温值(0.6℃左右)的2～10倍,可能是近10 000年中增温最显著的速率。21世纪全球平均降水将会增加,北半球雪盖和海冰范围将进一步缩小。到2100年时,全球平均海平面将比1990年上升0.09～0.88 m。一些极端事件(如高温天气、强降水、热带气旋强风等)发生的频率会增加。(2)我国气候将继续变暖。到2020～2030年,全国平均气温将上升1.7℃;到2050年,全国平均气温将上升2.2℃。我国气候变暖的幅度由南向北增加。不少地区降水出现增加趋势,但华北和东北南部等一些地区将出现继续变干的趋势。

气候变化的影响是多尺度、全方位、多层次的,正面和负面影响并存,但它的负面影响更受关注。全球气候变暖对全球许多地区的自然生态系统已经产生了影响,如海平面升高、冰川退缩、湖泊水位下降、湖泊面积萎缩、冻土融化、河(湖)冰迟冻与早融、中高纬生长季节延长、动植物分布范围向极区和高海拔区延伸、某些动植物数量减少、一些植物开花期提前等等。自然生态系统由于适应能力有限,容易受到严重的、甚至不可恢复的破坏。正面临这种危险的系统包括:冰川、珊瑚礁岛、红树林、热带雨林、极地和高山生态系统、草原湿地、残余天然草地和海岸带生态系统等。随着气候变化频率和幅度的增加,遭受破坏的自然生态系统在数目上会有所增加,其地理范围也将增加。

气候变化对国民经济的影响可能以负面为主。农业可能是对气候变化反应最为敏感的部门之一。气候变化将使我国未来农业生产的不稳定性增加,产量波动大;农业生产布局和结构将出现变动;农业生产条件改变,农业成本和投资大幅度增加。气候变暖将导致地表径流、旱涝灾害频率和一些地区的水质等发生变化,特别是水资源供需矛盾将更为突出。对气候变化敏感的传染性疾病(如疟疾和登革热)的传播范围可能增加;与高温热浪天气有关的疾病和死亡率增加。气候变化将影响人类居住环境,尤其是江河流域和海岸带低地地区以及迅速发展的城镇,最直接的威胁是洪涝和山体滑坡。人类目前所面临的水和能源短缺、垃圾处理和交通等环境问题,也可能因高温、多雨而加剧。

由于全球增暖将导致地球气候系统的深刻变化,使人类与生态环境系统之间业已建立起来的相互适应关系受到显著影响和扰动,因此全球变化特别是气候变化问题得到各国政府与公众的极大关注。

1979年的第一次世界气候大会(主要由科学家参加)宣言提出:如果大气中的二氧化碳含量今后仍像现在这样不断增加,则气温的上升到20世纪末将达到可测量的程度,到21世纪中叶将会出现显著的增温现象。1990年11月,第二次世界气候大会(由科学家和部长参加)通过了《科学技术会议声明》和《部长宣言》,认为已有一些技术上可行、经济上有效的方法,可供各国减少二氧化碳的排放,并提出制定气候变化公约的问题。1991年2月联合国组成气候公约谈判工作组,并于1992年5月完成了公约的谈判工作。1992年6月联合国环境与发展大会期间,153个国家和区域一体化组织正式签署了《联合国气候变化框架公约》。1994年3月21日公约正式生效。截止到2001年12月共有187个国家和区域一体化组织成为缔约方。公约缔约方第一次大会于1995年3月在德国柏林召开。经过两年的艰苦谈判,1997年12月在日本京都召开的公约第三次缔约方大会上通过了《京都议定书》，为发达国家规定了到2008～2012年的具体的温室气体减排义务。

1988年11月世界气象组织和联合国环境规划署建立了"政府间气候变化专门委员会(IPCC)"，其主要任务是定期对气候变化科学知识的现状、气候变化对社会和经济的潜在影响，以及适应和减缓气候变化的可能对策进行评估，为各国政府和国际社会提供权威的科学信息。自成立以来，IPCC已组织世界上数以千计的不同领域的科学家完成了三次评估报告及"综合报告"。目前，IPCC正在准备编写第四次评估报告，将于2007年完成。此外，还组织编写了许多特别报告、技术报告。IPCC组织编写的这些评估报告，作为制定气候变化政策和对策的科学依据提交给国际社会和各国政府。它不仅为各国政府部门制定气候变化对策提供了科学信息，而且也直接影响着《联合国气候变化框架公约》及《京都议定书》的实施进程，并在荒漠化、湿地等其他国际环境公约的活动中发挥着越来越大的作用。

全球气候变化问题，不仅是科学问题、环境问题，而且是能源问题、经济问题和政治问题。全球气候变化问题将给我国带来许多挑战、压力和机遇。

国际上要求我国减排温室气体的压力越来越大。目前我国二氧化碳排放量已位居世界第二，甲烷、氧化亚氮等温室气体的排放量也居世界前列。预测表明，到2025～2030年间，我国的二氧化碳排放总量很可能超过美国，居世界第一位；目前低于世界平均水平的我国人均二氧化碳排放量可能达到世界平均水平。由于技术和设备相对落后、陈旧，能源消费强度大，我国单位国内生产总值的温室气体排放量比较高。

我国减排温室气体的潜力受到能源结构、技术和资金的制约。煤是我国的主要能源，在我国一次能源消费中，煤炭约占70%。受能源结构的制约，我国通过调整能源结构来减少二氧化碳排放量的潜力有限。如果近期就承担温室气体控制义务，我国的能源供应将受到制约。同时,因缺少相应的技术支撑,我国的经济发展将受到严重影响。因此,我国的能源结构和减排成本决定了我国不可能过早地承诺减排义务。在相当一段时期内,我国应坚持"节约能源、优化能源结构、提高能源利用效率"的能源政策,但是需要相当的技术和资金作为保证。目前发达国家希望通过"清洁发展机制(CDM)"项目,从发展中国家获得减排抵消额。这将为发展中国家获得新的投资和技术转让带来机遇。

我国党和政府对气候变化问题一直非常重视,早在1986年就成立了国家气候委员会,其职责是参加国际有关组织相应的活动,并在开展气候研究、预报、服务等工作中,负责对外的国际合作、交流,对内起到组织协调的作用,并与各有关部门共同协商、配合工作,充分发挥各有关单位的积极性,使气候科学更好地为国家建设服务。1995年成立了国家气候中心,专门从事气候监测、预测和评价等工作,为我国经济建设和社会发展提供了卓有成效的服务。目前,气候变化与生态环境问题已引起党和政府的高度关注。但是总体来看,迄今为止我国还未把适应与减缓气候变化影响的问题真正提上议事日程,这方面的研究仍十分薄弱和不足。由于全球气候变暖可能给我国自然生态系统和社会经济部门带来难以承受的、不可逆转的、持久的严重影响。因此,应对全球气候变暖的影响,趋利避害,应成为我国实施可持续发展时必须重视的问题之一。需要全面深入研究气候变化对我国自然生态系统和国民经济各部门的影响后果、可采取的适应与减缓措施,并在对其进行成本-效益分析的基础上,提出我国适应与减缓气候变化影响的规划和行动计划。

为了宣传和普及气候和气候变化方面的科学知识,提高公众在全球变化问题上的科学认识,我们组织编撰出版这套《全球变化热门话题》丛书。本套丛书一共18册,由国内相关领域的知名专家撰稿,内容包括以下三方面:一是以大量监测数据为基础,揭示全球变化的若干事实及其在各个分系统中的表现形式;二是以太阳辐射、大气化学、大气物理、环境和生态演变等多学科交叉理论为基础,深入浅出地阐述气候变化的成因;三是以可持续发展理论为指导,提出人类适应和减缓全球变化的各种对策、途径和方法。该丛书的出版,旨在使人们对全球变化有清醒而全面的科学认识,从而更加关注全球变化,并且在更高的层次上、更广泛的范围内认识我国在全球变化中的地位和作用,自觉参与人类社会的共同决策,保护人类赖以生存的地球环境。

国家气候委员会主任
中国气象局局长　秦大河

2003 年 3 月 23 日

目 录

前言
第一章 气候系统与全球变化 …………………………………（1）
    从失落的古代文明说起 ……………………………………（1）
        古代文明的失落与人类活动 ……………………………（2）
        中国古代文明的兴衰与人类活动 ………………………（6）
        古文明衰落的启迪 ………………………………………（10）
    气候系统及其驱动过程 ……………………………………（11）
        气候系统 …………………………………………………（11）
        驱动全球气候系统的基本过程 …………………………（15）
        人类活动影响气候系统的主要途径 ……………………（19）
    全球环境变化 ………………………………………………（21）
        盖娅(Gaia)假说与新地球观 ……………………………（21）
        人类面临的全球环境问题 ………………………………（23）
    气候和环境变化的敏感带和脆弱带 ………………………（26）
        脆弱生态环境 ……………………………………………（26）
        生态脆弱带 ………………………………………………（27）
    全球变化研究的优先领域 …………………………………（29）
第二章 人类活动与大气污染 ………………………………（33）
    震惊世界的大气污染事件 …………………………………（33）
    大气污染源和大气污染物 …………………………………（37）
        大气污染源 ………………………………………………（37）

  大气污染物 …………………………………………（38）
  大气污染的类型 ……………………………………（42）
 气象条件与大气污染 ……………………………………（43）
  主要污染物在大气中的迁移转化 …………………（43）
  污染物在大气中的积聚、扩散………………………（44）
 室内空气污染 ……………………………………………（48）
  室内空气污染的主要污染物、来源及影响 ………（48）
  改善室内空气质量的对策 …………………………（49）
 大气污染的生态效应 ……………………………………（50）
  大气污染与植物危害 ………………………………（50）
  大气污染与人体健康 ………………………………（51）
 环境空气质量周报和预报 ………………………………（53）
  环境空气质量周报和日报 …………………………（53）
  空气污染警报和预报 ………………………………（54）
 大气污染控制 ……………………………………………（55）
  大气污染综合防治的原则 …………………………（55）

第三章 大气微量成分的变化与全球气候环境问题 ………（61）
 全球变暖 …………………………………………………（61）
  气候变化的事实 ……………………………………（61）
  温室气体与温室效应 ………………………………（67）
  全球气候变化预测方法简介 ………………………（75）
  未来全球和中国气候变化的预测 …………………（76）
  全球气候变暖对全球环境的重大影响 ……………（78）
  防治温室效应的基本对策 …………………………（87）
 地球生命的保护层被破坏——臭氧层耗减 …………（90）
  臭氧层破坏的原因 …………………………………（94）
  臭氧层破坏的危害 …………………………………（98）
  保护臭氧层 …………………………………………（100）
 肆虐的酸雨………………………………………………（102）

酸雨…………………………………………………（102）
　　　酸雨的成因……………………………………………（104）
　　　酸雨的危害……………………………………………（106）
　　　酸雨的控制……………………………………………（110）
　"核冬天"之忧……………………………………………（113）
　　　反温室效应与"核冬天"………………………………（113）
　　　从与核战争类似的自然现象来看"核冬天"…………（114）
　　　"核冬天"的生态后果…………………………………（118）
第四章　土地利用方式的改变与气候变化……………………（119）
　人类活动与荒漠化………………………………………（119）
　　　荒漠与荒漠化…………………………………………（119）
　　　荒漠化的类型和等级…………………………………（121）
　　　荒漠化土地的分布和发展趋势………………………（123）
　　　荒漠化成因……………………………………………（125）
　　　荒漠化的危害…………………………………………（131）
　　　防治荒漠化对策………………………………………（135）
　森林与气候变化…………………………………………（143）
　　　森林的现状……………………………………………（143）
　　　森林的生态作用………………………………………（146）
　　　森林与气候……………………………………………（149）
　　　森林的保护和重建……………………………………（153）
　下垫面水分状况的变化与气候…………………………（156）
　　　水域小气候……………………………………………（156）
　　　湿地与气候变化………………………………………（160）
　海洋荒漠化的气候效应…………………………………（173）
　　　海洋荒漠化……………………………………………（173）
　　　赤潮……………………………………………………（176）
第五章　城市化的气候效应……………………………………（181）
　城市化与城市荒漠化……………………………………（181）

　　　　城市化 ································· (181)
　　　　城市荒漠化 ····························· (183)
　　城市气候 ··································· (184)
　　　　城市气候的形成及影响范围 ··············· (184)
　　　　城市气候的特点 ························· (187)
　　城市气候灾害的防御和局地气候的改善 ········· (192)
　　　　城市大气环境综合整治 ··················· (192)
　　　　城市高温灾害的防御 ····················· (198)
　　　　城市绿化与局地气候的改善 ··············· (200)
　　　　城市"噪光"危害与防治 ··················· (202)

第六章　关爱环境，善待地球 ······················· (207)
　　"生物圈2号"的启示 ·························· (207)
　　　　"生物圈2号"实验 ······················· (207)
　　　　"生物圈2号"失败的原因分析 ············· (209)
　　　　"生物圈2号"的启示 ····················· (211)
　　人类与地球环境 ····························· (212)
　　　　人类与环境 ····························· (212)
　　　　全球环境变化是人类面临的共同挑战 ······· (215)
　　　　人类环境保护史上的三个路标 ············· (217)
　　可持续发展 ································· (223)
　　　　"牧童经济"与"宇宙飞船经济" ············ (223)
　　　　可持续发展 ····························· (226)
　　中国的环境与发展对策 ······················· (228)
　　　　中国的环境保护任重而道远 ··············· (228)
　　　　环境问题的行为对策 ····················· (229)

参考文献

第一章
气候系统与全球变化

　　气候系统是那些能够决定气候形成及其变化的各种因子的统一体。气候系统包括五个物理组分:大气圈、水圈、冰雪圈、陆地表面和生物圈。

　　气候与人类息息相关,它是人类生存的基本物理环境的主要部分之一,是最容易被人类感受到的生存环境部分,给人以直接的刺激作用,使人感受到冷暖、干湿及其变化;反过来又深受人类活动的影响。从古埃及文明的衰落,到玛雅文化的毁灭;从全球气候变暖、酸雨、臭氧洞扩大到沙尘暴的肆虐,人类文明的发展无不关乎到气候系统及生态环境异常变化,这些影响又困扰着人类社会,阻碍了人类社会的进步和发展,甚至危及到人类的生存。人类社会不得不开始反省、认识并试图改变这一变化的进展。

从失落的古代文明说起

　　人类只有一个地球。集天地之灵气,采万物之精华,勇敢的人类从洪荒时代走到了文明的世纪。人类的智慧创造了经济发展的奇迹,无知与贪婪却留下了可怕的恶果。

人类既是环境的产物,又是环境的改造者。人类在其发展进程中,运用自己掌握的知识,通过劳动,不断改造自然,创造新的生存条件。在征服自然走向文明的历史进程中,人类取得的每一次进步几乎都伴随着对地球环境的巨大冲击。

古代文明的失落与人类活动

历史学家曾用了一句话来勾画历史:"文明人跨越过地球表面,在他们的足迹所过之处留下一片荒漠。"人们常说,历史是一面镜子。曾经辉煌的古文明的消失,使我们现在只能从文字记载和考古发现中去了解它们。世界古文明策源地的共同悲剧,就是对现代人类的警示。

古埃及文明:北非是人类文明的摇篮之一,巍峨耸立的金字塔、图腾卡蒙法老墓及亚历山大灯塔为代表的埃及文化达到了当时人类文明的巅峰。古埃及文明可以说是"尼罗河的赐予"。在历史上,每到夏季,来自上游地区富含无机物矿物质和有机质的淤泥随着河水的漫溢,都要给埃及土地留下一层薄薄的沉积层,其数量不致于堵塞灌渠、影响灌溉和泄洪,但却足以补充从田地中收获的作物所吸收的养分,近乎完美地满足了农田对于有机质的需要,从而使这块土地能够生产大量的粮食来养育生于其上的众多人口。正是这样无比优越的自然条件造就了埃及漫长而辉煌的文明。然而由于尼罗河上游地区的森林不断地遭到砍伐,以及过度放牧、垦荒等,使水土流失日益加剧,尼罗河中的泥沙逐年增加,埃及再也得不到那宝贵的沃土,昔日的"地中海粮仓"从此失去了往日的辉煌,埃及文明创造者们留给子孙后代的遗产,除了古老的文明外,还有90%完全沙漠化的土地。

巴比伦文明:人类文明的另一个发源地美索不达米亚经历了同样的遭遇。美索不达米亚平原位于幼发拉底河和底格里斯河之间(现伊拉克境内),公元前,这里曾经是林木葱郁、沃野千里,富饶的自然环境孕育了辉煌的巴比伦文化——"楔形文字"、《汉穆拉比法典》、60进制计时法……苏美尔、亚述、阿卡德和巴比伦人相继在公元前4000年至公元前2000年间,创造了令世人叹为观止的城市文明。然而,巴比伦人在创造灿烂的文化、发展农业的同时,却由于无休止地垦耕、过度放牧、肆意砍伐森林等,破坏了生态环境的良性循环,使这片沃土最终沦为风沙肆虐的不毛之地,漫漫黄沙使巴比伦王国在地球上销声匿迹。那座辉煌的巴比伦城,直到近代才由考古学家发掘出来,重新展现在世人面前。

印度文明:南亚的印度河流域,是人类早期文明的发祥地之一。4000年前,那里曾是气候宜人、农业发达、物产丰富的肥沃良田,盛产小麦、芝麻、甜瓜和棉花,是名符其实的粮仓。然而,由于人类无休止地向大自然索取,毫无顾忌地开垦,使温德亚山和喜马拉雅山南麓的水土大量流失淤塞了河道,破坏了生态结构和生态平衡,使肥沃的土地变成了不毛之地,终于形成了今日 $65 \times 10^4 km^2$ 的塔尔沙漠。

复活节岛的兴衰:复活节岛是太平洋上一个偏僻荒凉的小岛,面积不足 $400km^2$,人口最多时也不过7000人,它距最近的大陆——南美洲西海岸有3000km之多,距最近的有人居住的岛屿——皮特凯恩岛也有近2000km之遥。但是它的一部文明兴衰史,却是昭示人类未来的一面镜子。

1722年复活节,荷兰海军上将罗格温(Roggeveen)乘阿雷纳号船到了一个无名岛屿,成为访问该岛的第一个欧洲人。复活节岛也因此而得名。使欧洲人感到震惊的是岛上600余尊高大的石雕像和一个极其落后野蛮的原始社会,两者形成鲜明对照。当时岛上大约有3000人,都生活在破烂的芦苇棚或山洞中。为了生存,岛民之间整日械斗不断,因为食物极度匮乏,人们甚至同类相食。后来不断有来自欧洲的探险者登上复活节岛,包括著名的库克船长(1774年)。1770年,西班牙人占领了复活节岛,但是由于距离遥远、人口稀少、资源匮乏,西班牙对这里从未实行真正的殖民统治。

所有的来访者无不为岛上存在的文明遗迹与落后野蛮的社会现实之间的巨大反差而感到困惑。

考古学家证明,复活节岛曾经有过辉煌的文明。并认为复活节岛的居民属于波利尼西亚人,公元5世纪到达复活节岛,已是全球大迁移的晚期。当时,复活节岛上土壤肥沃,温度、湿度很高,但是水源奇缺,岛上无常年性河流,仅有的淡水来自死火山形成的湖。由于与世隔绝,生物物种很少,只有30种本地植物、几种昆虫、两种蜥蜴,没有哺乳动物,岛屿周围水域中鱼也不多。波利尼西亚人在家乡时主要食用鸡、猪、狗、波利尼西亚鼠以及甘薯、芋头、两色果、香蕉、椰子和白薯。但是,移民们很快发现这里的气候不适宜亚热带植物(如两色果和椰子)的生长,芋头和甘薯的产量也很有限。移民的食品因此只限于白薯和鸡。这种单一的农业文明使移民们一度生活得很悠闲。据估计,5世纪时复活节岛的移民不超过20~30人。后来人口缓慢增长,大家庭成为基本的社会单位,有亲属关系的家庭组成了部族,每个部族有自己的宗教中心和祭祀活动,族长组织这些活动,并在族内分配食物。

花粉分析表明,当时岛上草深林密。而后来的造神运动——建造和运输雕像构成了对林木最大的需求,也直接导致了复活节岛的衰亡。当时的居民散居在农舍中,并在农舍周围播种庄稼;社会活动则集中在祭祀中心,即被称为阿库(Aku)的大石头平台。人们在这里举行葬礼、祭祀和纪念亡故的族长。岛民们精心组织宗教仪式,沿着海岸线在全岛建造了300多处宏伟的阿库,每一处阿库有1至数尊石像。这些石像成为复活节岛文明一度兴盛的见证。

制作石像是一项巨大的工程。每尊石像约6m多高,几十吨重。在采石场制作,再运输到全岛各处的阿库。因为缺乏运输设备,岛民就砍伐森林,用圆木滚动雕像。1550年,复活节岛人口达到7000人,部族之间的争斗开始加剧。人们竞相建立阿库,以树立本族的权威。到16世纪,岛上共建了几百个阿库,竖立了600多尊雕像。然而就在此时,由于岛上森林被砍伐殆尽,运输雕像的工作不得不停了下来。几百尊未完成的雕像遗落在采石场周围。

森林消失对岛民的生活和生产产生了严重影响。从16世纪初开始,树木匮乏迫使许多人不得不去住石洞。一个世纪以后,人们已经找不到适用的木材制船,渔业生产也难以为继。森林砍伐还使得水土流失日趋严重,农业收成锐减,粮食供应出现危机。更为严重的是,没有了船,岛民甚至无法逃避环境厄运。社会和文化危机也接踵而至。不能继续竖立雕像,使人们产生了信仰危机。为了争得有限的资源,部族之间开始了无休止的战争。战争的主要目标是破坏对方的阿库,石雕像在战争中被推倒。到1830年,岛上已经没有站立的雕像了。

18世纪登上复活节岛的欧洲人看到,除了火山口的底部外,岛上的森林已经荡然无存。1877年,秘鲁人宣布岛上的全体居民成为他们的奴隶,但是此时岛上只有110名老人和儿童。最后复活节岛被智利接管,成为一个由英国公司管理的有40000只羊的牧场,岛上最后剩下的几个人生活在一个小村庄里。

复活节岛的岛民一度建立了繁荣的物质文明,但是当社会和经济的发展超越了资源的承载力时,文明就走向衰败。复活节岛的岛民没有认识到,他们生活在一个几乎与世隔绝的岛上,他们的生死存亡与小岛上有限资源的可持续性息息相关。如果他们不能协调环境与发展的关系,只能看着资源一点点被消耗殆尽,自己一步步走向死亡。

玛雅文明的消亡:在美洲的三大印第安文明中,4世纪兴起于中美洲尤卡坦半岛的玛雅文明是最早的仪式文明和都市文明,比北方墨西哥的阿兹特克文明和南方秘鲁的印加文明都要早数百年。当时的玛雅人兴建了规模巨大、功能完备的城市,并有着极为先进的数学体系和天文历法。但是这样一个高度发达的文明却在10世纪时突然消失,一直是不解之谜。经过多年研究,目前被学术界普遍认同的一种看法是,玛雅文明是由于当地连年发生旱灾,摧毁了古文明赖以生存的农业。而玛雅人又没有打井筑渠的水利知识,在河流湖泊干涸断流之后,农业的歉收引起了一系列连锁反应,巨大的都市文明最终分崩离析,解体成中美洲丛林中若干支印第安部落。但是导致尤卡坦半岛地区旱灾频发的原因是什么?这一直是学术界争论的重点。美国佛罗里达州大学地质学家戴维·霍德尔在最近的研究中提出:玛雅文明的消失与太阳的周期性活动增强有关。这位学者发现,玛雅地区发生的旱灾有着明显的周期性,大旱灾每隔208年就发生一次,最严重的一次发生在公元750年至850年,这正是玛雅文明消失的年代。而一些专家曾经提出,严重的干旱是玛雅人口剧增、森林受到无节制破坏的必然结果。

玛雅人有着复杂的宗教体系,所有的城市都是以宏伟巨大的金字塔和神庙为核心,在兴建金字塔和神庙时,玛雅人习惯于用白石灰来粉刷外墙。烧制石灰需要大量木柴,玛雅人便开始砍伐森林。随着城市规模不断扩大,金字塔修建得日益增高,对木柴的需求量也越来越大,最后,大片森林被砍伐殆尽,当地的环境也逐渐恶化,干旱自然不可避免。对此,目前在墨西哥南部和中美洲各国广泛分布着的玛雅金字塔遗迹,就是最好的证明。

中国古代文明的兴衰与人类活动

黄河流域的变迁:黄河流域是华夏文明的发祥地。据考证,4000多年前,这里森林茂盛、水草丰富、气候温和、土地肥沃,商代时黄河流域的森林覆盖率曾达到50%以上,先民在此逐水而居,繁衍生息,创造了辉煌的古代文明。

秦始皇统一中国之后,开始大兴土木,毁伐森林。为修建阿房宫,砍光了整个蜀地山岭上的树木。故有"蜀山兀,阿房出"之说。

到了汉朝,人口剧增,粮食需求急剧增长,毁林开垦就成为解决粮食问题的最重要手段。于是,出现了规模空前的大垦殖,耕地面积由秦时的 10^8 亩[①]左右,上升到西汉时期的 8×10^8 亩,土地的

[①] 1亩 $=666.\dot{6}\mathrm{m}^2$,下同。

增加多为毁林开垦所造。现在的乌兰布和沙漠在西汉之前还是植被很好的地区,经过历代砍伐开荒,到了北宋,这里已是"沙深三尺,马不能行,行者皆乘橐驼"的地区了。

东汉至隋朝年间,由于战乱,人口锐减,环境压力相对减轻,生态环境有了一定的恢复。后至唐朝,经济繁荣趋于鼎盛,人口急剧增长,又开始了新的一轮更大规模的毁林开垦,仅新垦土地就达 6×10^8 亩。史称"开天宝之中,耕者益力,四海之内,高山绝壑,耒耜亦满"。这种对"高山绝壑"的开垦,使水土流失日益加剧。黄土高原沟壑纵横,满目疮痍;黄河泥沙含量不断增加,中华民族的这条"母亲河"成为世界上泥沙含量最高的河流;黄河流域水土流失使黄河的河床日趋增高,下游河段竟高出地面几米甚至十多米,形成"悬河",遇到暴雨时节,河水便冲决堤坝,泛滥成灾,黄河因此而成为名符其实的"害河"。

天灾加上人祸,使黄河流域经济渐趋衰落,等到安史之乱之后,昔日繁华的黄河流域,竟到了"居无尺椽,人无烟灶,萧条凄惨,兽游鬼哭"的地步。田地荒芜,水利失修,人口大量死亡和南移,使黄河流域社会经济开始衰落,曾经孕育了灿烂文明的黄土高原成为我国最贫穷的地区之一。

楼兰古国的消失:1900年,斯文·赫定的探险队进入了塔克拉玛干沙漠东部的罗布泊地区,发现了在历史上赫赫有名后又销声匿迹的楼兰。这时楼兰古城消失于沙漠之中已经1500年了。

楼兰国始建于公元前176年,消亡于公元630年,共有800多年历史。楼兰城是楼兰国前期重要的政治经济中心,在丝绸古道上盛极一时。当时这里地势平坦,水丰草茂,盛产鱼虾蒲苇野麻,有玉石、驴马、马鹿、骆驼等物产,物产富饶,人口兴旺。

在古丝绸之路上,楼兰道是主要的通道,它从敦煌的玉门关、阳关,翻过三陇沙、阿齐克谷地和白龙堆,经土垠抵楼兰古城,再沿孔雀河岸到西域腹地。楼兰是塔里木盆地东部的十字路口,往西、往东、往南、往北可通向西域全境,形成交通网络,楼兰是古西域交通枢纽。楼兰古城作为一个丝绸之路上的重要城市,在活跃了几个世纪之后突然消失了,直到20世纪初才被探险家发现。古楼兰是如何突然消失的?那深埋在沙漠之下的古城要告诉人们什么?

塔里木河与开都河在今新疆尉梨县境汇合后形成孔雀河,孔雀河自西向东流,最后注入终点湖罗布泊。楼兰的城池、寺院和村落广布于孔雀河下游两岸和罗布泊湖畔。没有水是导致楼兰古国消亡的最根本的原因。而水的减少直到消失,既有气候变化的原因,也有人为原因。在解剖已有3800年历史的楼兰美女时发现其肺部沉积有大量沙土,说明当时气候已经开始恶化了。

楼兰地处塔里木盆地最低洼地带,塔里木河下游经常改道,使得罗布泊实际上成为不断游移的湖泊;塔里木河下游不断改道还几度造成孔雀河断流,从而最终导致终点湖罗布泊的枯竭;而楼兰人为大兴土木以及其奇特墓葬形式"太阳墓"砍伐了大量树木,使土地失去了涵养水源的能力,最终带来了生态恶化,使塔克拉玛干大沙漠不断东侵,楼兰古城最终消失于漫漫风沙之中。

古楼兰是如何神秘消失的?

2001年,北京电视台组织了大型电视科考系列报道活动"百年发现世纪穿越——人与水的记忆"。11月14日,科考队一行从库尔勒向位于罗布泊西岸的楼兰古城进发,他们穿过奇形怪状的雅丹地带"龙城",进入到了广阔平坦的罗布泊湖盆。在罗布泊,最大的感慨是,所谓"沧海桑田"的变迁,可能并不需要预想中那么长的时间,在坚硬无比、绵延不绝的盐碱壳子上颠簸,很难想象,50年前这里还可以划船,还能打上1m多长的鱼。中上游的引水灌溉和水库的修建使塔里木河不再注入罗布泊,1972年,罗布泊蒸发完了最后一滴水,成为一片死亡之海。因为水的消失,一个湖的废弃乃至一个城市的废弃,这样的故事在塔克拉玛干沙漠中并不鲜见。比如楼兰,当天黄昏,车队用整整一个下午的时间走过18km极其难走的雅丹地貌,终于到达楼兰古城。面对黄昏中的楼兰古城,有谁能不动容呢?在夕阳的金色光辉中,高大的佛塔和"三间房"苍凉而悲壮,千年前的木桩在晚霞中好似要燃烧起来,陶罐的碎片撒了满地,粗大的胡杨树枝像干枯的绳子一样卷曲,轻轻一碰就会碎掉……

1900年3月初,瑞典探险家斯文·赫定率领的探险队沿着干枯的孔雀河左河床来到罗布荒原,在穿越一处沙漠时发现他们的铁锹不慎遗失在昨晚的宿营地中。赫定只得让他的维吾尔族助手阿尔德克回去寻找。这位助手回来的时候,不仅带回了铁锹,而且还拣回了几件木雕残片。赫定见到残片非常激动,第二年3月,他回到这里进行挖掘,发现了大批文物。这就是令世界震惊的楼兰古城。

历史上,楼兰属西域三十六国之一,楼兰城位于罗布泊西北岸边,孔雀河南岸7km处,是楼兰故国的都城,是楼兰国前期重要的政治经济中心,在丝绸古道上盛极一时,楼兰道是古丝绸路上主要的通道,是古西域交通枢纽。

楼兰古城作为一个丝绸之路上的重要城市,在活跃了几个世纪之后突然消失了,直到20世纪初才被探险家发现。楼兰究竟是如何神秘消失的?一直是近代学者多年争论不休的一个问题。

一个说法是战争,认为楼兰是为仃零所灭,或者是被北方匈奴游牧民族所灭。但气候恶化论是目前较占上风的论点,认为是因为自然变化造成国家大迁移。

也有考古专家认为,政治和社会巨变是楼兰废弃的诱因。

不管怎样,楼兰荒废最根本的原因还是没有水,著名历史地理学家王守春认为,水的减少直到消失,除了气候变化的原因,更主要的是人为原因。从历史上看,也多次发生过由于人口的增加,上游对河水的过度引取,使下游河流来水减少和河道的不稳定,最终导致下游古遗址废弃的事情。

还有一种说法认为,楼兰人为大兴土木以及其奇特墓葬形式"太阳墓"砍伐了大量树木,最终带来了生态恶化。"太阳墓"外表奇特且壮观,围绕墓穴的是一层套一层的共七层由细而粗的原木。木桩由内而外,粗细有序。圈外又有呈放射状四面展开的列木,整个外形酷似一个太阳,在已发现的七座墓葬中,成材原木达一万多根,数量之多,令人咋舌。

古人云:"今之于古也,犹古之于后世;今之于后世,亦犹今之于古也。"楼兰留下的"人与水的记忆",是一段惨痛的历史。

不过,看一看今天的罗布泊,看一看塔里木河下游大量因缺水而衰败的胡杨林,我们也足以担忧,我们留给后人的记忆,将是什么样的历史呢?

古文明衰落的启迪

纵观古代文明,它们都在兴盛繁荣和辉煌了十多个世纪之后毁灭了,或者埋藏在沙漠下,或者遗留在荒野中,成为历史陈迹,只有在考古发掘中证明它的存在。文明人主宰环境的优势仅仅只能持续几代人。这些文明在经过几个世纪的成长与进步之后迅速地走向衰落和覆灭,其平均生存周期为 40~60 代人(1000~1500年)。在大多数情况下,文明越是灿烂,它持续存在的时间就越短。文明之所以会在孕育了这些文明的故乡衰落,主要是由于人们毁坏了支撑文明生存和发展的环境。一部文明的兴衰史,实际上就是一部人类征服自然、盘剥自然并最终自食恶果的辛酸史。

从古文明的兴衰中,我们能得到一些什么样的教训和启迪呢?

启迪之一:倡导一种尊重自然、善待自然的伦理态度,将是人类文明持续的基础。自然环境是我们赖以生存的母体,人类不过是自然之子,当我们从自然母体中汲取营养而创造文明时,我们不要忘记自然母亲的恩德,更不能做一个以怨报德的不孝子孙。而应自觉充当维护自然稳定与和谐的调节者。

启迪之二:拜自然为师、循自然之道的理性态度,是人类文明发展的不竭动力。许多古文明之所以从强盛走向衰落,是因为他们在文明发展过程中很少或根本没有遵循自然规律和生态规律,对自然界肆意开发和掠夺,从而导致自然生态系统的崩溃,最终酿成文明的衰败。而今天,我们仍未汲取应有的教训,甚至采用更强大的手段破坏着更大范围的生态系统。如果说,过去的农业文明和游牧文明破坏的只是局部的生态系统,最终导致一个区域性的文明衰败;那么现在的工业文明破坏的则是整个地球生态系统。因此,人类必须从现在起,拜自然为师,循自然之道,按照自然规律和生态规律办事,从自然界中学习我们的生存和发展之道。

启迪之三:倡导一种保护自然、拯救自然的实践态度,将是人类文明长盛不衰的根本保证。人类在不断吞噬自然的躯体,同时也在品尝自己所酿造的苦酒。今天,人类比任何时候都能领略到气候变化的威胁。

政府间气候变化专业委员会(IPCC)2001年的评估报告显示,20世纪全球表面平均温度增加了 $0.6℃±0.2℃$,而过去50年观测到的大部分增暖可以归咎于人类活动。如果人类再不行动,对自然仅仅说一声遗憾或者抱歉,那么,100年后,全球平均地表气温将继续上升,巨大的热浪将会席卷地球每一个角落,海洋中漂浮的冰山将会融化得无影无踪。面对如此可怕的前景,我们必须以人类的良知、远见和气魄,采取坚实的行动,来弥补前人以及我们自己对自然所犯下的过错。

气候系统及其驱动过程

气候系统

气候与人类息息相关,它是人类生存的基本物理环境的主要部分之一,是最容易被人类感受到的生存环境部分,给人以直接的刺激作用,使人感受到冷暖干湿及其变化。

人们对气候及气候系统的认识有一个发展过程。在20世纪50年代之前,气候被用于描述一个地区的统计平衡状态,用一些气候因子(如温度、气压、降水、湿度、风等)的统计平均值来说明。

20世纪50年代以后的研究发现,前面定义的"气候"在不同时间尺度上仍然表现出不同的特征。一个地区的气候并不处于统计"平衡"状态,而是经历着不同时间尺度的变化,因此需要从"过程"的角度来研究气候。气候的形成和变化是非常复杂的物理、化学和生物过程,在较长的时间尺度和较大的空间尺度上,大气运动必然受到海洋、陆地、冰雪等诸多因素的影响,是人类居住的地球表层系统中各个圈层相互联系、相互作用的结果,因此,"气候"概念中增加了新的内容。到70年代,传统的"气候"概念和领域从单一的大气行为逐渐扩展成"气候系统"概念和领域,即包括了大气圈、水圈、冰雪圈、陆地表面和生物圈等各部分,从"系统"的观点出发,研究有关全球及区域气候和环境的整体行为与个体行为。

气候系统是那些能够决定气候形成及其变化的各种因子的统一体。按照世界气象组织(WMO)的意见,完整的气候系统应包括五个物理组分:大气圈、水圈、冰雪圈、陆地表面和生物圈,如图1.1所示。

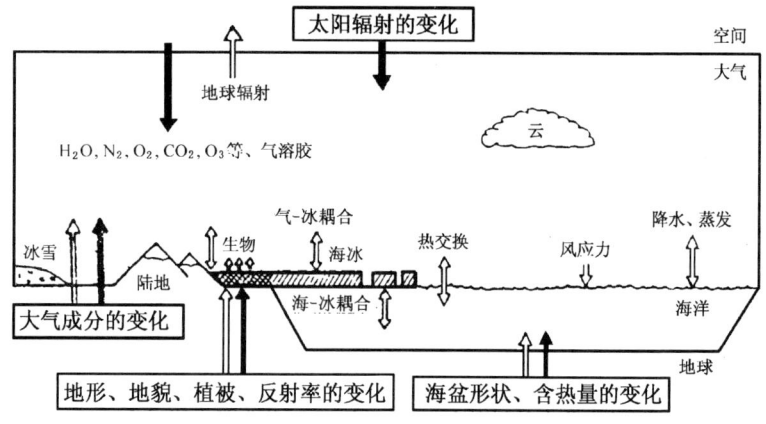

图 1.1　气候系统示意图
图中实箭头表示气候变化的外部过程,空箭头表示气候变化的内部过程

大气圈:大气圈是地球的气体包围圈,也是气候系统中最活跃的、变化最大的组成部分。

大气是由多种气体混合组成的气体及浮悬其中的液态和固态杂质所组成。大气中气体的主要成分是氮(N_2)、氧(O_2)和氩(Ar)。而臭氧、二氧化碳、甲烷、氮氧化物(N_2O、NO_2)和硫化物(SO_2、H_2S)等在大气中的含量虽很少,但对大气温度分布及人类生活却影响很大。由于人类活动的加剧,近数十年来大气中的二氧化碳、甲烷、一氧化二氮等温室气体有与年俱增的趋势。大气中水汽含量虽不多,但它是天气变化中的一个重要角色。水的相变和水分循环不仅把大气圈、海洋、陆地和生物圈紧密地联系在一起,而且对大气运动的能量转换和变化,以及对地面和大气温度都有重要的影响。大气中还悬浮着多种固体微粒和液体微粒,统称大气气溶胶粒子。

由于人类活动的加剧,空气中增加了许多污染物质,这些污染物质有污染气体,也有固体和液体气溶胶粒子。污染物质的含量虽微小,但对人类和气候环境的危害很大,成为全球瞩目的环境问题。

地球大气的密度、温度、压力、成分和电磁特性等都随高度变化,具有多层次的结构特征。按照温度随高度的变化,在垂直方向上,可将大气分为五层,即对流层、平流层、中间层、热层和散逸层。对流层是大气圈最低的一层,赤道地区对流层约16～17km,两极附近只有8～9km。对流层虽然较薄,但却集中了整个大气质量的3/4和几乎全部的水汽,主要大气现象都发生在这一层中,是对人类活动影响最大的一层。自对流层顶到55km左右为平流层,平流层内存在着大量臭氧能够直接吸收太阳紫外辐射,保护地表的生命系统。人类活动不仅影响对流层,而且影响了平流层。

水圈:天然聚集的水和人工聚集的水均称为水体,水圈是地球表层水体的总称,包括海洋、湖泊、江河、地下水和地表上的一切液态水,水圈处于连续的运动之中,通过水的循环,水圈的各部分互相交换,不断更新。通过这个过程,水圈的各部分联系在一起,构成了地球水循环的主要内容。

在气候形成和变化中,海洋的作用最重要。海洋在气候系统中是一个巨大的能量贮存库,是驱动地球环境其它部分的重要驱动源之一。据估算,到达地表的太阳辐射能约有80%为海洋表面所吸收。通过海水内部的运动,海洋上层平均厚度约240m的水温有季节变化,其质量为8.7×10^{10}t,热容量为36.45×10^{16}MJ/C。大气、海洋活动层和陆地活动层的质量比是1:10.4:0.55,热容量比是1:68.5:0.45。无论从动力学还是热力学效应来看,海洋在气候系统中具有最大的惯性,是一个巨大的能量贮存库。如果仅考虑100m深的表层海水,即占整个气候系统总热量的95.6%,可见其在气候系统中的重要性。上层海洋或冰与大气的相互作用时间尺度为几个月到几年,而深层海洋的热力调整时间则为世纪尺度。

陆面：陆地表面包括山脉、地表岩层、沉积物和土壤等，它们具有不同的海拔高度和起伏形势，可分为山地、高原、平原、丘陵和盆地等类型。它们以不同的规模错综分布在各大洲之上，构成崎岖复杂的下垫面。在此下垫面上又因岩石、沉积物和土壤等性质的不同，其对气候的影响更是复杂多样。例如海陆分布和大地形对大气环流的形成起着重要作用，地表层土壤作为大气中主要微粒来源对气候变化影响很大。陆地表面的变化主要源自于地质运动，其变化时间尺度甚长，对地质时期气候变化的影响作用巨大。

冰雪圈：冰和雪是水的固态形式，与液态水和气态水相比，冰和雪是相对稳定的，因此将它们从水圈中提出来，单独列为冰雪圈。冰雪圈包括大陆冰原、高山冰川、海冰和地面雪盖等。目前全球陆地约有 10.6% 被冰雪所覆盖。海冰的面积比陆冰的面积要大，但由于世界海洋面积广阔，海冰仅占海洋面积的 6.7%。陆地雪盖有季节性的变化，海冰有季节性到几十年际的变化，而大陆冰原和冰川的变化要缓慢得多，其体积和范围显示出重大变化的周期在几百年甚至几百万年。冰川和冰原的体积变化与海平面高度的变化有很大关系。由于冰雪对太阳辐射的反射率很大，而在冰雪覆盖下，地表（包括海洋和陆地）与大气间的热量交换被阻止，因此冰雪对地表热量平衡有很大的影响。

冰雪圈的分布范围对地球表面的温度变化极为敏感。冰雪覆盖面上由于温度低，蒸发量小，抑制了地表面与大气间的水分交换，因此冰雪覆盖不仅起到致冷的作用，还起到致干的作用。

生物圈：生物圈主要包括陆地和海洋中的植物，在空气、海洋和陆地生活的动物，也包括人类本身。生物圈的厚度约 30km，上至大气圈平流层的中部，下到深海海底，生命现象在陆地、海洋和大气底层中到处都存在。但绝大部分生物集中在地面以上 100m 至水下 200m 之间，这里是生物圈的核心部分。

生物圈是大气、水和地壳长期演化的产物，又参与了地表、水和大气的深刻改造。生物圈的各部分在变化的时间尺度上有显著差异,但它们对气候的变化都很敏感,而且反过来又影响气候。生物对于大气和海洋的二氧化碳平衡、气溶胶粒子的产生,以及其它与气体成分和盐类有关的化学平衡等都有很重要的作用。

陆地上的植被和海洋浮游生物、特别是海洋浮游植物是生物圈中最重要的部分,与其它圈层存在有密切的联系。通过植被的生长,将土壤、大气、水和植被紧密联系在一起,进行物质、能量的传递和交换,把太阳能转换为生物化学能,并吸收二氧化碳,释放出氧气。

人类活动既深受气候影响,又通过诸如农牧业、工业生产及城市建设等活动,不断改变土地、水等的利用状况,从而改变地表的物理特性以及地表与大气之间热量与水分的交换,对气候产生影响。

气候系统是一个巨大而复杂的系统,是大气圈、水圈、陆地表面、冰雪圈、生物圈相互联系、相互作用的整体,是一个与外界进行物质和能量交换的开放系统。它的每一个组成部分都具有十分不同的物理性质,并通过各种各样的物理过程、化学过程和生物过程同其它部分联系起来,共同决定各地区的气候特征。气候系统的任何变化都会影响到人类的生存与发展,反过来,人类的生产和生活活动也必然对这一系统产生深刻的影响。尤其是人类社会进化到高度物质文明的今天,人类的这种影响越来越深刻,范围越来越广泛。

驱动全球气候系统的基本过程

驱动全球气候系统的基本过程是在太阳辐射对地-气系统的加热和地面、大气层向太空发射长波辐射的冷却的共同作用下,低纬度获得的热量多,高纬度获得的热量少,形成纬度间的温度梯度;同时,由于海陆的热容量不同,形成海陆之间的温度梯度。纬度间和海陆间的温度梯度推动了大气环流,大气环流形成了风系。

海洋受盛行风、地球自转作用、海岸和岛屿的分布和形状、海水密度分布不均匀等的影响,形成海洋环流。大气环流和海洋环流把热量从高温地区输送到低温地区,使各地区的热量处于动态平衡状态,如偏离平衡状态将使气候发生变化。

地球上的气候一直在经常和广泛地发生着波动。不同时间尺度的气候和环境变化有不同的驱动因素,有许多自然因素可使气候发生变化。可能影响气候变化的主要因素如图 1.2 所示。

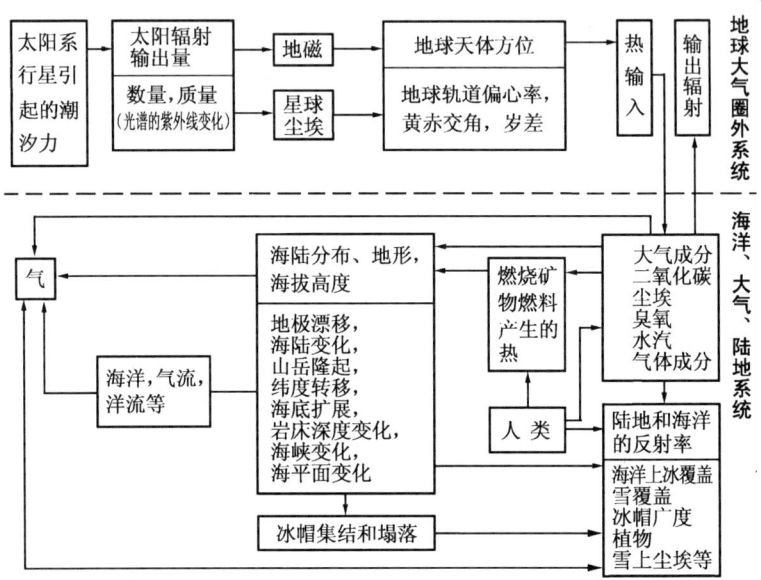

图 1.2 影响气候变化的可能因素

目前人类最为关心的是十到百年尺度上的全球变化,因为它与当前人类社会面临的问题和如何发展关系最密切。但人们还不能完全清晰地描述十到百年尺度上全球变化过程,就目前的认识水平来说,驱动全球气候系统变化的主要过程有:

大气化学成分的控制和调节:如果不考虑人类活动的影响,大气化学成分在很大程度上是由生物圈、特别是植被对气体的吸收和排放过程决定的。植被可以与大气进行气体交换,产生许多微量气体,其中包括二氧化碳、甲烷、一氧化二氮等温室气体。这些气体还与其它源于生物的微量气体,如一氧化碳、氮氧化物等,在消耗臭氧中扮演重要角色。人类活动排放大量的化学物质,将对全球大气化学成分的控制和调节产生重大影响。

平流层过程：平流层中 20～30km 存在着大量臭氧，臭氧层能够直接吸收太阳紫外辐射，使温度显著升高。在平流层内，气温随高度增加而升高。臭氧层吸收太阳紫外辐射以及臭氧等发射长波辐射的不均匀，造成不均匀加热，驱动了平流层的大气环流。臭氧层大大降低了到达地表的对生物有杀伤力的短波辐射(波长小于 $0.3\mu m$)强度，从而保护着地表生物和人类。如果平流层中的化学成分发生了变化，例如臭氧被大量消耗或大量硫化物气溶胶进入平流层，就可能影响平流层和对流层的热力结构，调整大气环流。

海洋物理过程：正如前面已经提到的，海洋是一个巨大的能量和物质贮存库。海洋过程包括海洋物理过程和海洋生物化学过程。海洋的物理过程对于气候的形成和变化作用十分突出。海洋不但在地表-大气系统间的热量输送中起着重要作用，也是全球水循环的主要水汽源；它可以过滤大气变化中的快速部分，只保留下其缓慢变化信息，并以慢过程对大气施加影响；海洋可长久地"记忆"大气过程的异常，并把海洋过程的异常施加给大气过程，对气候起到调节作用；海洋和大气之间存在着各种气体和其它物质的交换。

海洋生物化学过程：生物圈循环的碳中，95%存在于海洋中。海洋中二氧化碳的存储量比大气中高55倍，海洋对二氧化碳的吸收、输送和释放是调控大气中二氧化碳含量的一个关键因素。海洋中的生物过程参与了对碳循环的调控，而在此过程中，大量的浮游植物可能起主要作用。

陆面过程和生态系统：陆面过程是指发生在陆地表面、控制地面和大气之间热量、动量、水分和其它物质的交换过程，他们影响气候和环境的变化。例如，大气、植被和土壤表面之间的热力过程；地面摩擦对陆面与大气之间动量交换的影响；大气降水、土壤表面水分的蒸发和植物的蒸腾、水汽的凝结、液态水的流动、冰雪的融化和冻结等构成的地面水文过程；地面与大气之间的物质交换等等。这些过程直接或间接受到气候的影响，也直接或间接影响着气候。由于人类活动改变了地表的特性，因而也改变着气候。

陆地生态系统、特别是植被与陆面过程联系极为密切。全球生态系统及其生物过程是调控气候、调控地球化学环境和化学过程极为重要的部分,反过来也受到后者的调控。在气候与生态系统之间存在着反馈机制,被称为"生物物理反馈"。例如一处森林植被被破坏,其地面对太阳辐射的反射率就增大,破坏了原来的能量平衡,使地面气温下降。根据热力学的一般原理,在该地区的上空就会引发高层空气的下沉运动。空气在下沉中增温,以实现新的能量平衡;下沉的空气相对湿度变小,导致该地区的降水减少,更不利于植物的生长。裸露地面的增加使地面反射率进一步提高,从而构成了一个正反馈过程。

海洋过程和陆地过程是相互联系的,在海洋和陆地之间的过渡带表现得更为明显。

水的多种作用:水在气候系统内存在的形式多种多样。形式不同的水在气候系统中的作用也不相同。大气从海洋、湖泊、河流及潮湿土壤的蒸发中或植物的蒸腾中获得水分。水分进入大气后由于它本身的分子扩散和空气的运动传递而散布于大气之中。在一定条件下水汽蒸发凝结,形成云、雾等天气现象,并以雨、雪等降水形式重新回到地面。地球上的水分就是通过蒸发、凝结和降水等过程循环不已。水分循环对气候过程变化起着非常重要的作用。

水汽是大气中最重要的一种温室气体。在相对湿度保持不变的条件下,气温上升使水汽含量增加,从而增加对地表射出长波辐射的吸收,结果使低层大气的温度进一步升高。但地面温度升高将促使地面蒸发加剧,从而导致大气中水汽含量增加,促使云得到发展,云量的增加使入射到地表的太阳辐射减少,地面温度随之降低。

固态水即冰雪。冰雪表面对太阳辐射的反射率大,使温度下降,而温度的降低,将导致更多的冰雪形成,从而使温度进一步降低。反之,气候系统如因为某种原因增暖,冰雪减少,反射率减小,则会使地球持续升温。然而在南极和格陵兰这些有巨大冰盖的地方情况则相反。

用生命构筑的堤墙挡不住狂戾的风沙

——远古的贝壳梁见证生命的脆弱

柴达木盆地都兰县诺木洪乡境内的努尔河附近,有一道长约2km左右,宽约70m的小丘陵,当地人称贝壳梁。揭开贝壳梁表面薄薄的盐碱土盖,下面竟是厚达20m的瓣鳃类和腹足类生物贝壳堆积层。这一罕见的自然奇观,是迄今为止我国内陆盆地发现的最大规模的古生物地层。贝壳梁的贝壳最大的如铜钱般大小,而多数只有指甲盖大,纹理较浅,同含有盐碱的泥沙凝结在一起,层层叠叠,千姿百态。古贝壳地层堪称科研瑰宝,它是研究柴达木盆地以及塔里木、准噶尔等内陆盆地数万年以来的气候变迁、盐湖演变乃至预测今后气候变化趋势的宝贵地质资料。

人们对贝壳梁的成因有着许多猜测。从事过多年地质研究工作的王秉贤认为,根据古地磁年龄,贝壳梁的形成是在距今约15万年前。他这样描绘了贝壳梁的形成过程:柴达木在漫长的地质时期中由海变成了湖,在无数次旱风与干燥的交替演变中,湖水水面逐年缩小,泱泱大湖渐渐干涸露底,旱风挟着飞沙威胁水族。贝类为求得生存转向中心水洼。诺木洪北面一带是盆地最低洼处,贝类们成群结队地涌来,在古河道上越积越多。不知何时,河水改道,旱象加剧。风沙狂戾之下,贝类全部灭绝,只留下贝壳的堤墙,挡不住水退,挡不住死亡,只有从贝壳缝隙间涌出的泉水,汇成一弯细流诉说着远去的历史。

"不管是低级动物,还是高级动物,有一个适合自己的生存环境何其重要!我们人类要加倍爱护自己的家园。"王秉贤的感慨说出了我们共同的心声。

人类活动影响气候系统的主要途径

地球从诞生到现在大约已有46亿年,而人类的历史只有300万年左右。按照达尔文的比喻,如果用现在的1年代表5000万年的话,地球已经相当于92岁了,最早的植物和动物是在地球84岁时才出现的。人类的出现仅仅是8个小时之前的事情。人类在不到2个小时前开始了农业活动,而工业革命经历的时间还不到5

分钟。但正是这 5 分钟,人类却大大改变了地球系统本来的面貌,当然也改变了气候系统的面貌。

人类活动影响气候变化的时间尺度大约是百年的尺度。人类活动对气候系统的影响途径可归纳成五个方面:

改变了气候系统的化学组成,特别是大气中微量成分的变化:人类从地壳中提取元素,通过不同途径,又把这些元素撒向地表。人类每年向大气排放的铅、汞、砷、镉等超过自然背景值 20 倍到 300 倍。SO_2 的大量排放使酸雨泛滥。大气中的氟氯烃、四氯化碳和二氯乙烷等气体增加后,使臭氧层变薄。人类每年向海洋倾倒的船舶废物 640 万吨,石油 200 万吨,废塑料 15 万吨。海上油膜杀死大批浮游生物和海鸟,还会产生海洋沙漠化效应。

改变热量平衡:人类活动影响热量平衡主要有四个途径:大气中二氧化碳等温室气体增加使温室效应增强;大气尘埃增加引起的阳伞效应;人为燃烧燃料放出热量改变了局部热量平衡;灌溉、耕作、建设改变下垫面性质,影响热量循环。

改变土地利用方式:人类活动导致的土地利用和土地覆盖的变化极其广泛和深刻。由于人口激增,森林和草地等自然植被常常被开辟成农业用地,城市化又将大批自然植被和农耕地变为钢筋水泥森林。近 300 年来,人类已砍掉占陆地面积五分之一的森林。20 世纪 80 年代以来,每年砍伐森林 $15 \times 10^4 km^2$。陆地表面有一半以上被改变了土地覆盖类型。土地荒漠化的趋势有增无减。而土地利用的一个最显著特征就是对农业用地的集约化管理,以满足人口增长带来的粮食需求,这种集约管理方式对区域和全球的生物地球化学也产生了深刻的影响。人类利用机械动力和炸药,可以把大量土壤、覆盖物和基岩,从一个地方搬到另一个地方。其消极后果是毁灭植物,引起水土流失,造成采石场、废石堆、土堤等人造小地形,触发陷坑、塌陷、滑坡,改变地下水网络。

改变水分循环和水平衡:人类建水库,修运河、渠道,疏干沼泽、围湖造田,对水分循环进行大规模干预。目前,地球上的人工水库总面积比里海还大。有些地区人工开挖的河渠代替了自然水系。人工水库改变了水库周围的小气候,引起地下水位上升,造成沼泽化。人工灌溉增加蒸腾和蒸发,改变地表反射率,降低白昼温度,提高空气湿度。大水漫灌在干旱区引起土壤次生盐碱化。

人类活动加速湖泊萎缩过程。我国从南到北,湖泊的数目在减少,湖泊的面积在缩小。历史上著名的罗布泊和玛纳斯湖已经干枯。从1950年以来,江汉平原上的湖泊总面积减少70%。

海洋石油污染使海洋出现了荒漠化趋势,抑制了水分的蒸发,可能造成水分平衡的失调。

干扰和破坏自然生态系统:人类砍伐森林,草地过度放牧,滥捕滥采野生动植物,干扰和破坏自然生态系统,从而改变了全球生物地球化学循环。热带森林动植物资源最丰富,也是砍伐最严重的地区。森林面积减少的后果之一是物种资源减少。在消灭生物品种的同时,人类培育了许多优秀的生物品系。高产的蛋鸡、肉鸡、奶牛,提高了家禽、家畜饲养的劳动生产率。

全球环境变化

盖娅(Gaia)假说与新地球观

盖娅(Gaia)假说的来源和概念:一个世纪以前,Suess 提出了"生物圈"的概念。20世纪30年代末,前苏联学者 Vemadsky 出版了《生物圈》一书,提出了地球生物圈是一个由生命控制的、完整的动态系统的观点。生物圈概念将全球的生命系统看作一个整体,与其环境——大气圈、水圈、土壤圈和岩石圈发生作用。

20世纪60年代末和70年代初,英国地球物理学家 Lovelock 和美国生物学家 Margulis 提出了"盖娅(Gaia)假说"。盖娅(Gaia)是希腊神话中的大地女神,古希腊人用以代表大地和大地上所有的生命(包括人类)所组成的大家庭。借用她的名字提出这样的假说:地球具有生物的所有特点,或者说可以把地球看作一种生物。

如同人体可以调节体温和血糖含量使其维持在一个稳定的水平上一样,地球也具有这种内稳定性,她可以调节自己体内的"器官与系统",使之适应气候、营养水平和环境因子等变化,从而保持"机体"的稳定性。因此,地球这个盖娅是一个巨大的可自我调节的系统,是一个超巨生物。这个系统的关键是生物。假如地球上生物消失,那么 Gaia 也就消失,地球环境就要大变样,最终会变成类似其它无生命行星那样。人类社会可以被看作是盖娅的神经系统。人类可以感觉到环境的变化,并把感受到的信息加工成使盖娅做出适应环境变化或用以改造环境的各种决策。认识人类这个"神经网络"与地球这个"盖娅"躯体的相互作用,培养出一个感受灵敏的神经网络和思维正确的大脑,从而保证盖娅能够更好地调节机体状况,适应环境变化,维持稳定与健康。目前,"盖娅"假说的主要观点已得到普遍承认,当然也遭到一些人的反对。如有人批评说,"盖娅"不能繁殖,不能有多个"个体"的生死可供选择,所以无从选择。

基于"盖娅"假说的新地球观:到 20 世纪 80 年代末,一个新的地球观已在形成中。传统的地球观可以说是传统物理学的地球观,把地球看作是一个物理学意义上的物体。而新地球观描绘的是一个有生命特征的地球,一个活的地球,具有类似于生命系统的自我调节、自我控制的特征。新地球观的形成基于人们对地球生命系统的逐渐认识。新地球观的基本点:一是由生物圈、大气圈、岩石圈、水圈组成的地球表层是一个远离物理学和化学平衡态的开放巨系统,生物圈是这个系统的核心;二是地质史实际上是生物圈与其它圈层相互作用、协同进化的历史;三是自生命诞生以来 80%以上的时间里,环境主要是以蓝细菌为主的单细胞生物控制的,多细胞生物的作用是在维持大气圈和水圈成分的同时,加速地球表面的物质循环强度和能量储存,只是到了最近 2000 多年,人类改造环境的能力才迅猛提高;四是人类社会已经成为地球表层系统内的特殊组成部分,工业革命后,人类改造环境的强度正以指数方式增加,人类因素已上升为主导因素,并在近期内迅速演变成单一优势。人类活动已经并且继续改变地球表层系统和气候系统,其未来的状态越来越依赖于人类社会的行动。

人类面临的全球环境问题

在地球从形成到现在漫长岁月中,地球环境在各种自然力的作用下,沧海桑田,变化万千,但这些变化相对比较缓慢。然而,进入工业化社会以后,人为因素和自然因素的交互影响和叠加作用已使得地球环境发生了并正在发生着巨大的变化,其速度和规模都是前所未有的,已经对包括人类在内的地球生命系统构成了巨大的威胁。按照最近的国际地圈与生物圈计划(IGBP)的理解,全球变化的内容应包括大气成分变化、全球气候变化、土地利用和土地覆盖的变化、人口增长、荒漠化和生物多样性变化。人口增长是全球变化的最主要的驱动因子,由于人类的影响,导致大气成分和土地利用、土地覆盖的变化,最终引起全球气候变化、生物多样性丧失以及土地的荒漠化。全球变化的主要内容及其关系如图 1.3 所示。

全球环境变化的突出表现除了全球增暖、臭氧层损耗、酸雨问题(详见第三章)、土地荒漠化(详见第四章)外,还表现在:

森林锐减:过去数百年里,温带地区国家失去了大部分森林。最近几十年以来,热带地区国家森林面积减少的情况更加严重。1980~1990 年,世界上有 $1.5 \times 10^8 hm^2$ 森林(占森林总面积的 12%)消失了。森林过度砍伐的结果,导致了水土流失、土地退化、物种减少、温室气体排放增加,气候恶化,旱涝灾害发生频率增加。

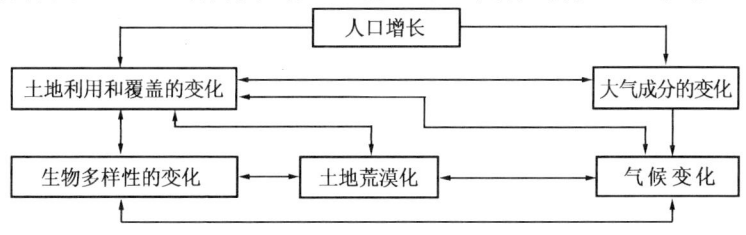

图 1.3　全球变化的主要内容及其关系

生物多样性减少：由于城市化进程加快,森林、湿地和草原减少以及环境污染,使自然区域越来越小,生物的栖息地遭到破坏,生物种被滥用,导致数以千计物种灭绝。科学家认为在过去6亿年中,每年灭绝的生物只有几种,而目前每天约消失50个物种,并且未来物种灭绝的速度可能是现在的10倍。甚至有人预测,今后50年内,陆地动植物的一半将面临灭绝。一些物种的绝迹意味着生态系统的破坏,还会导致许多有助于农作物战胜恶劣气候的基因消失,甚至会引起新的瘟疫。生物多样性减少大大改变了化学元素的源和汇,干扰了化学元素在地球环境中的循环,进而影响到气候变化和土地利用、土地覆盖的变化。当一种生物体进入以往未曾分布过的地区,并能繁殖以延续自己的种群,叫做生物入侵。生物入侵是全球变化的组分之一,和其它全球变化现象紧密相连。

外来生物入侵
—— 生态系统的癌变

外来生物入侵,简称外来种入侵,指因为人类的活动有意或无意地将产于外地的生物引到本地,现在生物快速生长繁衍,危害本地的生产和生活,造成自然生态系统或景观的明显变化,或给当地自然或人为生态系统造成损害,带来很大危害。

日本植物克株的花美丽迷人,还能散发出甜甜的葡萄酒的香气。美国以观赏植物引进。后来由于克株生长快,并能在极其恶劣的土壤条件下生长,适应性极强,还是优良的绿肥和饲料,美国开始大规模推广。1940年仅在得克萨斯就种植了50万英亩。可是由于克株的大量繁殖,到20世纪60年代,当年致力于研究培育克株的农业部门,转向研究如何控制和清除克株。

薇甘菊是原产于中、南美洲的菊科草质藤本植物,生长极为迅速,繁殖力极强,扩散速度极快,控制极其困难,成为热带、副热带危害最严重的杂草。薇甘菊产生蔓生茎,攀缘并缠绕其它植物,使成片树木枯萎死亡,所到之处则无它草。它1919年在香港出现,80年代入侵深圳,现在薇甘菊正在迅速向珠江三角洲扩散,分布面积急剧增加,已危害的林地面积4万余亩。深圳内伶仃岛国家级自然保护区,薇甘菊覆盖了全岛7000余亩山林的40%～60%,使600多只猕猴和穿山甲、蟒蛇等重点保

> 护动物现在面临严重的食物短缺。
> 　　飞机草和紫茎泽兰属菊科,原产于中美洲,解放前后由中缅、中越边境传入云南南部,现已广泛分布于云南、广西、贵州、四川,并很快向北推移。仅云南的发生面积就达 $24.7 \times 10^6 km^2$。以漫山遍野密集成片的单优势植物群落出现,大肆排挤当地植物,影响林木生长和更新,侵入经济林,影响栽培植物生长,堵塞水渠,妨碍交通。
> 　　松突圆蚧"隐藏"在进口的杉木中潜入我国,先是在广东沿海,随后扩散至华南、华东并向北蔓延。所到之处松树成片死亡。90 年代初达 $72 \times 10^4 km^2$。还有一种原产于美国的松粉蚧,1988 年随进口的松树穗条进入我国,1996 年已损害松林 $27 \times 10^4 hm^2$。70 年代后期美国白蛾潜伏在交通工具进入我国,能咀嚼几乎所有的绿色乔木,现已在辽、鲁、冀、陕、津、沪发现。
> 　　外来生物入侵带来的危害和损失巨大,如美国、印度、南非三个国家的经济损失分别为 1500、1300、800 亿美元,还不包括隐性损失,如对人类的伤害和死亡,当地物种的灭绝,改变景观资产的美学价值损失。在全世界濒危植物中,有 35%～46% 是部分或完全由外来生物入侵引起的。

水资源问题:水资源问题主要是淡水资源的短缺和水质污染。地球上的水循环使水分布于全球,也造成全球水量分布的不均衡。人均水资源量不到 $2000 m^3$ 的国家有 40 个,人口比例占 12%,这还不包括像中国这样地区性缺水严重的国家。据估计,从 21 世纪开始,世界上将有 1/4 的地方长期缺水。而有限的水资源又受到污染,进一步加剧了水资源短缺。有人预计 21 世纪一些国家之间会因水发生激烈的争端,甚至战争。

化学污染:大工业带来的数百万种化合物以各种形式进入空气、土壤、水、植物和人体中,即使作为地球上最后的大型天然生态系统的冰盖也受到了污染。

无序的城市化:人口爆炸、农业土地退化、贫穷,所有这些因素促使第三世界数以百万计的农民离开农村,聚集于大城市。城市的扩大使下垫面的性质发生了变化,而多数大城市里的空气污染严重。它们的共同作用使城市气候和环境恶化。

人口增长：巨大的人口压力是全球变化的主要驱动因子。从1850年至今的150年时间里，世界人口由10亿增长到60多亿，并且这种增加的趋势还在加速，据预测，到21世纪末，世界人口将增加到120亿。庞大的人口数量意味着人类需要的粮食、衣物、能源加倍，也意味着人类将更快、更大规模地开发利用自然资源，更加迅速地改变环境，加速全球变化，这对人类自身生存的影响是不可估量的。有效控制世界人口增长已成为解决全球环境问题的关键。

气候和环境变化的敏感带和脆弱带

全球变化并非到处一致变化，而是一些地区变化大些，另一些地区变化较小。敏感带就是指那些比较容易出现大变化的地带。既然敏感带变化大，则更容易造成严重的社会经济影响，因而需要格外重视。另一方面，敏感带的变化信号可能预示着全球变化的发展方向，监测有关的信号对预测未来全球变化有直接的参考意义。如何定义敏感带，众说纷纭。但大体来说，敏感带往往也是脆弱生态环境区或生态脆弱带。

脆弱生态环境

脆弱生态环境是指那些抗外界干扰能力低、受到外力作用后恢复比较艰难、自身稳定性差的生态环境。当生态环境退化超过了在现有社会经济和技术水平下能长期维持目前人类利用和发展水平时，称为"脆弱生态环境"。其一般的特征是：自然生产力较低，生产力受到局部气候、地形、地表物质或土壤等某种因子的限制；或存在敏感生态因子并受其作用；或抵抗外来干扰的能力差。在全球范围内，相对脆弱的生态系统是岛屿生态系统、热带森林生态系统、干旱区生态系统、高寒带生态系统等。岛屿因海洋阻隔作用、热带森林因强烈的日照和豪雨作用、干旱区因缺水、高寒地区因生物生长过于缓慢，分别成为导致其"脆弱"的主要自然作用力。现在，由于人为的影响遍及地球的每一个角落,已成为影响生态系统的主要作用力,因而强大的人为作用力与强烈的自然作用力迭加的地带就成为脆弱生态系统的主要分布区。

生态脆弱带

生态脆弱带的主要特征是,它是多种要素的联合作用和转移区,各要素相互作用强烈,常是非线性现象显示区和突变发生区;生态环境的抗干扰能力弱,对外力的阻抗相对较低;界面区生态环境一旦遭到破坏,恢复原状的可能性很小;生态环境的变化速度快,空间迁移能力强,因而也造成生态环境恢复的困难。生态脆弱带大多是不同类型的环境区域之间的过渡带,或者说是不同性质自然地理系统互相作用形成的独具特点的交界地带。例如,海洋系统与陆地系统、山地系统与平原系统、农业生态系统和牧业生态系统都是不同性质的自然地理系统(包括原生的和次生的),它们之间分别形成海陆交接带、山地平原交界带和农牧交错带。相对于系统内部来说,交界带对外界条件的变化较为敏感。这是因为交界带是自然地理系统的边缘交汇带,边缘带的环境条件是该系统代表性生命系统的最低限条件,只要外界环境条件发生较小的变化,生命系统就会受到显著影响。例如,森林和草原之间的过渡带往往是草木混杂的地带,未来的气候和环境不论是向有利于森林还是有利于草原的方向发展,都会首先反映在这种过渡带,森林中心地带不会很快变为草原,草原中心地带也不会很快变为森林。

大型海洋环流和大气环流中心系统的影响边缘区往往是脆弱带,如果环流形势有变化,这种地带最易受到影响。因此交接带是开展全球环境变化研究的关键区。从全球环境来看,主要的交界带有干湿交替带、水陆交界带、农牧交错带、森林边缘带、沙漠边缘带、地形梯度联结带等。

在全球气候变化研究中,强调的是那些大尺度的多种环境要素均具有过渡性质的敏感带。比较典型的例子是北非的萨赫勒

(Sahel)地区和我国北方部分地区。从大气环流形势来看,这些地区处于夏季风影响的北缘地带,季风的强弱极大地影响当地的降水量;从植被条件看,它们正是森林和草原的交错地带;从人类活动来看,它们是农牧交错带;从更大的自然地理背景看,它们的一面是低纬度的沿海湿润和半湿润区,另一面是副热带大沙漠或内陆大沙漠。其环境的变迁与全球变化联系紧密。

撒哈拉沙漠扩展导致上千万人沦为"生态难民"

20世纪80年代中期,一场大饥荒席卷了非洲撒哈拉地区,在干旱荒漠区的几个国家中,至少有上百万人被饥饿和四处蔓延的疾病夺去了生命,有上千万人背井离乡,沦为"生态难民"。这场饥荒起源于连续的干旱。1958~1975年的17年间,非洲遇到了大干旱,干旱区的面积近$18 \times 10^6 km^2$,约占全非洲土地总面积的60%。恶劣的气候使撒哈拉沙漠向周围扩展,东南部原本脆弱的环境急剧恶化,植被完全被毁,成为大片荒漠。

在1968~1974年期间,撒哈拉大沙漠每年向南延伸50km。而在最近50年内,撒哈拉沙漠吞掉了南部宜农宜牧的土地近$65 \times 10^4 km^2$,流沙前沿总长达350km以上。在苏丹首都喀土穆周围,50年代中期还是一片热带稀树草原风光,20年后,却只有在该城以南90km以外的地方才能见到这种景观。北部也由于沙漠的扩展,牧场每年退化约1000km^2,尼罗河三角洲每年被沙漠侵吞掉约13km^2。

撒哈拉沙漠的扩展无疑是人类社会发展给生态环境带来的远期效果。人口增长与过度放牧、过度耕种给原本就十分脆弱的生态环境带来了毁灭性的灾难。可以说20世纪70年代的非洲撒哈拉地区的大旱灾是20世纪60年代西非大规模扩大农作物耕种面积的直接后果。人口激增驱使人们扩大耕种面积,农田面积的增加使牧场面积更加减少,而牧畜量却有增无减,只能进一步扩大放牧范围……这种连锁式的人类活动使原本多样性的植被破坏,持续的单一块茎作物耕种使土地的肥力下降,土壤表层板结。土地失去了调节气候的功能,风蚀和水蚀带来水土流失和干旱。人类对自然环境的过度干涉与异常气候相互叠加使生态环境轻而易举地崩溃,并失去复原能力,最终逐渐演变为一场持续的灾难。

全球变化研究的优先领域

人们最关心的变化是地球系统中与人类生存环境最密切相关的部分。气候系统的组成部分(大气圈、水圈、陆地表面、生物圈、冰雪圈)及它们之间的相互作用,加上对一些外界强迫的响应,是构成全球变化的最重要因素,也是全球变化研究的基本内容。

目前,全球变化研究的优先领域主要有生物地球化学过程,陆地生态与气候的相互作用,海气相互作用,生物多样性,古气候变化与生态响应、全球变化的社会经济评估等。

国际重要的研究计划有世界气候研究计划、国际地圈生物圈计划、全球环境变化的人文因素计划、生物多样性计划等。

国际全球变化的主要研究计划简介

全球变化是一个多学科领域,不同的国际机构单独或联合提出并组织了众多的研究计划。下面介绍的是几个主要研究计划。

1. 世界气候研究计划(WCRP)

在全球变化研究的有关计划中,WCRP 着重研究气候系统中物理方面的问题。该计划从 1980 年开始实施,包括以下 6 个子计划:

(1)热带海洋与全球大气计划(TOGA) 该计划从 1985 年开始执行,其主要任务是:研究 $20°N \sim 20°S$ 范围内的热带海洋和全球气候的逐年变化,从而确定这些变化的机理,以提高中、长期天气预报的准确性;研究建立几个月至数年时间尺度海洋与大气耦合系统变化的预报模式的可行性,探讨厄尔尼诺现象的响应机制。

(2)世界大洋环流实验(WOCE) 该项目从 1990 年开始实施,其主要任务是:发展气候变化预测模式,收集验证模式所需的资料;确定对海洋长期变化有代表性的 WOCE 特定数据集。

(3)全球能量与水循环实验(GEWEX) GEWEX 旨在提高模拟全球降水和蒸发的能力,它的科学目标为:根据对大气和陆面特征的全球测量,确定水文循环和能量通量;模拟全球水循环及其对大气、海洋和陆面的影响;预测水文过程和水资源对环境变化的响应;促进观测技术的发展,综合归纳各类数据,使其适合于长期天气预报、水文和气候预测。

(4) 平流层过程及其在气候中的作用(SPARC) SPARC 是 WCRP 中的一个新计划,旨在了解平流层如何影响气候,并预报平流层未来状况对于平流层、平流层气候系统的影响。SPARC 的研究内容还涉及人类活动导致的平流层臭氧变化、火山喷发进入平流层的气溶胶以及温室气体浓度增加导致的平流层变化对气候的影响。

(5) 北极气候系统科学(ACSYS) ACSYS 也是 WCRP 的一个新项目,目的是研究和模拟北极地区海洋水文过程和海冰的变化。

(6) 气候变率及其可预报性计划(CLIVAR) CLIVAR 是 WCRP 一个新的 15 年研究计划,它研究气候变率和可预报性以及气候系统对人类活动的反映。CLIVAR 由以下 3 个部分组成:全球海洋、大气和陆地系统的季节到年际尺度的变率和可预报性(CLIVAR-GOALS);10 年到百年尺度气候变率和可预报性(CLIVAR-DecCen);人为气候变化的模拟和检测(CLIVAR-ACC)。

2. 国际地圈生物圈计划(IGBP)

IGBP 是由国际科学联合会(ICSU)组织的跨学科的国际合作项目,侧重地圈和生物圈的相互作用,于 1986 年正式确立。它的目标是了解控制地球系统及其演化的物理、化学和生物等相互作用的过程,以及人类活动在其中所起的作用。其应用目标是增强人类对未来几十年至百年尺度上重大全球变化的预测能力,为国家的资源管理和环境决策服务。

IGBP 已确定了 8 个核心计划和 3 个支撑计划。

(1) 国际全球大气化学计划(IGAC) 该计划由 IGAC 及国际气象和大气科学学会(IAMAS)所属的大气化学和全球污染委员会(CACGP)共同支持,目标是认识全球大气化学组成,陆地和海洋生物圈过程以及人类活动对它的影响,从而在全球尺度上预测自然和人为的因素对大气化学的影响。

(2) 全球海洋通量联合研究(JGOFS) 该计划于 1990 年 3 月开始实施,侧重研究海洋内部以及海洋边界在海洋生物和化学、海洋循环和相关物理因素以及人为活动的影响下的碳交换过程。认识和预测区域至全球尺度大气-洋面-洋底系统的季节和年际变化,解释气候变化的成因。

(3) 过去的全球变化(PAGES) 1991 年 3 月形成 PAGES 的实施计划。通过对历史资料和保存在树木年轮、湖泊和海洋的沉积物、珊瑚、冰芯等中的自然信息的研究,并借助于现代物理、化学分析技术恢复过去环境的变化并区分自然因素和人为因素的影响,以此为依据,检验未来全球变化预测模型。目前集中研究两个时间阶段,一是最近 2000 年的地球历史;二是晚第四纪的最后几十万年的冰期、间冰期旋回。

(4) 全球变化与陆地生态系统(GCTE) GCTE 计划旨在分析全球尺

第一章 气候系统与全球变化

度上大气成分、气候、人类活动和其他环境变化对陆地生态系统结构和功能的影响,预测未来全球变化可能对农业、林业、土壤和生态系统的影响。

(5)水循环的生物学方面(BAHC) BAHC 计划研究植被在地表和大气水文工程中的作用,它有两个主要目的:通过野外测量,确定生物圈对水文循环的控制,发展从小块植被到大气环流模式(GCM)网格单元尺度上的土壤-植被-大气系统中能量和水通量模式;建立能用于描述和验证生物圈与地球物理系统间相互作用模拟结果的适当数据库。

(6)海岸带陆海相互作用(LOICZ) LOICZ 计划侧重模拟和预测 10 年尺度上海岸带对全球气候变化的响应,为沿海地区的长期可持续发展、经济和社会政策服务。研究内容包括:外力或边界条件的变化对近海通量的影响;海岸生物地貌学与海平面上升;碳通量与痕量气体的排放;全球变化对海岸系统的经济和社会影响。

(7)全球海洋生态系统动力学(GLOBEC) 1995 年确定的 GLOBEC 的主要目标是认识全球海洋生态系统及其亚系统的结构和功能,提高海洋生态系统对全球变化响应的预测能力。

(8)土地利用与土地覆盖变化计划(LUCC) 鉴于土地利用与土地覆盖变化研究对于深入认识全球环境变化的重要性,IGBP 与 IHDP 于 1992 年正式确立了共同的核心计划——LUCC。拟运用系统手段和综合案例研究,建立能在区域尺度上预测未来土地利用和土地覆盖格局的模型。LUCC 近期的研究计划主要围绕人为活动引起的过去 300 年间土地覆盖的改变、未来 50 年土地利用变化对土地覆盖的可能影响、不同地理和历史背景下引起的土地利用变化的主要人为原因以及全球环境变化对土地的利用和土地覆盖影响等方面。

(9)全球分析、解释与建模(GAIM) GAIM 是 IGBP 3 个支撑计划之一。整个地球可以划分为物理气候亚系统与生物地球化学亚系统。与物理气候系统的大气环流模型(GCM)相对应,GAIM 在不同的时空尺度上构建、评估和运用一系列的模型和数据库,并用他们解决与全球生物地球化学亚系统有关的问题。

(10)数据与信息系统(IGBP-DIS) IGBP-DIS 也是 IGBP 的 3 个支撑计划之一。它的目的是汇集和处理各个核心计划产生的数据以及卫星遥感数据,使它们能够在各个计划之间互相使用。它的任务包括开发和维护数据采集通道,按一定标准处理数据、传播数据、制定数据管理政策以及促进各核心计划之间的数据交换。

(11)全球变化的分析、研究和培训系统(START) START 也是 IGBP 的 3 个支撑计划之一,它是一个包括世界不同区域研究网络(RRN)的系统,每一个 RRN 包括一个区域研究中心(RRC)和若干个区域研究站(RRS)。区域研究中心是本地区的信息中心,并起着协调地区内外的作用。RRN通过RRC相互联系,形成全球系统,通过它进行科学信息的分发,以组织研究和执行国际上主要的核心计划。START的意义是为区域尺度和全球尺度之间提供联系,开展区域影响评价并为区域政策的制定服务。根据有关原则,共提出了14个区域,目前已建立东亚(北京)、东南亚(曼谷)、南亚(新德里)、非洲(内罗毕)和地中海区(Toulouse,法国)5个全球变化研究中心。

(12)全球变化与山地系统(Global Change and Mountain Regions)

该计划由IGBP的多个核心计划以及IHDP发起,由BAHC、GCTE、PAGES和LUCC于1999年5月正式提出。它的目标是:①提出监测全球变化对山地环境影响的策略;②确定全球环境变化对山地以及依赖山地资源的河流下游平原的影响后果;③提出局部到区域尺度的山区土地、水和其他资源可持续管理的策略。目前提出了4项研究内容,包括山地环境变化指示体的长期监测和分析,基于模型的不同山地环境变化的综合分析,沿高度梯度的过程分析以及土地可持续利用和资源管理的策略。

3. 全球环境变化的人文因素计划(IHDP)

IHDP(或HDP计划)由国际远景研究机构联合会(IFIAS)、国际社会科学联合会(ISSC)和联合国教科文组织(UNESCO)联合制定、组织和协调,时间跨度为10年。该计划仿效自然科学的大规模合作,开展社会科学领域的多学科综合研究,深入分析人类在导致全球环境变化中所起的作用。它的目标为加强对人—地系统复杂相互作用的认识,探索和预测全球环境下的社会变化,确定社会战略以减缓全球变化的不利影响。

4. 生物多样性计划(DIVERSITAS)

国际生物多样性计划(An International Programme of Biodiversity Science, DIVERSITAS)是石油国际生物科学联合会(IUBS)、环境问题科学委员会(SCOPE)及联合国教科文组织(UNESCO)等3大国际组织于1991年共同发起的。它的主要任务是通过国际间合作,来加强对生物多样性的起源、组成、功能、维持与保护等方面开展研究,以增进对生物多样性的认识、保护和可持续利用。

1996年该计划进入第2期,在上述3个国际组织的基础上,又有国际学术联合会(ICSU),国际地圈-生物圈研究计划(IGBP-GCTE)和国际微生物联合会(IUMS)等3个国际组织加盟。相应地,该计划的研究领域也大大拓宽,涉及生物多样性研究的各个主要方面,包括:生物多样性的起源、维持和丧失;生物多样性的生态系统功能;生物多样性清查、分类及其相互关系;生物多样性评价和监测;生物多样性的保护、恢复和可持续利用;生物多样性的人类因素;土壤和沉积物的生物多样性;海洋生物多样性;微生物生物多样性。

第二章 人类活动与大气污染

曾几何时,天空已不再蔚蓝,生活在城市的孩子们固执的认为天空是灰的。而即使生活在农村的孩子,也看不到多少飞鸟翱翔在空中,与祖辈们如数家珍的一口气能讲出上百种鸟类相比,他们几乎没什么可说的。

灰色的天空——没有飞鸟,这将是怎样的悲哀。是人类不合理的生产和生活活动污染了大气,使天空不再蔚蓝,而大气污染已成为无形的杀手,威胁着人类社会,威胁着生命,大气污染已是人类面临的重大环境问题之一。

震惊世界的大气污染事件

大气污染是指大气中污染物质的浓度达到了有害程度,破坏了生态系统和人类的生存和发展条件,对人以及其他生物造成危害。

世界上先后发生多起环境污染事件。其中,比利时的马斯河谷事件,美国的洛杉矶烟雾事件、多诺拉事件,英国的伦敦烟雾事件,日本的水俣病事件、四日市哮喘病事件、富山县的骨痛病事件,因其污染危害严重而令世人关注,成为轰动一时、影响深远的"世界八大公害事件"。八大公害事件中有五起为大气污染事件。

比利时马斯河谷事件：比利时的马斯河谷工业区，位于狭窄的盆地中。1930年12月1~5日，强烈逆温出现，致使工厂排出的有害气体和煤烟粉尘，在近地大气层中积聚不散。3天后，开始有人发病，其症状表现为胸痛、咳嗽、呼吸困难等。一星期内，有60多人死亡，其中以原心脏病、肺病患者死亡率为最。同时，还使许多家畜致死。据推测，事件发生期间，大气中的二氧化硫浓度为25~100mg/m^3，并可能含有氟化物。事后分析认为，此次污染事件，系几种有害气体同煤烟粉尘对人体综合作用所致。

美国多诺拉事件：多诺拉是美国宾夕法尼亚州河谷中的小镇。1948年10月26~31日期间，这里大部地区受反气旋和逆温控制，且26~30日持续有雾，致使大气污染物在近地层大气中积累。这期间，全镇43%的人口，即591人相继暴病。病状有眼痛、喉痛、流鼻涕、干咳、头痛、四肢酸乏，以及痰咳、胸闷、呕吐、腹泻等症状，死亡17人。据估计，当时大气中二氧化硫浓度为0.5~2.0 mg/m^3，并发现有尘粒。分析认为，二氧化硫及其氧化作用的产物与大气中的尘粒结合是致害因素。主要致害物是二氧化硫与金属元素、金属化合物相互作用的生成物质。

英国伦敦烟雾事件：素有"雾都"之称的英国伦敦，1952年12月5~8日被浓雾笼罩，这期间，许多突然患呼吸系统等病症的人，一下子住满了伦敦的各家医院。4天中，死亡人数较常年同期增加4000多人。事件发生的一周中，因支气管炎、冠心病、肺结核和心脏衰弱而死亡的人数，分别为事件前一周中同类病症死亡人数的9.3倍、2.4倍、5.5倍和2.8倍。因肺炎、肺癌、流感及其他呼吸道疾病的死亡者，较平时均有成倍增加。事件后的2个月内，又有8000多人死亡。分析认为，这与伦敦当时大量耗煤有关。事件期间，大气中尘粒浓度最高达4.46mg/m^3，为平时的10倍；二氧化硫浓度最高达1.34mg/m^3，为平时的6倍。在浓雾的特定条件下，烟雾中的三氧化二铁促使二氧化硫氧化生成三氧化硫进而形成硫酸,并在烟尘等微粒上凝结成酸雾,成为这一事件的元凶。

洛杉矶光化学烟雾事件:洛杉矶位于美国西南海岸。早期这里是个牧区小村。自加利福尼亚金矿发现后,人口渐增,由于相继修筑铁路、开发油田,以及巴拿马运河的开通,而迅速发展起来,很快成为闻名遐迩的大城市,光是汽车即增加到数百万辆。于是,这个依山傍水的美丽城市,变成了拥挤不堪的汽车城。从20世纪40年代初期,每年5～8月,在强烈的阳光下,城市上空常常出现弥漫天空的浅蓝色烟雾,致使整座城市变得浑浊不清。这种烟雾刺激眼、喉、鼻,引发眼病、喉头炎,以及头痛等一系列症状。同时,使远在100km之外高山上的柑桔减产,松树枯萎。研究发现,原来这正是大量的汽车尾气所致。这些成分复杂的汽车尾气,在洛杉矶三面环山的特定地势下,市区大气的水平流动相当缓慢,它们在强烈阳光的照射下,能够产生臭氧,并发生一系列化学作用而危害人们健康和树木等。因此,人们把这种城市上空的浅蓝色烟雾,称为光化学烟雾。

四日市事件:四日市位于日本东部沿海。1955年,这里相继兴建了多家石油化工厂。工厂终日排放含二氧化硫、金属粉尘的废气,使昔日清净的城市上空变得浑浊污秽。1961年,呼吸系统疾病开始在这一带发生、蔓延。据报道,患者中,慢性支气管炎占25%,支气管哮喘占30%,肺气肿等占15%。1964年,这里曾有三天烟雾不散,气喘病患者中不乏因而死去的。1967年,一些患者因不堪忍受折磨而自杀。1970年,患者达500多人。1972年,确认全市哮喘病患者为817人,死亡10余人。

据报道,四日市工业粉尘、二氧化硫的排放量每年达13×10^4t之多。大气中二氧化硫浓度超过标准5～6倍,烟雾厚达500m,其中飘浮着多种有毒害的气体和金属粉尘,它们相互作用生成的硫酸等物质,是造成哮喘病等的主要原因。

世界上还时有突发性大气污染事故发生,造成生命财产的严重损害,印度的"博帕尔"事件就是典型一例。

1984 年博帕尔之灾

印度的"博帕尔"是工业污染导致大量死亡的同义词。美国联合碳化物公司设在印度博帕尔市的农药厂生产以MIC(甲基异氰酸盐)为主要成分的杀虫剂。1984年12月23日的深夜,高浓度的有毒MIC从工厂泄漏,把正在沉睡着的四分之一城市变成了一个毒气室。在博帕尔Hamidia医院,凌晨1:15第一位病人报告眼睛不舒服,仅仅5分钟后,1000名遭受呼吸道和眼睛痛苦的人寻求医疗,2:30达到4000人,第二天早上街上躺着几百名死者。这次剧毒气体外泄使2500人死亡,20万人受害,其中5万人可能双目失明。其中75%是贫民区里的居住者,40%是儿童,15%至20%的妇女处在生育年龄,10%的老年妇女,受害最多的是穷人中的最贫困者,他们千疮百孔的陋室不能保护他们免受毒气。

验尸结果表明受害者肺部组织大面积毁坏,肝和肾脏被损害,受害者的内脏和血液中发现氰化物。生还下来的人,几乎成了活死人。男人和妇女全盲或部分丧失视力,伴随着持续的流泪或灼烧,不停地头痛、呕吐、喘息,还有难以忍受的咳嗽。

志愿者机构做了最好的救济工作。他们发现暴露在MIC中的妇女遭受着严重的生殖系统的混乱,另外还有其他并发症。在事故发生的最初6周内,许多妇女经历了5次月经来潮。绝大多数妇女抱怨腹部疼痛,强烈的酸性阴道分泌物引起灼烧感。两位女医生,Rani Bang博士和Mira Sadgopal博士,系统地记录了在灾难发生后的3个月的内55位受到毒气影响的妇女。她们的研究确证,受到毒气侵害后,妇女病的发病率明显增高。灾难发生时,正在怀孕的妇女处境更加悲惨。除了毒气本身影响外,缺氧,或者由于母亲肺部损害导致了缺氧,使胎儿备受痛苦。这些受害者服用了大剂量的药物,这些药都会引起胎儿发育受损,当时所有后果都是知道的,但没有更好的方案减少副作用的发生,也没有为那些不想冒险的妇女提供安全的流产措施。

博帕尔事故发生后的两年,精神疾病患者激增,调查结果显示,24%的被隔离人口遭受精神错乱,其中37.3%是神经抑郁症,24.9%的人患焦虑综合症,35.2%的人遭受调节反应的痛苦。联合碳化物公司给印度博帕尔人民带来的损害是无法用金钱估算的。尽管如此,在博帕尔地区法院讨论赔偿时,该公司发起了别有企图的抗辩主张,把灾难的责任转嫁给印度,对赔偿金额进行诡辩。

大气污染源和大气污染物

大气污染源

大气污染：大气污染是指由于人类活动和自然过程引起的某种物质进入到大气中，其浓度达到了有害程度，以致破坏生态系统和人类正常生存和发展的条件，对人和物造成危害的现象。大气污染的形成，既有自然原因也有人为原因。前者如火山爆发、森林火灾、岩石风化等；后者如各类燃烧释放的废气和工业排放的废气等。目前，世界上各地大气污染主要是人为因素造成的。

大气污染源：大气污染源是造成大气环境污染的污染物发生源，通常是指向大气环境排放有害物质或对环境产生有害影响的场所、设备和装置。按造成环境污染的原因，可把污染源分为自然污染源和人为污染源。自然污染源如正在喷发的火山；人为污染源是指人类社会活动所形成的污染源，是当今大气污染的主要原因。

按照污染物排放的形式，可以把人为污染源分为点源、线源和面源。像高大的烟囱等集中在一点或一个小范围排放的是点源，像汽车、火车、飞机等大体上沿着一条线排放的是线源，而像一个城市中千家万户的炉灶则是面源。

按照污染物发生的类型，大气污染源可分为工业污染源、农业污染源、交通运输污染源和生活污染源。

造成大气污染的人为污染源，主要来自以下几个方面：

① 矿物燃料的燃烧：火力发电厂、钢铁厂、炼焦厂等工矿企业和各种民用炉灶、取暖锅炉的燃料燃烧均向大气排放大量的污染物，燃烧废气中的污染物组分与数量和能源消费结构有密切关系。我国的能源结构以煤为主，近年来，煤的年产量都超过了 10^9 t，煤在一次能源消费中占了 70% 以上。煤作为主要燃料，为工业生产和经济的发展立下了汗马功劳。但煤除了可供燃烧的碳成分之外，通常含有 10%～30% 的灰份，以及 0.5%～2% 甚而更多的硫份。

倘若燃烧比较充分,则会释放出大量的热能并产生二氧化碳、二氧化硫及烟尘。如果煤的燃烧不完全,还会生成一氧化碳和微小的煤粒;当燃烧温度相当高时,并会有氮氧化物、碳氢化物产生。除可被利用的热能外,废气、烟尘被排放,成为大气的污染物。我国2001年二氧化硫排放量就达到$21\times 10^6 t$。

②工业生产过程:化工厂、水泥厂、石油炼制厂、各类矿山等在原材料的生产、运输、粉碎以及由各种原材料制成产品的过程中,都会有大量污染物进入大气。由于工艺流程、技术水平、装备水平、操作条件和管理水平的不同,排放的污染物的种类、数量、组成、性质差异很大。如同是水泥厂的熟料生产线,如果是用立窑生产,加上管理水平低,其厂区附近往往乌烟瘴气,粉尘弥漫;但采用旋窑生产,并提高管理水平,就看不到粉尘,有些水泥厂已开辟为旅游景点。

③农业生产过程:农业生产过程对大气的污染主要来自农药、化肥的使用和秸秆焚烧。喷洒农药时所产生的药剂飘浮物和农作物表面、土壤表面及水中残留农药的蒸发、挥发、扩散都是大气中农药主要来源。此外,农药厂排出的废气,也是农药污染大气的原因之一。大气中的农药飘浮物在风的作用下可跨山越海,到达世界每个角落,据报道,在地球的南、北极圈和喜马拉雅山最高峰上都发现有机氯农药的存在。秸秆焚烧排放大量浓烟,经常造成航班延误,高速公路车祸剧增。

④交通运输:汽车、火车、飞机、轮船等交通工具均排放有害物质到大气中。根据对二氧化硫、烟尘、二氧化氮和一氧化碳4种主要污染物的统计,我国大气污染物主要来源于燃料的燃烧,占了70%。

大气污染物

主要大气污染物:目前已经对环境和人类产生危害的大气污染物约有100种左右。其中影响范围广、具有普遍性的污染物有颗粒物质、二氧化碳、氮氧化物、碳氧化物、碳氢化合物等。

①颗粒物质:颗粒物质指大气中除气体外的物质,包括各种

各样的固体、液体,其粒径范围主要在于 $0.1\sim200\mu m$ 之间,将其称为总悬浮颗粒物,记作 TSP。按粒径的差异,颗粒物可以分为降尘和飘尘两种:降尘指粒径大于 $10\mu m$,在重力作用下可以降落的颗粒状物质。其多产生于固体破碎、燃烧残余物的结块及研磨粉碎物质,自然界刮风及沙暴也可以产生降尘。飘尘指粒径小于 $10\mu m$ 的颗粒状物,记作 PM_{10},由于这些物质粒径小,重量轻,在大气中呈悬浮状态,其分布极为广泛。飘尘可以通过呼吸道被人吸入体内,对人体造成危害,特别是粒径小于 $2.5\mu m$ 的颗粒物,能进入肺泡并沉积下来。颗粒物上可以吸附很多有毒有害物质,像重金属、致癌物等,对人体造成伤害。

②硫化物:人为源产生的硫排入大气的主要形式是 SO_2,主要来自含硫煤和石油的燃烧、石油炼制、有色金属冶炼、硫酸制造等。20 世纪 80 年代,人为排入大气的 SO_2 每年约有 $1.5\times10^8 t$,其中 2/3 来自煤的燃烧,而火电厂的排放量约占所有 SO_2 排放量的一半。SO_2 是一种无色、具有刺激性气味的不可燃气体,分布广泛,危害大。SO_2 和飘尘具有协同效应,两者结合起来危害更大。SO_2 在大气中不稳定,最多只能存在 $1\sim2$ 天。在相对湿度比较大,有催化剂存在时,可发生催化氧化反应,生成 SO_3,进而生成 H_2SO_4 或硫酸盐。硫酸盐在大气中可存留 1 周以上,能漂移至 $1000km$ 以外,造成远离污染源的区域性污染,是使降水酸化的主要因素之一。

③碳氧化物:碳氧化物主要有两种物质,即 CO 和 CO_2。CO 是无色的、无嗅的有毒气体。其化学性质稳定,在大气中不易发生化学反应,可在大气中停留较长的时间。在一定条件下,CO 可以转变为 CO_2,然而其转变速率很低。高浓度的 CO 可以被血液中的血红蛋白吸收,而对人体造成致命伤害。CO_2 是大气中一种"正常"成分,它主要来源于生物的呼吸作用和矿物燃料等的燃烧。CO_2 参与地球的碳平衡,有重大的意义。然而,由于当今世界上人口急剧增加,矿物燃料的大量使用,使大气中的 CO_2 浓度逐渐增高,这将对整个地-气系统中的长波辐射收支平衡产生影响,并可能导致温

室效应,从而造成全球性的气候变化。

④氮氧化物 NO_x(包括 N_2O、NO、NO_2、N_2O_3、N_2O_4、N_2O_5 等):人为活动排放的 NO_x 大部分来自矿物燃料的燃烧过程,也来自生产、使用硝酸的过程,在湿度较大或有云雾存在时,NO_2 进一步与水分子作用形成硝酸。在有催化剂的存在时,如加上合适的气象条件,NO_x 转变为硝酸的速度加快。特别是当 NO_x 与 SO_2 同时存在时,形成硝酸的速度更快,是形成酸雨的主要物质之一。NO_2 可与平流层内的臭氧发生反应,使臭氧浓度降低导致臭氧层的耗损。

⑤碳氢化合物:碳氢化合物包括烷烃、烯烃和芳烃等复杂多样的物质。大气中大部分碳氢化合物来源于植物的分解,人类排入的量虽小,却非常重要。碳氢化合物的人为来源主要是石油燃料的不充分燃烧和石油类的蒸发过程。在石油炼制、石油化工生产中也能产生多种碳氢化合物。燃油的机动车亦是主要的碳氢化合物污染源。碳氢化合物是形成光化学烟雾的重要成分。在活泼的氧化物如原子氧、臭氧、氢氧基等自由基的作用下,碳氢化合物将发生一系列链式反应,生成一系列化合物,如醛、酮、烷、烯及这样的中间产物——自由基,自由基进一步促进 NO 向 NO_2 转化,造成光化学烟雾的重要二次污染物—臭氧、醛、过氧乙酰硝酸酯(PAN)。碳氢化合物中的多环芳烃化合物,如 3,4-苯并芘,具有明显的致癌作用。

⑥卤素化合物:大气中以气态存在卤素化合物大致可分为卤代烃、其它含氯化合物、氟化物和氯氟碳化物等。大气中的卤代烃包括卤代脂肪烃和卤代芳烃。其中一些高级卤代烃如有机氯农药 DDT、六六六、多氯联苯(PCB)等以气溶胶的形式存在,2 个碳原子或 2 个碳原子以下卤代烃呈气态。其它含氯化合物主要是氯气(Cl_2)、氯化氢(HCl)。氯气(Cl_2)有强烈的刺激性,主要由化工厂、塑料厂、自来水厂等产生。氯化氢(HCl)在空气中可形成盐酸雾,也是酸雨的构成成分。氯化氢主要来源于盐酸制造、废水焚烧等。含氟废气主要指含氟化氢(HF)、四氟化硅(SiF_4)的废气,主要来源于炼铝业、钢铁业、磷肥生产和氟塑料生产等化工过程。氯氟碳

化物(CFCs)主要用作制冷剂,在对流层中的不发生化学反应,通过大气环流到达平流层会耗损臭氧层。

二噁英"恶"在哪里?

发生在比利时、荷兰、法国、德国四国生产含有二噁英的畜禽类和乳制品事件,使"二噁英"的名词在众多媒体频频出现,令广大消费者"闻之色变"。人们通常所说的二噁英指的是多氯二苯并二噁英、多氯二苯并呋喃的统称,共有210种同族体,其中毒性最强的是四氯二苯并二噁英,它的毒性相当于氰化钾的1000倍以上,因而被人们称之为"地球上毒性最强的毒物",即使微量,长期摄取也会引起癌、畸形等顽症。

二噁英具有内分泌毒性、生殖毒性和免疫抑制作用。二噁英如果大量蓄积在人体内,会伤害肝肾和生殖系统。有日本学者发现,用二噁英含量较高的乳汁喂养婴儿,往往会造成婴儿甲状腺素含量较低。二噁英有强致癌性,被世界卫生组织列为1级致癌物,规定人体以每千克体重计每日容许摄入量为1~4pg(万亿分之一克)。

在1961~1975年的越战中,美军使用了大量的脱叶剂,其中含微量的二噁英,美军喷撒过脱叶剂的地方,不仅出现了动物的生态学异常,而且在原居民中观察到了很多如癌症患者、先天性异常儿童、流产、死产等病症,成为20世纪最严重的一次二噁英污染事件。

二噁英的人为来源大致有三种:一是在生产杀虫剂、除草剂、木材防腐剂和多氯联苯等产品过程中以副产品或杂质的形式生成;二是在生产其它含氯有机化学品时,加热过程可以产生二噁英副产物,如某些农药和化学品的生产、纸浆的氯气漂白和工业冶炼;三是对含氯有机物垃圾进行焚烧时形成。另外,含铅汽油的使用以及烟草燃烧也可能生成二噁英。其中城市生活垃圾焚烧是最主要的来源,据日本国内的调查,垃圾焚烧排放出来的二噁英占总量的80%~90%,这也是世界各国对垃圾燃烧和二噁英给予极大关注的原因。

二噁英比较稳定,不易被分解,但在850℃以上的高温焚烧可以破坏。如果破坏大量的污染物质,需要更高的温度,一般须超过1000℃。目前,我国城市垃圾多数采取卫生填埋的方式进行处理。今后随着城市垃圾的日益增多,占地少、处理率高的焚烧方法将是我国大中城市下要采用的主要方法,因此,对垃圾焚烧过程中产生的二噁英的环境危害,必须加以重视。

一次污染物和二次污染物:一次污染物是从污染源直接排出的污染物,它可分为反应物质和非反应物质。反应物质不稳定,还可与大气中的其它物质发生化学反应,如 H_2S 、SO_2 等;非反应物质比较稳定,在大气中不与其它物质发生反应或反应速度缓慢,如 CO、CO_2 和 CFCs 等。二次污染物是指不稳定的一次污染物与大气中原有物质发生反应,或者污染物之间相互反应而生成的新的污染物质,这种新的污染物质与原来的污染物质在物理、化学性质上完全不同,如 SO_2 氧化生成 SO_3,再进一步生成 H_2SO_4 和硫酸盐,碳氢化合物、NO_x 等通过光化学作用生成醛、过氧乙酰硝酸酯等光化学烟雾。但无论是一次污染物还是二次污染物都能引起大气污染,对环境及人类产生不同程度的影响。

大气污染的类型

按不同的分类原则,可将大气污染分成不同的类型,最常用的是按污染的范围和污染物的性质进行分类:

按污染的范围分类:大气污染可分为四类:第一类是局部大气污染,如某个火力发电厂烟囱排放的烟气造成的直接影响;第二类是区域性大气污染,如整个城市的大气污染,或某一工矿区的污染;第三类是广域性大气污染,是更大范围的污染,在大城市或工业带可出现,最主要的污染是酸雨;第四类是全球性大气污染,指跨国界乃至涉及整个大气层的污染,如温室效应和臭氧层破坏等。该分类方法中的范围只能是相对的,没有具体的标准。例如广域污染是大工业城市及其附近地区的污染,但对某些面积有限的国家来说,可能产生国与国之间的广域污染。

根据能源和污染物的性质分类:一般将大气污染划分为四种类型:煤烟型、光化学烟雾型、混合型、特殊型。

煤烟型污染的一次污染物是烟尘、粉尘和二氧化硫;二次污染物是硫酸及其盐类所构成的气溶胶。此污染类型多发生在以燃煤为主要能源的地区,英国伦敦烟雾事件,比利时马斯河谷事件即属此类污染,我国绝大部分城市的污染均属此类。通常冬季煤烟型污染重,除了冬季燃料消耗多,污染物排放量大外,还因为冬季尤其在夜间大气层结稳定,贴地逆温层厚,逆温强度强,污染物难以稀

释扩散。煤烟型污染对人体的影响主要是刺激呼吸系统,使呼吸系统患者死亡率增高

光化学烟雾型污染又称石油型污染、汽车尾气型污染,其一次污染物是碳氢化合物、二氧化氮等,二次污染物主要是臭氧、氢氧基、过氢氧基等自由基以及醛、酮和PNA(过氧乙酰硝酸脂),洛杉矶光化学烟雾事件即属此类。光化学烟雾型污染多发生在油田、石油化工企业和汽车较多的大城市,它是一种淡兰色的烟雾,刺激眼黏膜。从时间上来说,多发生在夏、秋季的中午前后阳光充沛、风速较小,有下沉逆温的情况下。

混合型污染主要是指以煤炭为主,也包括以石油为燃料的污染源排放的污染物。该种污染类型是由煤烟型向石油型过渡的阶段。我国的一些特大城市正处在混合型污染阶段。

特殊型污染是指某些工矿企业排入的特殊气体所造成的污染、如氯气、金属蒸汽或硫化氢、氟化氢等气体。

前三种污染类型造成的污染范围较大,而第四种污染所涉及的范围较小,主要发生在污染源附近的局部地区。

气象条件与大气污染

影响大气污染的三大因素是:污染源、大气状态和受体。大气污染的程度与污染物的性质、污染源的排放、气象条件和地理条件等有关。

主要污染物在大气中的迁移转化

一氧化碳(CO):大气中CO的最终归宿有二:一是在大气中氧化转化成CO_2;二是被土壤吸收,土壤吸收对大气CO的清除率约为90%。就全球大气而言,尽管人为活动排放的CO量逐年增加,但全球平均浓度却没有什么变化,这是由于CO寿命较短,最终转化为CO_2,不可能在大气中累积之故。

二氧化硫(SO_2):SO_2的氧化过程有两种途径,即催化氧化和

光化学氧化。在清洁干燥的大气中，SO_2 被缓慢地氧化成 SO_3，但电厂烟气中 SO_2 被氧化的速度是清洁干燥大气 10~100 倍，这是因为其中含有 $MnSO_4$、$FeSO_4$、$MnCl_2$、$FeCl_2$ 等催化剂，SO_2 被催化氧化的缘故。在低层大气中，SO_2 受太阳辐射作用被缓慢地氧化成 SO_3，这就是 SO_2 的光化学氧化。在阴天，相对湿度高和颗粒物浓度大的条件下，SO_2 的转化途径以催化氧化为主。在晴天，相对湿度低，大气中同时含有氮氧化物和碳氢化合物时，尤其是颗粒物含量很少时，SO_2 的转化途径则以光化学氧化为主。一旦生成 SO_3，它便迅速地与大气中的水蒸气反应转变为 H_2SO_4。如果含有 SO_2 的大气中同时存在氮氧化物和碳氢化合物，则 SO_2 转化为 SO_3 的速度大大提高，并经常伴随着大量气溶胶的形成。SO_2 氧化后立即与 H_2O 反应，生成 H_2SO_4。如果大气中还有 NH_3 存在时，就会生成 $(NH_4)_2SO_4$。所以大气中的 SO_2 经过一系列化学转化之后，最终形成硫酸或硫酸盐。然后以湿沉降或干沉降的方式降落到地球表面。

氮氧化物（NOx）：在最初排放的 NOx 中，NO 占绝对优势，而 NO_2 通常只占不到 0.5%。NO 通过多种氧化过程生成 NO_2；其生成物可引发烃类化合物的链式反应，成为形成光化学烟雾的重要因素。NO_2 可以引发大气中生成臭氧的反应，消耗臭氧，破坏臭氧层；还能与一系列自由基反应生成硝酸和亚硝酸，进一步形成硝酸盐，它们对酸雨和酸雾的形成起重要作用。大颗粒的硝酸盐可直接沉降到地表和海洋中，小颗粒的硝酸盐被雨水冲刷也沉降到地表和海洋中。

污染物在大气中的积聚、扩散

一个地区大气污染的程度，与下面几个主要因素有关：

污染源参数：指所排放的污染物的数量、组成、排放方式及排放参数等。污染物排放量大，污染程度重；污染物越稳定，其在大气中存留的时间越长；污染源排放的烟气高度越高，虽然大气中污染物的总量不变，但其扩散的范围大，到达地面某一点的浓度较低；

废气的温度越高,其烟气向上抬升的高度越高,到达地面的浓度也较低;烟气抬升高度还与大气稳定度和风速有关,大气层结越不稳定,风速越小,烟气抬升高度越高。此外,像烟囱的直径、烟气的速度等都会影响污染物在大气中的扩散。

气象条件:对于不同尺度的扩散,影响污染物扩散的空间层次和主要气象要素不同。如影响全球尺度污染的是对流层和平流层大尺度的大气环流,而影响小尺度污染的是近地层的气象特征。小尺度的空间范围一般小于10km。对于小尺度的扩散,影响污染物在大气中运动的气象因素主要有风、湍流、大气稳定度和天气形势等。

①风向与风速:风向决定了污染物输送的方向,而风速越大,污染物被输送的距离越远,其浓度越低。因此,大气污染不仅受风向,也受风速的影响。某一风向频率越大,其下风向受污染的几率越高;某一风向的风速越大,则下风向的污染程度越小。为了综合反映风向频率和平均风速的影响,常综合二者,用污染系数来表达:

$$某方位的污染系数 = \frac{该方位的风向频率}{该方位的平均风速}$$

某风向的污染系数越大,其下风向的污染就越严重。

②湍流:大气总是处于不停息的湍流运动之中,排放到大气中的污染物质,在湍流作用下被扩散和稀释。如我们日常所看到的,烟囱中冒出的烟气总是向下风方向飘去并不断地向四周扩散,这就是大气对污染物的输送和稀释扩散的过程。对稀释扩散起主要作用的,是与烟团尺度相近的涡旋,此时,烟团被湍涡拉开撕裂而变形,烟团很快得到扩散。湍流能否发生及其强度大小主要决定于风速大小、地面起伏状况和近地面大气的热状况。大气越不稳定,越有利于湍流的发展;风速垂直切变越大,湍流越易发展。地面越起伏不平,湍流越易发展。

③大气稳定度:大气稳定度指大气中某一高度上的气团在垂直方向上的相对稳定程度。在大气稳定,特别是有逆温层存在时,污染物稀释扩散的速度很慢,污染较严重,我国冬季的夜间和清晨

大气污染重,与此关系密切;当大气处在不稳定的状态,污染物稀释扩散速度快,污染较轻,我国大部分地区夏季大气污染较轻,即和此时近地层大气层结不稳定有关。

风和大气稳定度对烟形有很大的影响,因而可以借助烟形的变化来判断大气污染的趋势(见图2.1)。

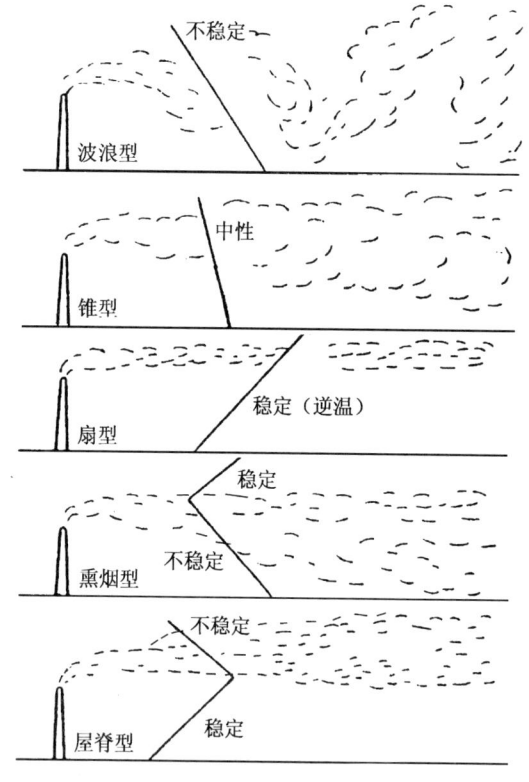

图2.1 大气稳定度与烟形

由图2.1可以看出,烟形可分成五种类型:

波浪型。又称蛇形型,此时大气处于不稳定状态,烟形摆动大、扩散快,大气污染物很快扩散到地面,对附近居民有害,但对距离较远的区域影响小,一般不易发生烟雾事件。多发生在夏天或晴天的中午。

锥型。当大气稳定度呈中性时,烟气的水平扩散大于垂直扩散,因而烟形呈圆锥型。多发生在阴天或大风天气条件下。

扇型。在大气稳定状态下,一般风速微弱,烟气在逆温层内只能在水平方向呈扇型逐渐散开,扩散极慢。这种烟形的大气污染物可传输到很远的地方,如遇山丘或高建筑物则发生下沉作用,以致对该地区造成严重污染。如果污染源高度高于逆温层,近源处地面污染物浓度低;如污染源在逆温层内,则污染物难以稀释扩散,易造成大气污染。其多发生在晴天的夜间或清晨,风速较小的情况下。

熏烟型。在烟囱顶部以上的大气层处于稳定状态,烟囱高度以下的大气层处于不稳定状态,此时上面的逆温层好像一个"锅盖",使烟气不能向上扩散,而只能大量下沉,在下风向地面造成严重污染,许多烟雾事件是在此条件下形成的。这种烟形发生在冬季日出后 1~2 小时,持续时间约 0.5~1 小时。

屋脊型。其成因与熏烟型的大气状况正好相反,烟囱高度以下的大气层处于稳定状态,烟囱高度顶部以上的大气层处于不稳定状态,此时下面的逆温层阻止烟气向下扩散,而只向上扩散,烟形呈屋脊型。这种烟形下部浓度小,如不与山丘或建筑相遇,不会造成严重污染。这种情况多发生于晴天傍晚。

④云、雾及天气形势:云层影响太阳辐射,它存在的总效果是减小气温随高度的变化,使近地层的大气层结趋于中性。有雾存在时,近地层大气总是处于稳定状态,雾像盖子一样,促使空气污染的加剧。各种形式的降水,特别是降雨,能有效地吸收、淋洗空气中的污染物,所以大雨过后,空气格外清新。

影响污染物稀释扩散的因素都不是单独起作用的,它们都受到天气系统的制约。天气系统的移动和变化可以影响地面净辐射,导致气温的垂直变化和风的强弱,影响大气的扩散能力。

地形条件:地形或地面状况不同,会影响到当地的气象条件,形成局部地区热力环流,出现独特的局地气象特征,从而影响污染物的稀释扩散,如山区的山谷风、沿海、沿湖地区的海陆风和湖陆风;地面本身的机械作用也会影响气流的运动,如过山气流等。而城市则因热岛效应和粗糙地面引起的动力效应而改变着局地气象特征。因此,地形是通过影响局地气象条件影响环境空气质量的。

室内空气污染

室内空气污染的主要污染物、来源及影响

我们大约90%的时间呆在室内,但越来越多的科学研究表明,居室与其他建筑物内的空气比室外空气的污染程度更为严重。有关测试表明,室内空气中挥发性有机化合物达300多种,其中对人体造成伤害甚至致癌的就有20多种,包括甲醛、氡、石棉、氡、挥发性农药残余物、氯仿、对二氯苯以及一些致病生物体等。有专家认为,经历了"煤烟型"和"光化学烟雾型"污染后,现代人正进入以室内空气污染为标志的第三污染时期。

室内空气污染主要是由于人造板、涂料、家具、胶粘剂、混凝土添加剂、装饰材料等物质和不健康的生活习惯引起的。室内四大有害气体是甲醛、苯、氡和氨。

甲醛主要来源于人造板材、木制家具中的粘合剂。甲醛是一种有毒物质,具有强烈的刺激性气体,它能与蛋白质反应使蛋白质变质和凝固。室内甲醛浓度超过10^{-7}时,将损害人体健康。甲醛已被国际组织列为"可能令人类致癌物质"。长期接触低剂量的甲醛会出现眼睛、皮肤和呼吸系统的刺激症状,引起慢性呼吸道疾病、妊娠综合症、新生儿体质降低、染色体异常。高浓度甲醛对神经系统、免疫系统、肝脏等都有损害,严重时会诱发鼻腔、口腔、咽喉、皮肤和消化道的癌症。

苯系物存在于油漆、胶、涂料中。苯对人体极为有害,室内浓度超过$2.4mg/m^3$时,人可能在短时间内就出现头痛、胸闷、恶心、呕吐等症状,重者中毒而死。此外,苯也是致癌物,会引发血液病和心

血管疾病等。长期接触一定浓度的苯系物,会引起慢性中毒,导致障碍性贫血、生殖功能受影响、胎儿先天性缺陷等。

氡存在于水泥、矿渣砖和装饰石材中的放射性物质。室内氡气浓度超过 $100BQ/m^3$ 时,将伤害人体呼吸器官,造成呼吸系统疾病,重者导致肺癌。

氨主要来源于建筑水泥。在我国北方地区,许多建筑商作为防冻剂加入水泥中进行冬季施工。氨是挥发性气体,会强烈刺激和伤害人的感官系统、呼吸系统和皮肤组织,使人出现流泪、头痛、头晕等症状。

研究表明,增强建筑物的越冬御寒性能以减少热量的损失与节约燃料的消耗,是影响室内空气污染的另一重要因素。大多数老建筑物,由于新鲜空气可以通过周围的门、窗户以及建筑物的裂缝与室内交换,因此室内的空气大约每小时可完全更新一次。然而,越冬御寒性能强的建筑物,室内空气完全更新一次大约需要 5 小时。虽然这样的建筑物节能效果好,但却延长了大气污染物在室内的滞留时间。

吸烟是对人体健康危害最为严重的污染物来源之一。据估计,美国每年大约有 35 万人死于肺气肿、心脏病、肺癌或其它由吸烟造成的疾病,禁止吸烟可能将比其它污染控制措施拯救更多的生命。

改善室内空气质量的对策

改善室内空气质量、提高民众的健康水平,需采取有效的治理和应对措施。

控制室内空气污染源:制定和完善建筑工程室内环境污染控制规范。国家质量监督检验检疫总局和国家标准化管理委员会已经联合发布了"室内装饰装修材料有害物质限量"10 项强制性国家标准,2002 年 7 月 1 日起正式执行。提高室内环保意识。在装修房子时,采用正规企业生产的符合国家标准的装修和装饰材料;在与装修公司签订合同时,应注明室内环境要求;在选购家具时,应选择正规企业生产的并且刺激气味较小的产品;房子装修完,不急于入住,最好通风一段时间,让材料中的有害气体尽可能多地散发;入住新房后,多开窗户,保证室内外通风换气;新装修过的家庭最好先进行室内环境检测后再入住。

室内经常通风换气:消除室内空气污染有效的方法是通风换气。一般家庭在春、夏、秋三季都应留通风口或经常开小窗户,冬季每天最少在早、午、晚开窗 10~15 分钟。用煤、木柴等取暖的家庭,要经常维修炉灶,保持通风良好,严防不完全燃烧。讲究厨房的空气卫生。油烟污染对人体的危害尤甚,最好能安装抽油烟机。烹饪完毕,必开窗换气。教室、影剧院、商店、车厢等人群聚集的公共场所,尤其应加强通风换气。在依赖于空调系统的密闭空间,保持室内空气质量的有效方法是采用空气净化装置净化室内空气,最好选择具备分解有机污染物功能的空气净化装置,如光催化空气净化器。尽量增加户外活动时间。

正确使用家庭化学用品:用化学试剂时要开窗,用后至少要开窗换气半小时。

绿色植物:可在室内种植能吸收有害气体的绿色植物,这样不仅美化居室,还可降低室内有害气体浓度,如鸭跖草、虎尾兰可吸收甲醛,吊兰会吸收氮氧化物。

大气污染的生态效应

大气污染与植物危害

许多大气污染物如 SO_2、HF、O_3、NO_3、过氧乙酰硝酸酯(PAN)、Pb、CO 等都会对植物产生有害的影响。一般以对叶片的危害程度,可将危害分为可见危害和不可见危害二种。

可见危害:可见危害是肉眼可以直接观察到的危害,受害植物有明显的伤害症状。根据症状出现的快慢,又可分为急性型、慢性型和混合型三种。

急性型是污染物浓度高、接触时间短（几天、几小时甚至几分钟）迅速出现的伤害。如水稻在高浓度 SO_2 作用下，叶片迅速呈淡绿色或灰绿色甚至白色、萎蔫、有点状斑点，严重时叶尖卷缩，水稻谷粒变小，秕粒增多，谷壳失去固有的金黄色而呈淡黄色。

慢性型是在污染物浓度较低、接触时间较长的情况下出现的症状。如污染物浓度在 ppm 或 ppb 级，接触十几天到几十天，植物表现生长不良，轻度缺绿，导致一定程度的减产。因症状不明显，发展慢，往往不被注意。

混合型是急性型和慢性型兼而有之。常常是在低浓度较长接触时间的基础上，又发生高浓度、短时间急性危害，所以急性、慢性的症状同时存在。

不可见危害：又称隐性危害或生理危害，一般在污染物浓度更低的情况下发生。低剂量的污染物未达到使植物叶片出现受害症状的程度，但已经对植物的生理、生化过程产生了影响。如1977年 Maclean 以 $0.6mg/m^3$ 的氟化氢对菜豆在整个生长期熏气，未出现伤害症状的植株鲜重减少了25%。不可见危害还影响植物的质量，如氟被桑树吸收后，可造成蚕的氟中毒。

大气污染与人体健康

危害的途径：由于污染物的来源、性质、浓度和持续时间不同，被污染地区的气象条件、地理环境等因素的差异，加上人的年龄、健康状况和敏感性不同，对人体健康的危害和表现形式也不相同。

大气污染物主要通过三条途径侵入人体危害健康：一是通过人的直接呼吸进入人体；二是附在食物上或溶于水中，随饮水、饮食进入人体；三是通过接触或刺激皮肤进入人体，尤其是脂溶性物质更易从完整的皮肤渗入人体。其中通过呼吸侵入人体是最主要的途径。一些污染物进入到人体后可通过代谢、吸附等作用转化成无毒物质，但也有一些污染物可在特定器官蓄积起来，造成危害。

损害人体健康的主要表现：大气污染物对人体健康的损害，可表现为特异性损害和非特异性损害两个方面。特异性损害是大气污染物引起的人体急性或慢性中毒,以及产生致畸作用、致突变作用和致癌作用等,此外,还可引起致敏作用。非特异性损害主要表现在一些多发病的发病率增高,人体抵抗力和劳动能力的下降等方面。

急性中毒:环境污染物一次或24小时内多次作用于人或动物机体所引起的损害可称为急性危害。例如20世纪30~70年代世界几次大的烟雾事件,都属环境污染的急性危害。大气污染浓度较低时,通常不会发生急性中毒,但在某些特殊条件下,如工厂在生产中发生事故,大量有害气体逸出,或运输车辆发生事故,大量有害气体外泄,或是气象条件很不利于污染物的稀释扩散,都会引起人群的急性中毒。如印度的帕博尔污染事故即是一例。

慢性中毒:大气污染物在人或动物生命周期的大部分时间,或整个生命周期内持续作用机体所引起的损害为慢性危害。其特点是剂量较低和作用时间较长,而且引起的损害出现缓慢、细微、易呈现耐受性,并有可能通过遗传贻害后代。大气污染物对人体的慢性毒作用既是环境污染物本身在体内逐渐蓄积的结果,又是污染物引起机体损害逐渐积累的结果。人或动物对慢性毒作用易呈现耐受性。但是,污染物长时间作用于机体,往往会损及体内遗传物质,引起突变,给机体带来远期的危害。如果生殖细胞发生突变,后代机体在形态或功能方面会出现各种异常。如体细胞突变往往是癌变的基础。因此,慢性毒作用对人体的损害可能比急性毒作用更加深远和严重。

致畸、致突变和致癌作用:

①致畸作用。大气污染物通过人或动物母体影响胚胎发育和器官分化,使子代出现先天性畸形的作用,叫做致畸作用。生物体在胚胎发育和器官分化过程中,由于遗传、化学、物理、生物等因素,以及母体营养缺乏或内分泌障碍等各种原因,都可引起先天性畸形或畸胎。这种畸形包括结构畸形和功能异常。从动物实验中发现,有致畸作用的大气污染物有四氯二苯、二噁英等。

②致突变作用。致突变作用是指污染物或其他环境因素引起生物体细胞遗传物质和遗传信息发生突然改变的作用。具有这种致突变作用的物质，称为致突变物，或称诱变剂。常见的具有致突变作用的大气污染物有：苯并(a)芘、甲醛、敌敌畏等。

③致癌作用。致癌物是指能在人类或哺乳动物的机体诱发癌症的物质，可分为化学性致癌物如苯并(a)芘、2-萘胺等；物理性致癌物如放射性核素等；生物性致癌物如某些致癌的病毒。大气化学致癌物中对人影响最大的是多环芳烃(PAH)类等。

环境空气质量周报和预报

环境空气质量周报和日报

从1997年6月开始，我国重点城市陆续开展环境空气质量周报工作，有些城市还开展了环境空气质量日报工作。环境空气质量周报或日报是根据对国家环境空气质量标准中规定的几种主要污染物的例行监测资料，对过去一周或前一日的空气质量进行回顾性的评价，并以空气污染指数的表征形式定期向社会发布，为公众提供及时、准确的环境信息。

空气污染指数(API)是一种反映和评价空气质量的方法，就是将常规监测的几种空气污染物的浓度简化成为单一的概念性数值形式，并分级表征空气质量状况与空气污染的程度，其结果简明直观，使用方便，有利于公众了解空气环境质量的优劣。

空气污染指数是根据环境空气质量标准和污染物对人体健康和生态环境的影响来确定的。由于环境空气质量取决于各种污染物中危害最大的污染物的污染程度，因此API的计算与报告方法是：用分段线性函数表征污染指数与各项污染物浓度的关系，先用内插法计算各污染物的分指数I_n，取各污染物分指数中最大者代表该区域或城市的污染指数。该指数所对应的污染物即为该区域或城市的首要污染物。当污染指数API值小于50时，不报告首要污染物。

目前计入环境空气污染指数的污染物有二氧化硫(SO_2)、二氧化氮(NO_2)和可吸入颗粒物(PM_{10})。

我国目前采用的环境空气污染指数(API)分为五级(表 2.1)。

表 2.1　环境空气污染指数分级

分级	一级:优	二级:良好	三级:轻度污染	四级:中度污染	五级:重度污染
API 值	≤50	51～100	101～200	201～300	>300

有些城市,如北京市在保留五级总格局的基础上,进一步细化空气污染指数,将其中的三级和四级细化为三级 1(污染指数为 101～150)、三级 2(污染指数为 151～200)、四级 1(污染指数为 201～250)、四级 2(污染指数为 251～300),空气质量的描述分别为"轻微污染"、"轻度污染"、"中度污染"和"中度重污染"。

空气污染警报和预报

近 10 多年来,许多国家和地区相继建立实时动态监测系统,开展了空气污染警报发布和预报工作。例如德国国家和地方监测网络,通过计算机系统自动迅速与网络中心和其它监测站交换数据,取得各监测站的监测结果及相临网络提供的空气污染物跨越边境的信息,结合气象预报系统,提供污染的早期警报和预报。并可协同环保机构采取污染源调控措施,减少污染事件的发生。

为监控更大尺度光化学烟雾的形成,西欧各国正在加强网络联合,并将其扩大到整个欧洲。韩国、中国的香港和台湾地区也已利用空气监测网络发布空气污染预警。北京、重庆、济南等城市也正式开始进行环境空气质量预报。由于能源结构的差异和汽车使用与普及程度不同,不同国家的空气污染特征不同。目前国外预报的重点是光化学烟雾,具体预报项目为臭氧和一氧化碳,我国主要预报空气污染指数。

空气污染预报方法可分为污染潜势预报、统计预报和数值模式预报等三类。按预报的污染要素不同,可分为污染潜势预报和污染浓度预报。统计预报和数值模式预报都属于浓度预报。

污染潜势预报可看作以天气形势预报为基础的"二次预报",其预报的准确度与天气形势预报的准确度和精度有密切关系,其基本方法是从已发生的各次污染事件着手,归纳总结出发生污染事件时特有的气象条件、天气形势和气象指标,依某一气象指标的临界值作为预报依据。最通用的指标一般有风速、温度梯度、混合层高度、气压场配置和能见度等。统计学模式是在不了解事物变化机理的情况下,通过分析事物之间的相关规律来进行预测。在特定的条件下,根据多年同时具有的气象与污染物浓度分布资料,找出若干天气类型,分析其典型参数,将这些参数与相应的环境质量实测数据建立起定量或半定量关系,然后根据这些关系作定量或半定量的空气污染预报。数值模拟是用数值计算方法直接求解物质守恒方程,或求解在近似条件下的简化形式的物质守恒方程,以求得污染物浓度在环境介质中与界面上的交换特征及分布规律。

大气污染控制

大气污染综合防治的原则

治理环境空气污染,需要综合防治。目前主要从四个途径寻求大气污染控制方法:一是采取各种措施减少大气污染物的产生,这是最根本的;二是采用各种防治措施,减少污染物的排放;三是合理利用环境的自净能力;四是强化管理。

提高能源利用效率,改善能源结构:减轻大气污染,最有效的措施是提高能源利用效率,改善能源结构,节约能源。

一是节约能源。目前,我国单位产品能耗高,节能潜力很大。设备、工艺水平、管理水平不同,生产同样产品消耗的能源差别很大,如同是以煤为燃料的火力发电厂生产 1 度电,$30 \times 10^4 kW$ 以上的机组耗煤仅 360g 左右。而 $5 \times 10^4 kW$ 以下的机组耗煤约为 550g,能源消耗大,污染物排放量就多。因此现在我国电力发展的产业政策就是要发展大机组,淘汰、改造中低压机组以节能降耗。

二是加快电力建设,提高电能消费在能源消费中的比重,实行以电代煤、电煤并举的方针,大力发展坑口电站,变输煤为输电,减少煤炭在运输、使用过程中的污染。

三是开发推广洁净煤技术,如推广使用洗选煤,减少煤炭灰分,开发煤炭脱硫技术,控制 SO_2 的污染。

四是鼓励城市发展煤气和天然气,以及集中供热、热电联产,并把优质煤优先供应城市民用;在农村推广使用沼气。

五是积极开发新能源,加快水电和核电的建设,因地制宜地开发和推广太阳能、风能、地热能、潮汐能、生物质能等清洁能源,改善能源结构,减少对煤炭的依赖程度。

西气东输

中国东部的长江三角洲地区是中国经济实力最强、增长最快的地区,但当地自产的能源很少,大部分由外地调入,其中调入最多的是煤炭。以煤炭为主的能源结构会造成严重的大气污染。

天然气是一种相对清洁的能源。中国西部地区蕴藏着 $22.4 \times 10^{12} m^3$ 天然气资源,约占全国陆上天然气资源总量的 59%。经过多年的地质勘探,塔里木、柴达木、陕甘宁和川渝盆地崛起 4 座国家级大气田,到 2001 年底累计探明的天然气地质储量超过 $2.5 \times 10^{12} m^3$,形成 $1.8 \times 10^{10} m^3$ 的年产能力,在青海东部的涩北地区也发现了新气田。但是每年西部地区都有大量油田伴生气因用不掉被白白放空烧掉。

我国的天然气资源集中在西部地区,而其消费市场主要在东部地区。政府决定启动"西气东输"工程,并将其列为西部大开发的重点工程,为西部资源和东部市场架起一座桥梁。"西气东输"有广义和狭义两个概念:广义的"西气东输"指青海涩北→甘肃兰州→重庆忠县→湖北武汉→上海的输气管线。狭义的"西气东输"工程就是指新疆塔里木→上海的输气管线。这条横贯中国腹地、全长 4000km 的能源大动脉,西起新疆巴音郭楞蒙古自治州的轮南,经甘肃、宁夏进入陕西,在陕西的靖边与长庆气田连接,再穿越黄河经山西、河南、安徽、江苏、浙江,东抵上海,年输气能力 $(1.2 \sim 2.0) \times 10^{10} m^3$。

"西气东输"工程计划 2004 年开始输气,2007 年年输气量达到 $1.2 \times 10^{10} m^3$,保证供气 30 年;初步统计沿线用户多达 8500 万户以上,泽及数亿人。当其年输气能力达到 $1.2 \times 10^{10} m^3$ 时,届时全国煤炭消费在能源消费中的比重将下降 2%。

西电东送

"西电东送"工程是指开发贵州、云南、广西、四川、内蒙古、陕西、山西等西部省区的电力资源,将其输送到电力紧缺的广东、上海、江苏、浙江和京、津、唐地区。我国是世界上水能资源最丰富的国家,但其分布极不均匀,90%集中在西南、中南。我国的煤炭资源也集中在山西、陕西、内蒙古等西部地区。北京、上海、广东、浙江等东部7省市能源短缺,但电力消费却占全国的40%以上。这种能源分布与生产力布局的不协调,决定了"西电东送"必然成为我国能源优化配置的基本取向。

"西电东送"工程,将形成南、中、北三条大通道:南通道是将贵州乌江、云南澜沧江和云黔桂交界处的南盘江、北盘江、红水河的水电资源,以及黔、滇两省的坑口火电站的电能开发出来通过6条强大的500kV输电线路送往广东,目标是实现向广东送电10^7kW的战略目标;中通道是将长江三峡和金沙江干支流的水电送往华东地区,目标是实现川渝电网与华中电网联网,建设三峡至华东输电线路;北通道是将黄河上游水电站和内蒙古、山西坑口火电站的电能送往京津唐地区,加强华北电网建设,新建设内蒙古丰镇至北京顺义、内蒙古托克托至北京、山西神头至天津等输电线路。与此同时,西北电网内部的"西电东送"网架也将得到加强。配合黄河上游拉西瓦或黑山峡水电站的开发建设,适时实现华北电网与西北电网联网。同时研究实施陕北煤电基地开发及送电京津唐电网和河北省南部电网的方案。

对东部地区来说,"西电东送"缓解了其缺电的局面,也减轻了日益严重的环保压力。对西部地区而言,"西电东送"充分利用了其得天独厚的自然资源,获得了西部大开发急需的资金,进而促进经济发展。

全面规划,合理布局,合理利用环境空气自净能力:大气环境有一定的自净能力,合理利用环境自净能力,既可保护环境,又可节约环境污染治理投资。但在利用环境自净能力时要慎重,要以大气污染物的自净规律和生态毒理的研究为基础,并对可能造成的环境影响进行预测。比如通过高烟囱(一般指高度超过200m的烟囱)将污染物排向相当高度的高空,利用大气的扩散稀释和自净能力,使污染物向更广泛的范围内扩散,可以减轻对局部地区和地面的污染。但高烟囱排放要考虑是否会造成区域环境出现酸雨。

全面规划、合理布局,才能合理利用环境自净能力。在环境调查研究和环境预测的基础上,要编制环境经济规划和区域环境规划,进行环境区划和环境功能分区,按环境功能分区的要求对工业企业按类型进行合理布局。了解和掌握区域环境特征(如风向、风频、逆温、热岛效应等)、污染物的稀释扩散等自净规律,使污染源合理分布,并控制污染源密度。

分散治理与综合防治相结合,以集中控制为主:大气污染治理的根本目的是谋求区域大气环境质量的改善。要提高污染治理的效益,必须走污染集中控制的道路。对污染源进行分别控制,如逐个改造锅炉,消烟除尘,是防治烟尘污染的有效措施。但这种分散治理措施必须与区域综合防治相结合,才能提高污染治理效益,有效改善区域环境质量。改造锅炉、消烟除尘要与改善能源结构、提高能源利用效率、集中供热等综合防治措施相结合。

北京将改变以煤为主的能源结构

北京市政府已决定改变以煤为主的能源结构,建立优质能源供应体系,以实现社会和经济的可持续发展,为2008年"绿色奥运"打下基础。

据资料统计,2000年北京能源总消费量达到 41×10^6 t 标准煤,在全国各大城市中,仅次于上海,位居第二。北京消费的固体燃料在能源消费结构中所占比重虽已低于36%,但在各种能源消费的比例中仍居首位。在燃料消费结构方面,煤炭和焦炭所占比重仍高达74.2%,其中煤炭所占比重约为58.8%。2000年,北京煤炭消费量达 27×10^6 t。

以煤为主的能源结构和大量直接燃烧原煤是造成北京大气环境污染的重要原因。改善北京的能源结构,是治理环境污染的重要途径与手段,也是保证城市可持续发展的重要措施。

为此,北京将大力发展天然气、电力等优质能源,以替代城市民用和工业用煤,削减炼焦用煤,将已经基本达到使用寿命的燃煤电厂改造为燃气发电厂,把现有的燃煤总量降下来,把工业能源消费比重降下来,逐步提高第三产业和城市生活能源消费比重,计划到2008年,天然气年供应量达 $5\times10^9 m^3$,年电力消费量 6.2×10^{10} kWh,优质能源在终端能源消费结构中的比重将达到86%,实现市区无直接烧煤,远郊区削减三分之一直接燃煤量,把北京建设成节能型的清洁优美的现代化国际大都市。

按功能区实行总量控制和浓度控制相结合：环境功能区的环境质量主要取决于区域的污染物排放总量而不是单个污染源浓度是否达标。以改善环境质量为目的而进行污染控制与管理，可分为以下三个层次：

第一个层次是规定污染物排放必须达到国家或地方规定的浓度标准。由于人口增加，经济的快速增长，资源、能源消费总量不断增大，排污量也随之增大，单一的浓度控制便难以控制由于污染物排放总量的持续增加而导致环境质量恶化的趋势；

第二个层次是目标总量控制。根据区域（或城市）环境规划的环境总量控制目标（或计算确定的污染物削减量），分配到污染源，限定污染源排放的污染物总量；

第三个层次是容量总量控制。在对环境功能区环境容量分析的基础上，按环境容量确定主要污染物的最大允许排放量。它的特点是将污染源排放污染物的控制水平与环境质量直接联系，选择（或建立）恰当的环境容量计算分析模型，确定主要污染物的最大允许排放量，通过环境规划优化分配削减污染负荷（或总量控制指标）的方案。它不要求各污染源排放污染物总量的平均削减，而是求得以最佳成本效益实现功能区的环境质量目标。

采取有效措施，减少二氧化硫排放量："十五"期间，我国计划投入 967 亿元巨资用于 SO_2 和酸雨污染防治，确保到 2005 年，全国 SO_2 排放量在 2000 年的基础上削减 10%，"两控区"（酸雨和 SO_2 控制区）内 SO_2 排放量比 2000 年减少 20%。

计划在"两控区"实施的减排措施包括：降低煤炭含硫量；2005 年火电厂 SO_2 排放量在 2000 年基础上削减 20%；控制锅炉、工业炉窑、工艺过程和生活 SO_2 排放；在加大资金投入的同时，加大 SO_2 排污收费力度，试行 SO_2 排放权交易制度。

有关技术政策明确要求，新建或改建火电厂，应在建厂的同时安装高效烟气脱硫装置；剩余寿命大于 10 年的电厂，应补建烟气脱硫装置；剩余寿命小于 10 年的电厂，则应采取低硫煤替代或其他控制技术……鼓励火电厂、大型工业炉窑安装烟气脱硫设施,使用含硫成份较高的煤炭;鼓励中小型工业锅炉和窑炉优先使用优质低硫煤等低污染燃料;鼓励城市居民使用电、燃气等清洁能源。

根据计划安排,在今后 3 年多的时间内,我国将建设 550 个 SO_2 综合治理项目,形成每年 3.87×10^6 t 的减排能力。

《中国跨世纪绿色工程规划》与大气污染防治

《中国跨世纪绿色工程规划》是有项目、有重点的具体工程计划,目的是组织国家有关各部门、各地方和企业,针对一些重点地区、重点流域和重大环境问题以及履行国际公约的要求,集中财力、物力,实施一系列工程措施,打几个大战役,带动全局,向环境污染和生态破坏宣战,以求在 20 世纪末基本控制环境污染和生态破坏加剧的趋势,部分城市和地区的环境质量有所改善,并在 2010 年逐步实现中国环境保护的总目标。

《绿色工程规划》分三期,历时 15 年。第一期为 1996~2000 年;第二期 2001~2005 年;第三期 2006~2010 年。分期实施,滚动发展。

《绿色工程规划》第一期已经完成,在环境空气污染控制方面,SO_2 污染控制区、酸雨控制区以及重点城市大气污染控制区新增 9.3×10^6 kW 电厂装机容量烟气脱硫能力,洗配煤能力 24×10^6 t/a,供气能力 14.1×10^8 m^3/d,集中供热面积 2.4×10^8 m^2,改造 1.3×10^4 t 锅炉的消烟除尘设施,年削减 SO_2 约 1.8×10^6 t,削减烟尘排放量 1.5×10^6 t。

第三章 大气微量成分的变化与全球气候环境问题

由于人类活动的冲击,大气中一些微量成分的浓度已经或正在发生着明显的变化,人类活动还会使大气中增加一些前所未有的化学成分。这些成分或因其对地-气系统辐射过程的巨大作用,其浓度变化将会直接引起全球气候变化,或一些大气成分的变化将引起其它大气成分浓度的变化,从而直接影响大气环境质量的变化,并间接影响气候环境。大气微量成分浓度的变化造成的全球气候环境问题有全球变暖、臭氧层的破坏、酸雨以及"核冬天"等。

全球变暖

气候变化的事实

全球气候变化的事实:进入20世纪80年代以后,人类社会最关注的全球性重大问题莫过于全球气候变化了。有足够的证据表明,由于CO_2等温室气体的增加,全球气候正在发生有史以来从未有过的急剧变化。

气候变化主要表现在:

全球温暖化:2001年底,联合国政府间气候变化专门委员会(IPCC)发表了关于全球气候变化的第三次评估报告,对当今全球气候变化、社会经济影响及对策作出了全面的和具有权威性的评估。这个报告特别指出,在过去的100多年里,尤其是最近50年中,人类活动过度排放温室气体特别是CO_2,使其在大气中的浓度超出了过去40万年间的任何时候。温室气体的过量排放使得在20世纪全球平均气温升高了$0.6℃±0.2℃$,20世纪的升温大于过去1000年以来任何世纪,90年代可能是过去1000年以来最热的10年,如图3.1所示。

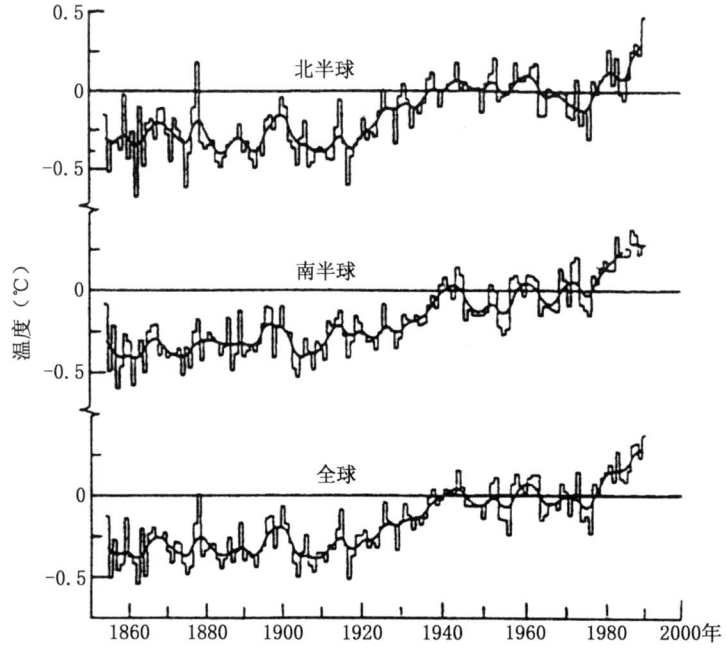

图3.1 近代南北半球和全球平均气温的变化

全球温暖化因区域和季节而异。一般来说,陆地表面比海洋表面增温快,北半球高纬度地区比低纬度地区增温快,如美国的阿拉斯加的北极地区在过去的20年里,上升了2~2.8℃。在亚洲,1960~1990年的平均气温与1930~1960年相比,大部分地区升温在 0.5℃ 以下,西伯利亚升温最多,超过 1℃。另一方面,冬季温暖化现象比夏季显著。

降水格局变化:全球温暖化引发气温上升和蒸发加速,提高了大气中水汽的含量,20 世纪北半球的陆地降水因此增加了 5%~10%,但在一些地区有所减少,如北非、西非和地中海的部分地区。全球降水格局变化总趋势是,中纬度地区降水量增大,北半球的副热带地区降水量下降,南半球降水量增大。由于影响降水量分布的因素很多,降水变化的局地差异大,从而带来更多的旱涝灾害。近几十年一些地区如亚洲和非洲的部分地区干旱的频率和强度增加了,中国近年来也呈现出北方干旱、南方多涝的特点。

海平面上升:海平面上升是全球温暖化导致的重要现象。据评估,过去 100 年全球海平面上升了 10~20cm。冰川融化是海平面上升最主要的因素。北极海冰最近几十年减薄 40%,春、夏海冰范围减少 10%~15%;20 世纪以来非极地冰川大范围退缩;自 60 年代全球卫星观测开始以来雪盖面积减少 10%。

气候极端事件的变化:世界气象组织规定,如果某气候要素的时、日、月、年值达到 25 年以上一遇,或者与其相应的 30 年平均值的距平超过了 2 倍均方差时,该气候要素值就属于"异常"气候值。出现"异常"气候值的事件就是"气候极端事件"。干旱、洪涝、高温热浪和低温冷害等事件都可以看成极端气候事件。全球气候变暖后,不仅气候平均值会发生变化,天气和气候极端事件的出现频率也会随之发生变化。虽然由于观测资料严重不足,目前还无法确定 20 世纪气候极端值是否出现全球尺度一致的变化趋势,但在区域尺度上还是发现了一些重要的"趋势"。

据统计,20 世纪 90 年代,全球发生的重大气象灾害比 50 年代多 5 倍,因此遭受的年均经济损失也从 60 年代的 40 亿美元飚升至 290 亿美元。1970 年孟加拉国的特大洪水淹死 25 万人;1987 年 10 月 16 日,发生在英格兰东南部和伦敦的强烈风暴吹倒了 1500 万株树木,是该地区自 1703 年以来最严重的一次风暴;1998

年我国长江流域的特大洪水也是罕见的;1958～1975年非洲连年大干旱造成了几千万人死亡。

厄尔尼诺(El Nino):厄尔尼诺原意是"圣婴"。在热带东太平洋海域,每隔3～5年就会出现一次大面积海域水温异常上升现象,其过程大约持续一年左右甚至更长时间。它是大气环流和海洋环流相互耦合的结果。由于气候变暖,近20～30年厄尔尼诺更频繁、持久和强烈。1982～1983年、1997～1998年发生了特强的厄尔尼诺事件。厄尔尼诺对气候的影响以环赤道太平洋地区最为显著。在厄尔尼诺年,印度尼西亚、澳大利亚、印度次大陆和巴西东北部出现干旱,而从赤道中太平洋到南美西岸则多雨。厄尔尼诺不但影响低纬度的气候,还通过遥相关影响中高纬度的气候。1984年几乎各大洲发生的旱涝灾害都与1982～1983年的强厄尔尼诺事件有关,1998年长江流域的特大洪水,其中就有"厄尔尼诺"兴风作浪的身影。

生物生长期异常:世界上许多地区的陆地和海洋生物系统受气候变化的影响,尤其是受区域温度升高的影响,发生了显著变化。在北半球,特别是在高纬度地区,近40年中植物的生长期每十年延长约1～4天,植物、昆虫、鸟类和鱼类的活动范围向极地和高海拔移动;植物开花更早、鸟类抵达更早、繁殖季节日期提前,昆虫出现日期提前;珊瑚礁漂白的频率增加,特别是在厄尔尼诺事件中。

近百年中国的气候变化事实:中国的气候与全球气候变化的总趋势是一致的。近百年中国气温上升了0.4～0.5℃,略低于全球平均的0.6℃。最近40年中国夏季平均温度变化不明显,冬季增温十分明显,每10年增加0.42℃。从1985年以来,我国已连续出现了16个全国大范围的暖冬,1998年冬季最暖,偏暖1.4℃,2001年次之。就地区而言,东北、华北和西北地区西部增温最显著,而且冬季比其他季节增温明显,晚上增温比白天明显(参见图3.2)。

在过去近50年中,中国年平均降水量变化趋势不显著,主要表现出明显的年际变化。已有的研究表明,中国降水以50年代最多,以后逐渐减少,尤其是华北地区,这些地区由于自然降水减少而导致的水资源缺乏成为一个突出的问题。进入90年代,降水明显增多,但主要集中在长江中下游、华南和东北部分地区。

冰川消融印证全球变暖趋势

　　冰川1万年以来基本保持稳定,但现在正在萎缩,冰川快速融化是全球气候大范围变暖的重要标志。最近美国航空航天局研究人员公布的一项报告显示,意大利境内阿尔卑斯山的冰川正在快速融化。不断融化的贝尔维代雷冰川水已经在阿尔卑斯山脚下的马库尼亚加小镇附近形成一个湖泊。到去年秋天,湖面已经达到$14hm^2$,并且至今湖水仍然呈上涨趋势。目前,马库尼亚加小镇已经面临被淹没的危险,当地居民可能在几个月内全部撤离。

　　美国的冰川公园,在过去100年间,冰河数目也由100条减少到37条。赤道附近的非洲乞力马扎罗山的冰盖,也在过去90年里缩小了82%。

　　全球变暖也正在慢慢融化着北极冰川。"极区航道"也被称作"西北通道",如今大部分地段为冰冻地带,只有大型破冰船才适合取此道从大西洋穿过加拿大北部的北冰洋群岛,沿阿拉斯加北部海岸到太平洋。自从1958年以来,这儿冰盖的厚度已经变薄了约40%,在1978～1998年间,其表面积减少了14%。环境专家们担心,如今只适合大型破冰船通过的"西北通道",20～40年后有可能变成一条国际水道。

　　南极冰山也在发生着一些大的变化。2002年5月9日,美国国家冰雪中心的科学家曾报告说,他们观测到一座长、宽分别为76km和7km的冰山,已经从罗斯陆缘冰分离,该冰山被命名为C-18号。5月15日,该中心又证实,代号为C-19第二座大冰山最近脱离了南极罗斯陆缘冰,这座冰山长达190km,宽约31km,该冰架脱落,使南极大陆冰雪面积缩小到了1911年的水平。近年来,从南极洲分离的冰山数量呈现出上升趋势,如2002年3月,一座名为B-22的冰山从罗斯陆缘冰邻近区域崩离;同月,南极大陆的"拉森B"陆缘冰也出现了大面积坍塌。一些科学家担心,类似现象可能是全球变暖的征兆。但美国威斯康星大学的科学家说,这个冰架的断裂属于正常的冰山结构变化,即厚重的冰层逐渐从南极高原上滑落,而与气候变化或全球变暖没有关系。2002年年初,《自然》和《科学》杂志分别刊登研究结果说,南极洲部分区域温度正在变冷,另有地区冰层在加厚。这些结果显示,关于南极冰层是否在加速解体,也许还不能匆忙下结论。

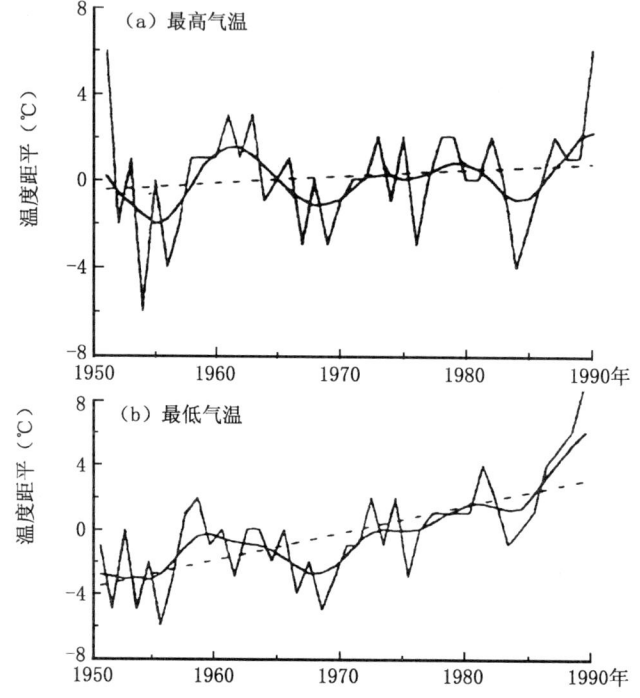

图 3.2　近 40 年我国平均最高气温和平均最低气温的变化

北方冬季明显变暖

2002 年 4 月的北京,柳絮漫天飞舞,这比往年提前了一个月。3 月 29 日,北京的温度上升到有史以来的同期最高值。春季是气候多变的时节,但是早春气温如此之高,温度最高值的历史记录屡屡被打破,连长期做天气预报工作的专家都感到很惊奇。

北京冬季气温在 20 世纪 20 年代以前基本处于偏低时期,20 年代出现了一个暖期,然后在 40 年代又出现了一个暖期,50～70 年代处于较冷的时期,进入 80 年代以后,暖期比较长。这些暖期与全球气候变暖是相呼应的。自 20 世纪 80 年代全球变暖以来,世界范围内秋季和冬季的气温普遍升高,在我国,主要以北方冬季变暖的形式出现。北京的变化最为明显。2001 年冬天,北京平均气温上升了 2.5℃。按常规,每 10 年仅能上升零点几摄氏度,要上升 2.5℃ 需要 50～60 年。

温室气体与温室效应

温室效应：地球大气中的一切物理过程都伴随着能量的转换，而辐射能，尤其是太阳辐射能是地球大气最重要的能量来源。地面和大气在获得太阳辐射能增温的同时，本身又向外辐射长波辐射而冷却。地球表面的温度是地表接受到的太阳辐射能和从地表发射出的辐射能共同决定的。

大气中几乎没有吸收可见光的成分，吸收太阳辐射的成分主要有水汽、液态水、臭氧及固体杂质，它们对太阳辐射的吸收带都位于太阳辐射光谱两端能量较小的区域，因而对太阳辐射的减弱作用不大。也就是说，大气直接吸收的太阳辐射并不多，特别是对于对流层大气来说，太阳辐射不是主要的直接热源。而水、陆、植被等地球表面(又称下垫面)却能大量吸收太阳辐射，并经转化，按其本身的温度不断地向外放射长波辐射供给大气，从这个意义来说，下垫面是大气的直接能量来源。

大气对长波辐射的吸收非常强烈，大气中对长波辐射的吸收起重要作用的成分有水汽、液态水、CO_2 和 O_3 等。大气也向外辐射长波辐射，其主要成分与吸收长波辐射的成分相同。通过长波辐射，地面和大气之间以及大气中气层和气层之间，相互交换热量，并也将热量向宇宙空间散发。

大气辐射指向地面的部分称大气逆辐射。大气逆辐射使地面因放射辐射而损耗的能量得到一定补偿，因而对地面有一种保暖作用，这种作用称为大气的"温室效应"，或"保温效应"。据计算，如果没有大气，近地面的平均温度应为 $-23℃$，但实际上近地面的均温是 $15℃$，也就是说大气的存在使近地面的温度提高了 $38℃$。

温室气体：由于大气中的一些成分能吸收和辐射长波辐射，它们的存在起到了"温室效应"的重要作用，因此这些成分又被称为温室气体。在产生"温室效应"的气体中，水汽是最重要的。在中纬度晴朗的天气条件下，水汽对温室效应的贡献占 60%～70%，

CO_2 仅占 25% 左右。但水汽含量是由大自然决定的,因此我们通常所说的温室气体并不包括水汽。

主要的温室气体有:大气固有的 CO_2、CH_4、N_2O、O_3 等成分,由近代人类活动所引起的 CFCs(氯氟碳化物)等。这些成分在大气中总的含量虽很小,但它们对地-气系统的辐射能收支和能量平衡却起着极重要的作用。在波长为 9500nm 及 12500~17000nm 有两个强的吸收带,这就是 O_3 和 CO_2 的吸收带。特别是 CO_2 的吸收带,吸收了大约 70%~90% 的红外长波辐射。地-气系统向外长波辐射主要集中在 7000~13000nm 波长范围内,这个波段称为大气之窗。CH_4、N_2O、CFCs 等气体在此大气窗内均各有其吸收带,这些温室气体在大气中的变化必然对气候系统造成明显扰动,引起全球气候变化。

工业革命以后,由于人类活动的不断增强,人类活动向大气中排放的 CO_2、甲烷、氯氟碳化物等温室气体不断增多。由于工业化以来大气中温室气体的增加,使得大气温室效应比工业化以前处于自然平衡态时更强,将此称为温室效应增强。温室效应增强使低层大气在自然变化的基础上,叠加有变暖的趋势,成为全球关注的重大环境问题之一。

大气中主要温室气体浓度的增加:人类活动对大气的影响主要表现在增加大气中 CO_2、气溶胶、大气中水汽含量及其它微量气体含量。虽然人类活动对大气成分的影响早就存在,但直到近百年来,由于人口急剧增长和工业飞速发展,这种影响才在全球尺度上逐渐表现出来,引起人们的广泛关注。大量观测事实表明,大气中化学成分的变化主要是:大气中 CO_2 和甲烷浓度逐年增加;大气中 O_3 总量减少;氯氟碳化物从无到相当量级的全球平均浓度。

CO_2:大气中 CO_2 浓度用体积比来度量,10^{-3}mL/L 对应的全球大气中含有 2.12×10^9t 碳,或者相当于大气中含有 7.8×10^9t 的 CO_2。大气中 CO_2 浓度在工业化之前很长一段时间里大致稳定在约 $(280\pm10)\times10^{-3}$mL/L,但在近几十年来增长速度甚快,至

第三章 大气微量成分的变化与全球气候环境问题

1990 年已增至 345×10^{-3} mL/L，1990 年代以后，增长速度更大，2000 年已经上升到 368×10^{-3} mL/L。

大气中 CO_2 浓度急剧增加的原因，主要是由于大量燃烧矿物燃料和大量砍伐森林所造成的。而吸收 CO_2 的主要因素，除大气圈增加的 CO_2 外，海洋吸收、北半球森林生长和 CO_2 施肥效应是最主要的汇。目前，全世界每年燃烧的煤炭、石油和天然气等矿物燃料排放到大气中的 CO_2 总量折合成碳，大约是 6×10^9 t；每年由于土地利用变化和森林破坏而释放出的量约为 1.5×10^9 t，总计每年向大气输入约 7.5×10^9 t 碳的 CO_2，而每年大气中碳的净增加量大约是 3.8×10^9 t，其余的 3.7×10^9 t 则被海洋和陆地生物圈吸收，其中海洋吸收约为 2×10^9 t，陆地生物圈吸收约为 1.7×10^9 t。如果全球温度上升，海洋吸收 CO_2 的能力会降低，这将会加速大气中 CO_2 浓度的增加。如果 CO_2 浓度的增加，陆地生态系统能提高对大气 CO_2 的固定量，但随着 CO_2 浓度的进一步增加，这种能力最终达到饱和，因而陆地生态系统对大气 CO_2 的调节也将逐渐减少。

此外，最近对亚马逊盆地热带雨林和热带草原生态系统的模拟研究表明：过去 20 年中由于厄尔尼诺的效应，这个地区有些年份也是大气 CO_2 的源，而另外一些年份却是大气 CO_2 的汇，具有明显的年际间差异。

到 21 世纪中叶，世界能源消费的总格局不会发生根本性变化，人类将继续以矿物燃料作为主要能源，而且对能源的需求还将增加。据专家推测，全球人口将达到 90×10^8 左右。对未来 CO_2 的增加有多种不同的估计，如按现在 CO_2 的排放水平计算，到 2025 年大气中的 CO_2 浓度将达到 425×10^{-3} mL/L，为工业化以前的 1.55 倍；21 世纪中叶，将达到 560×10^{-3} mL/L，即通常所说的 CO_2 倍增。

CO_2 浓度增加使气候变暖这一看法，可以用近百年来全球温度变化来说明。近百年来全球温度平均增加了 0.6℃，这与 CO_2 浓度在工业化以来持续增加是一致的。另外南极冰芯气泡分析显示出 16 万年以来 CO_2 和甲烷浓度与局地温度的相关分析表明,地球温度与地球 CO_2 和甲烷含量几乎完全对应(参见图 3.3)。

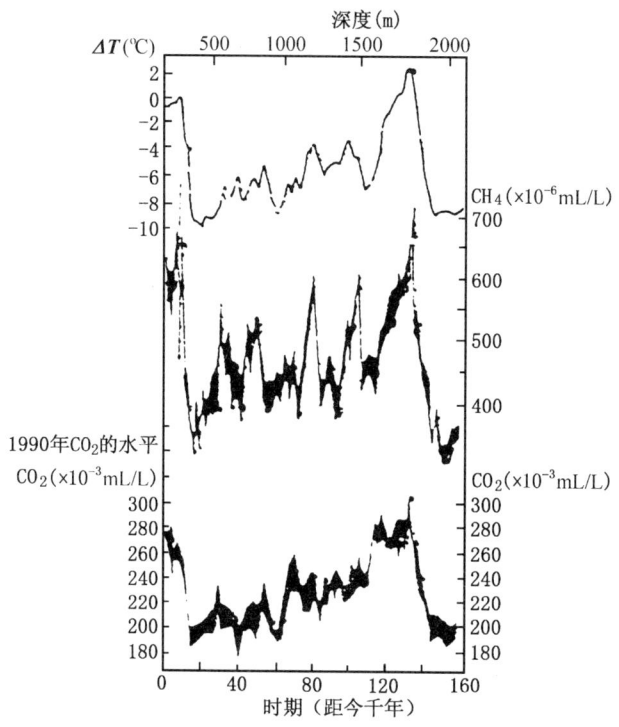

图 3.3 南极冰芯气泡分析得到的 16 万年以来 CO_2 浓度与温度变化

甲烷(CH_4):甲烷也称沼气,是另一种重要的温室气体,每摩尔 CH_4 对温室效应的影响是 CO_2 的 21 倍。甲烷主要由水稻田、反刍动物、沼泽地和生物体的燃烧而排放入大气。在距今 200 万年以前到 11 万年前,CH_4 含量稳定于 $0.75 \times 10^{-3} \sim 0.80 \times 10^{-3}$ mL/L,近年来增长很快。1950 年 CH_4 含量已增加到 1.25×10^{-3} mL/L,1990 年为 1.72×10^{-3} mL/L。大气中 CH_4 变化如图 3.4 所示,大气甲烷浓度每年以 1.1% 的速率递增。

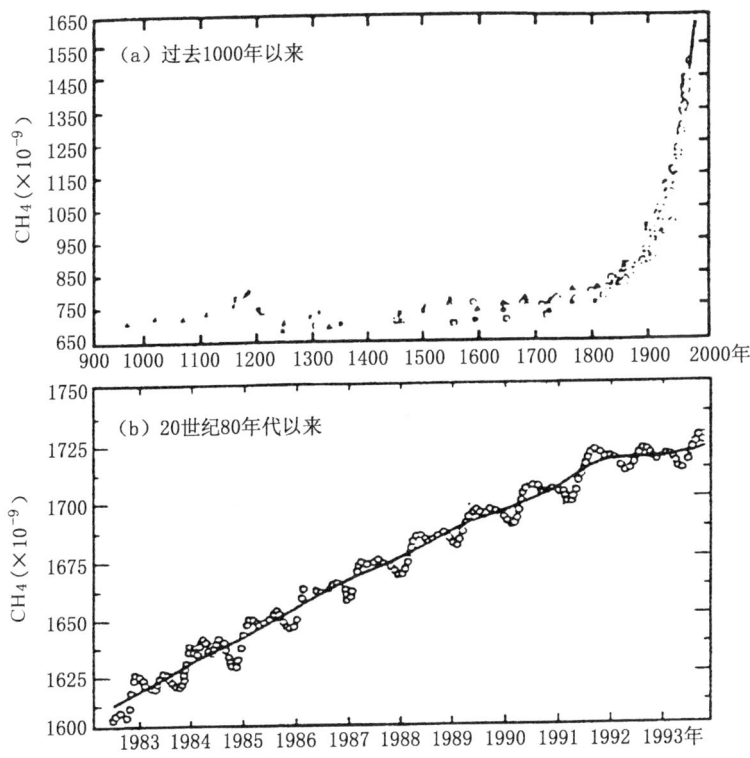

图 3.4 大气甲烷浓度的变化

CH_4 的释放源有自然源和人为源。自然源主要是沼泽等天然湿地、热带森林、苔原、白蚁,其排放量不到总排放量的 25%。人为源主要是稻田、反刍动物、垃圾处理场和燃煤。全球年 CH_4 排放源约为 $5.35(4.10\sim6.60)\times10^8 t$,其中自然源 $1.60(1.10\sim2.10)\times10^8 t$,人为源 $3.75(3.00\sim4.50)\times10^8 t$,人为源约占 70%。人为源中,水稻田每年排放 $0.35\sim1.7\times10^8 t$ 的 CH_4,亚马逊河流盆地每年也产生 $0.08\sim0.13\times10^8 t$ 的 CH_4。人类对天然湿地的改造如排水或灌溉都能改变大气的 CH_4 含量。

海洋生态系统在全球碳平衡中的作用

海洋生态系统在全球碳循环中发挥着重要作用,能有效地缓解CO_2浓度的增加。海洋持有的碳比大气多50倍,其中大部分是以碳酸盐(CO_3^{2-})和碳酸氢盐(HCO_3^-)离子的形式存在。海洋吸收CO_2的能力大致相当于通常所估计的矿物燃料的贮藏量。虽然海洋对大气CO_2的缓解作用主要取决于海洋的混合程度和酸碱度,但海洋浮游植物的潜在作用不可忽视。

在海洋表层,浮游植物通过光合作用将海水中溶解的无机碳转化为有机碳,水中CO_2分压降低;在其初级生产过程中,还需从海水中吸收溶解的无机盐,如硝酸盐和磷酸盐,这使得表层水的碱度升高,也将降低水中的CO_2分压。这两个过程造成空气—海洋交界面两侧的CO_2分压差,促进大气CO_2向海水的扩散。同时,由于向海底沉降的有机颗粒携带的营养盐分解成无机盐的速率非常缓慢,使得表面水的碳含量比深度超过1000米处海水中的碳含量低14%。海洋表层的这一生物动力学过程,也被称之为"生物学泵"。海洋生物光合作用形成的有机碳沉积到海底,它们分解返回大气速度很慢。这一点与陆地生物圈显然存在很大差异。因为陆地生物圈的碳汇比较容易释放出来,如大面积森林砍伐、土地利用等。估计海洋生物光合作用利用的总碳量约为$3\times10^{10} \sim 4\times10^{10}$t/a。这个值代表海洋光合作用的总碳汇,其对大气$CO_2$的净汇还取决于有机碳分解的返回通量。

为了准确估计海洋对大气CO_2汇的大小和能力,人们建立了许多模型,这些预测模型主要分为两大类,即箱式模型和一般环流模型。IPCC使用这两种模型的结果,预测1980~1989年间海洋对大气CO_2的净吸收为$2.0(\pm0.8)\times10^9$t/a碳。

CH_4的汇主要有:

①在对流层大气中的氧化约消耗$4.45(3.60\sim5.30)\times10^8$t/a;

②一部分CH_4输送到平流层,在平流层发生光解以及氧化约消耗$0.40(0.32\sim0.48)\times10^8$t/a;

③被土壤和陆地生态系统吸收约$0.30(0.15\sim0.45)\times10^8$t/a。

许多陆地生态系统特别是温带地区的森林,草原和荒漠的土壤上层微生物群能够氧化大气中的CH_4,从而减缓了大气CH_4随人类活动的加强而增加。然而,土壤的这种能力也受到一些人为干扰,如种植、施肥等的影响而降低。三项合计,全球甲烷汇每年约为 5.15×10^8 t。根据目前增长率外延,大气中 CH_4 含量将在 2030 年和 2050 年分别达 2.34×10^{-3} mL/L 和 2.50×10^{-3} mL/L。

一氧化二氮(N_2O):N_2O 通常用作麻醉剂,也被称为笑气。大气中 N_2O 对气候的影响表现在两方面:一是在对流层中是温室气体,每摩尔 N_2O 吸收长波辐射的能力约为 CO_2 的 200 倍,到目前为止,大气 N_2O 增加对全球变暖的贡献约占所有温室气体总贡献的 5%~10%;二是在平流层中 N_2O 的光化学产物影响臭氧的光化学过程,破坏臭氧层。

有关研究表明,直到 150 年前,N_2O 才出现了每年 0.2%~0.3%的增长趋势,而此前的 3000 年,大气中的 N_2O 一直稳定在 2.85×10^{-4} mL/L。1985 年和 1990 年分别增加到 3.05×10^{-4} mL/L 和 3.10×10^{-4} mL/L。然而,对 N_2O 的源和汇,无论是自然源汇,还是人工源汇,都缺乏可靠的认识。

目前认为 N_2O 向大气的排放量与施用氮肥、毁林、矿物燃料和生物物质的燃烧有关。平流层超音速飞行也可产生 N_2O。大气中大约 90%的 N_2O 来源于生物源,其中陆地生态系统的排放占 20%左右。包括硝化作用和反硝化作用的土壤微生物过程是大气 N_2O 最大的源,陆地土壤还可氧化或吸收 N_2O,土壤在排放 N_2O 源汇收支平衡中起主导作用。人为源又以农业生物源为主。因施用氮肥而排放的 N_2O 大约占全球生物源排放 N_2O 总量的 21%~46%。目前已知的 N_2O 主要汇为平流层光化学破坏、地面土壤吸收和海洋吸收,平流层光解汇远大于土壤和海洋吸收。根据大气中 N_2O 浓度的增长,可以大致确定大气中 N_2O 的年增加量约为 3.9×10^6 t。

氯氟碳化物(CFCs):氯氟碳化物(CFCs)是制冷工业(如冰箱)、喷雾剂和发泡剂中的主要原料。此族的某些化合物如氟里昂$_{11}$(CCl_3F,CFC_{11})和氟里昂$_{12}$(CCl_2F_2,CFC_{12})是具有强烈增温效应的温室气体,它们唯一的汇是向平流层输送并在那里光化学分解,其分解产物是破坏平流层 O_3 的主要因子。在制冷工业发展前,大气中本没有这种气体成分。CFC_{11}在1945年、CFC_{12}在1935年开始有工业排放。到1980年,对流层低层CFC_{11}含量约为$168\times10^{-8}mL/L$,而CFC_{12}为$285\times10^{-8}mL/L$,到1990年则分别增至$280\times10^{-8}mL/L$和$484\times10^{-8}mL/L$,其增长是十分迅速的,未来含量的变化取决于今后的限制情况。

自工业革命起,因燃烧矿物燃料和砍伐森林等,使大气中CO_2浓度增加了26%,甲烷增加了一倍以上。这些温室气体对气候的影响差别很大。如果把其它温室气体对辐射的强迫作用也用CO_2的影响来表示,那么从工业化时代(18世纪中叶)起,现在已相当于CO_2增加了50%左右。其中26%是CO_2本身增加所致。1980~1990年每种人为的温室气体对气候强迫总增加的贡献为CO_2占55%,甲烷占15%,CFCs约占25%左右,N_2O约占5%。

大气气溶胶:气溶胶的严格定义是指悬浮在空气中的固体或液体微粒与气体共同组成的多相体系,大气气溶胶是指大气与悬浮在其中的固体或液体微粒共同组成的多相体系,而人们习惯上把大气中悬浮的固体或液体微粒称为大气气溶胶。它们既可以直接来自风力扬尘、海水喷沫、火山爆发和森林燃烧等自然源。也可直接源于矿物和非矿物燃料的燃烧、交通运输以及各种工业排放等人为源,还可由大气中自然或人为排放的气体转化而成。据估计,目前全球气溶胶总重量约为$6\times10^9 t$,年产生量为$2.608\times10^9 t$,其中人为源约占10%。固、液体微粒直接由地面进入大气的气溶胶产生率与其转化率相当。气溶胶由大气返回地面的途径有干沉降和湿沉降两种。由于人类活动的不断强化,近几十年来的大气气溶胶有逐年增加的趋势,大气透明度随之下降。据弗骆(H.Fiohn)估算,1880~1970年,北半球人为粒子从$1.2\times10^8 t$增加到$4.8\times10^8 t$,2000年达到$7.6\times10^8 t$。

大气气溶胶是人们的感官能直接感受到的大气微量成分。气溶胶对温度的影响是一个非常复杂的问题,对流层气溶胶尤其如此。它的增加一则可以增大行星反射率,减少到达地面的太阳辐射,即有阳伞效应;二则可增加地-气系统对太阳辐射的吸收;三则它们还是地面长波辐射的强吸收体,其最大吸收带大致在 $9.2\mu m$ 附近,刚好位于 $8\sim12\mu m$ 的大气窗口,因此可减弱地面有效辐射,即有温室效应;四则也能影响云量,增加云的反射率和吸收率。根据汤懋苍等人的研究,对流层气溶胶对地-气系统温度的影响取决于气溶胶的反射率(a_p)是否大于地表和云的行星反射率(a)。若 $a_p>a$,则气候系统热量收入减少;若 $a_p<a$,则总效应使气候系统增热。一般而言,气溶胶对平流层总有加热作用,对对流层总有冷却作用。

气溶胶对云雨天气的影响取决于大气层中的水汽含量。若水汽充足,则云雨量增加;若水汽量较少,则气溶胶可使云层中云滴数量增加,但云滴减小,从而使降水量减少。

全球气候变化预测方法简介

当前的全球变化对未来环境的影响如何?对人类社会又会产生怎样的影响?正是对这些问题的忧患使国际社会投入大量的人力物力进行全球变化的研究。而控制未来全球气候变化的因子很多,很复杂,目前对各种因子及其相互作用所引起的变化还远未搞清,所以要预测未来是很困难的。但有一点是清楚的,就是今后几十年大气中 CO_2 等温室气体含量将继续增长。目前许多研究工作就是根据温室气体增长来推测未来的平均气候状况,再由此推测其它环境要素的变化。科学的预测是建立在大量观测事实的基础上的,有了观测事实,才能建立恰当的预测模型。

目前的预测模型可分为两类:一类是历史相似预测,即直接由预测对象的观测序列出发来建立模式,立足于寻求历史演变规律。只要有足够长的气候或环境观测序列,就能通过相似的历史状况发展推测当前状况的未来发展,但实际上却很少有足够长的观测序列,既使有,其结果也不能完全代表未来的真实发展,因为当前全球系统受到人类活动干扰的强烈程度是历史上从未有过的;另一类是经过观测事实的检验而建立的动力学模式,立足于寻求其物理本质。动力学模式就是一组时间微分方程。全球变化中任何一个变量的变化都有其具体的物理原因。针对不同的对象,选择特定的若干变量,根据其变化写出其随时间变化的变率方程,动力学模式预测就是要求出这组方程的解。动力学模式的一个优点在于,它可以灵活地考虑影响全球变化的多种外来因素,外来因素又叫驱动力,如太阳辐射、火山活动和各种人类活动的影响。尽管还不能把它们完善地表达出来,却可以选择一个和多个因素进行简化处理,代入模式中作预测研究。在各种动力学模式中,全球环流模式,即GCM模式是模拟全球气候变化最为成功的一种模式。把未来因人类活动引起的大气中温室气体和气溶胶浓度的变化等驱动力作为条件,输入GCM中气候模式计算出未来气候的可能变化,并将计算结果与未加入该驱动力而计算出来的模式气候作比较,就可得出未来气候变化的某些估计。许多学者都作过这样的模式计算,但遗憾的是,没有任何一对模式能提供完全一致的结果。这主要是目前人们对气候系统中各种物理过程还缺乏准确地描述。政府间气候变化专门委员会(IPCC)曾把国际上最好的若干模式进行比较,从中概括出彼此较为一致的结果,用以描绘大气中CO_2倍增后的全球气候概况。近年来IPCC工作组成员根据不断改进GCM模式修改关于未来气候预测的报告,其中最重要的是考虑了人类活动排放的气溶胶所造成的气候效应。

未来全球和中国气候变化的预测

未来全球气候变化的预测:科学家根据人口增长、环境条件、全球化、平等原则、经济发展和技术进步等条件提出了36种不同的温室气体排放情景,基本涵盖了未来各种排放的情况,即从人口增长得到控制,技术迅速改进,经济迅速发展到人口不断增长、技术和经济发展缓慢之间的各种情况。对不同的排放情景,使用了31个复杂的全球气候模式,对作出未来100年的全球气候以及气候系统的变化的预测,各种模式预测的结果基本相同。

第三章 大气微量成分的变化与全球气候环境问题

预测结果表明:

①预计从现在到2100年的100年间,由人类活动造成的温室气体的排放将继续增加。到2100年,年排放 $0.5\times10^{10}\sim3.5\times10^{10}$ t 碳。预计2025年大气中 CO_2 浓度将达到 $0.04\%\sim0.047\%$;2025～2100年将达到 0.056%,即大气中 CO_2 浓度达到工业革命前的2倍。

②目前人们认为温室气体主要影响时间尺度为100年左右的气候变化,未来50～100年全球气候系统将继续发生显著变化。而由于气候系统的惯性,这种变化将会继续几百年甚至几千年。

③全球平均地表气温在未来100年将上升 $1.4\sim5.8$ ℃。这可能是近10000年中增温最显著的速率。但在全球不同地区未来的气温变化不一样,对陆面的影响要快于海洋,几乎所有陆地区域的增温可能都比全球平均值要大,特别是北半球高纬地区的冬季。美国的阿拉斯加、加拿大、格陵兰、亚洲北部和青藏高原,模拟的增温值高出全球平均值的40%。但是南亚和东南亚的夏季,南美南部的冬季,北大西洋和南极周围海洋,模拟的增温值都低于全球平均。

④降水将产生季节性和南北性移动,其中干旱和半干旱区变得更干。全球气候增暖后,21世纪全球平均降水趋于增多,大多数热带地区平均降水将增多,副热带大部地区平均降水将减少,高纬度地区降水也趋于增多。由于降水的增加不足以平衡温度增高和可能蒸发的加大,大陆的中部地区夏季一般会变干。此外,气候变暖后北半球夏季季风降水的年际变化可能加大。预计平均降水将增加的地区,大多数可能会出现较大的降水年际变化,这意味着出现干旱的可能性增加,一些地方可能发生更频繁的干旱和洪涝。

⑤海平面将上升 $0.09\sim0.88$ m。北半球雪盖和海冰范围将进一步缩小,ENSO事件的频率和振幅可能继续增加;温盐环流将减弱,但不会关闭;一些极端事件如高温天气、强降水、亚洲季风降水异常、中纬度风暴、热带气旋强风、旱涝事件等发生的频率会增加。

未来中国气候变化的预测:我国科学家使用不同的全球气候模式和中国区域气候模式对 CO_2 增加后我国的气候变化情景进

行了研究。在假定大气 CO_2 继续增加的各种情景下,预测到 2020~2030 年气温上升 1.68℃;到 2050 年上升 2.22℃,预计大气 CO_2 浓度加倍时气温将达 2.94℃,北方的增温幅度大于南方。我国西北地区气温可能上升 1.9~2.3℃,西南可能上升 1.6~2.0℃。青藏高原可能上升 2.2~2.6℃。降水在未来不少地区出现增加趋势,以东南沿海为最大。但有一些地区出现继续变干的趋势,如华北和东北南部,以及长江中下游地区。

气候变化情景的不确定性:预测的气候变化情景有相当大的不确定性。而降水变化情景的不确定性比温度的更大。产生不确定性的原因主要有:一是由于对温室气体源和汇的了解还不多,温室气体和气溶胶的排放又受各国人口、经济、社会发展等众多因子的制约,使得准确地预测未来大气中温室气体的浓度困难;二是由于目前对碳循环、温室气体和气溶胶的物理、化学过程的认识尚不深入;三是目前气候模式对云、海洋、极地冰盖等的描述还不完善。当前还不能准确地区分哪些气候变化是大气中 CO_2 增加造成的、哪些是自然变化及 CO_2 以外的因素造成的。

虽然气候变化存在着许多不确定性,但对全球和中国气候变化未来 50~100 年的预测表明,全球变暖将继续下去,由于硫化物气溶胶排放的减少,将来增暖的速率将比过去 100 年更快,并且在温室气体排放稳定后的几十年,这种变暖趋势还要继续下去。

全球气候变暖对全球环境的重大影响

气候变暖无论对全球和中国都将会产生重大影响,其中有些影响甚至是不可逆转的,破坏性的,特别是对气候变化敏感和脆弱的地区。温室效应引起对气候所产生的破坏作用,只有在形成了重大灾害以后才能完全确切知道,但是可以肯定在下列方面影响严重:

气候带的变化:温室效应引起的气候变暖并不是均匀的,而是高纬升温多,低纬升温少;冬季升温多,夏季升温少。而在中纬度地区,夏季温度可能上升到超出地球平均温度的 30%~50%,这种变化必然造成气候带的调整。据估计,全球平均气温升高1℃,气候带约向极地方向推移100km,而这种推移不可能是均匀的,某些气候带和气候型会因为高山、海洋、荒漠的阻隔而间断甚至消失。

对水资源的影响:由降水量、径流量、蒸发量形成的水资源变化的地区差别很大,这种水文情势的地域性决定了其对气候变化响应存在明显的区域分异。气候变化对水资源量的影响主要取决于降水量。

全球变暖对降水量影响的总趋势大体是,高纬度和热带降水增加,干旱的副热带降水变化比较小,有的地方增加,有的地方减少;中纬度在冬季降水增加。中国的降水可能的变化是,黄土高原、四川盆地和云贵高原的年平均降水减少,特别是黄土高原降水的减少,将加剧其干旱化和沙漠化。除黄土高原外,其它干旱和半干旱地区的降水略有增加。同时,气候变化与水资源之间的关系是非线性的关系,即相对小的气候变化可引起水资源状况的很大变化。以地表水为例,以雨水补给为主的河流,河流水量随着雨量的增减而涨落,同时温度升高引起区域蒸发量的变化。研究表明,区域降水量如减少10%,河川径流量则会减少15%~25%;区域降水量如减少10%,气温上升2℃,则河川径流量则会减少25%~35%。以冰雪融水补给为主的河流,由于温度升高引起融雪数量增加,而使得河川径流增加,雪线高度上升。但随着时间的推移,冰川物质损耗,冰川后退,在一定时段后,河川径流减少。尤其是北方干旱及半干旱地区,水资源对气候变化最敏感,变干的可能性最大。

湖泊对气候变化也非常敏感。如我国西北各大湖泊,除天山西段赛里木湖外,水量平衡均处于入不敷出的负平衡状态,自50年代以来,湖泊均向萎缩方向发展,有的甚至干涸消亡。以青海湖为例,受气候变化影响,青海湖水位仅在1908~1986年间就下降了11m,湖面缩小676km^2。在未来气候增暖而河川径流量变化不大的情况下,平原湖泊由于水体蒸发加剧,而入湖河流的来水量不可能增长,将会加快萎缩、含盐量增长,并逐渐转化为盐湖。高山、高原湖泊中,少数依赖冰川融水补给的小湖,可能先因冰川融水增加而扩大,后因冰川缩小融水减少而缩小。而处于山间盆地以降水、河川径流或降水与冰川融水混合补给的大湖,如青海湖,由于温度升高使湖区水面蒸发和陆面蒸散增强,若多年平均降水量增加10%,仍不足以抑制湖面的继续萎缩,仅趋势减缓,但如降水增加20%或更多,湖泊来水量增加,湖泊转向扩大,水面上升,湖水淡化,将有利于湖泊渔业和湖周地区生态与环境的改善。

对陆地生态系统结构和功能的影响:陆地生态系统可按其植被类型分成森林、草原、荒漠等生态系统,也可按地形划分高山、盆地、海岸带等生态系统。自然植被分布的变化最能体现气候的变化,因为气候是决定生物群落分布的主要因素。温室效应引起的气候带的变化必然引起自然带的调整。在历史上气候变化曾经导致生物带与生物群纬度分布的重大改变。在公元800～1200年,北大西洋地区的平均温度仅比目前高1℃,但这足以使玉米在挪威的种植成为可能,并导致森林纬度极限和高度极限的改变;在公元1500～1800年西欧的小冰川期,平均气温只比目前低1～2℃,而挪威有一半农场被弃耕,冰岛的农业耕种活动几乎全部停止,苏格兰的一些农场也全部被冰雪覆盖。据估计,全球平均气温若升高1℃,自然带也会随着气候带约向极地方向推移100km。在移动过程中,生态系统并不是作为一个单一的单元而移动的,它将产生一个新的生态结构系统,生物物种构成及其优势物种将会变化,某些物种可能由于对新环境不能适应而灭绝,当然也可能出现新的物种体系。从较长期来看,气候变化对生物多样性的影响取决于物种相互作用的变化与通过迁移后的适应性之间的平衡,这种变化的结果可能会滞后气候变化几年到几十年甚至几百年。

气候变化将改变森林(植被)的组成、结构及生物量,使森林分布格局发生变化等。据研究,我国除云南松和红松分布面积有所增加(约12%和3%)外,其它树种的面积均有所减少,减少幅度为2%～57%。

对陆地生态系统第一性生产力的影响：第一性生产力是指绿色植物固定太阳能合成有机物质的能力。气候变化对陆地生态系统第一性生产力的影响可分为直接影响和间接影响。直接影响是指CO_2增浓的作用，间接影响是指气候变化引起的气温、降水等的影响。对植物个体进行的实验表明，就直接影响来看，陆地生态系统初级生产力在CO_2浓度加倍条件下平均提高25％左右，不过不同生态系统之间的差异极为显著。总的来说，冻原和高山草甸等一些低温地区的生态系统，初级生产力对CO_2增浓反应最不明显。

间接影响要复杂得多，一个陆地生态系统的存在和维持，是与阳光、空气、水分、热量和土壤营养成分等条件联系在一起的，如果这些条件发生变化，陆地生态系统的结构和功能必然随之发生变化。从功能的角度看，如果全球变暖，植物和微生物的光合作用和呼吸作用都会随之增强；当气候发生变化或大气成分发生变化时，一个地区的水分、热量等都会发生变化，生态系统中不同的物种对这些变化的响应是不同的，因此会出现部分物种的数量增加，部分物种的生长受到抑制而数量减少，部分物种迁入和迁出本地区的现象和过程，甚至某些稀有物种在局部范围以至在全球范围灭绝。对于一般植物来说，它们能逐渐适应环境的变化。

以森林为例，森林生产力的地理分布与环境条件的水热条件密切相关，森林生物量呈明显的地理规律性分布。根据2030年中国气候变化的预测，利用所建立的中国森林气候生产力模型进行模拟，结果表明森林生产力没有明显的变化。但就森林生长率和产量而言，则呈现不同程度的增加，即气候变暖将使我国林业生产受益，其中地理纬度越高，增值越多。在热带、亚热带地区，森林生产力将增加1％～2％，暖温带增加2％左右，温带增加5％～6％，寒温带增加10％。尽管森林净初级生产力可能会增加，但由于病虫害的爆发和范围的扩大、森林火灾的频繁发生，森林生物量却不一定增加。

海面上升：温室效应引起的全球变暖，必然导致海洋的热膨胀和冰川、极地冰雪融化，从而引起海面上升，严重影响海岸带生态系统和海洋生物资源,特别是珊瑚礁、珊瑚岛、礁岛、盐沼以及红树林等。

根据目前地球变暖的程度,可以预测到 2075 年海面将上升 30~213cm。海面升高对居住在沿海地区约占全球 50% 的人口将带来严重的影响,一些沿海低地和岛屿可能被淹没,其生态系统也将彻底崩溃。有学者认为,海平面若上升 1m,可导致尼罗河三角洲全部淹没;使埃及的可耕地减少 12%~15%;将淹没孟加拉国国土的 11.5%,使其 8% 的国民生产总值受到威胁。从世界范围而言,影响区域可达 $5 \times 10^{10} km^2$,占全球土地面积的 3%,将使 10 亿人的生存受到威胁。

海平面上升将对我国造成很大的损失。我国海平面近 50 年来呈明显上升趋势,特别是近几年上升速率有所加快,上升的平均速率为每年 2.6mm。据预测,我国未来海平面还将继续上升,到 2030 年,中国沿海海平面上升幅度为 1~16cm,到 2050 年上升幅度为 6~26cm,预计到 21 世纪末,将达到 30~70cm。这将会对我国社会经济产生严重的影响,因为我国海岸线漫长,沿海低洼地区约占整个海岸线地区的 30%。约有 70% 以上的大城市,一半以上的人口和近 60% 的国民经济,集中在低高程的东部经济带和沿海地区。在现有防潮设施下,若未来海平面相对历史最高潮位上升 30cm,珠江三角洲、长江三角洲、黄河三角洲可能淹没面积为 $1153.47 km^2$。如不加防护堤,再叠加上 1m 的风暴潮,损失将更大。如海平面上升达到 50cm 时,我国大部分现代海滩会被淹没,而老海滩则直接临海并逐渐被蚕蚀后退,中国东南沿海现有的盐场和海水养殖场将基本被淹没或破坏。

中国有八大片海平面上升可能危害区,分别为天津附近的老黄河三角洲、现代黄河三角洲、莱州湾海岸低地、苏北废黄河三角洲、苏北滨海平原、长江三角洲、台湾西海岸平原和珠江三角洲,总面积达到 $35000 km^2$。这八大片都处于地壳下沉并有地下水抽用过多而使地基基础沉陷的平原低地。

此外,海平面上升也将给生态环境系统带来灾难,引起沿岸地区滩涂湿地、红树林和珊瑚礁等生态群的丧失及海岸侵蚀、海咸水入侵沿海地下含水层、沿海土地盐渍化等。

图瓦卢将成为全球第一个因海平面上升而进行全民迁移的国家

——50年内图瓦卢九个小岛将在世界地图上永远消失

在美丽的南太平洋上镶嵌着许多风景绮丽的岛国,位于斐济以北的图瓦卢便是其中之一。图瓦卢总面积只有 $26km^2$,总人口1.1万人,属于热带海洋性气候,一年四季风景如画。人们将构成这个国家的九个环状珊瑚小岛称为太平洋上的"九颗闪亮明珠"并不过分,因为在很多人眼里,图瓦卢真的像一个世外桃源。然而,就在2001年11月15日,美国权威的华盛顿地球政策研究所发表了一份不仅令图瓦卢人民,也令所有关心人类命运的人闻之心焦的"讣告":由于人类不注意保护地球环境,保持生态平衡,由此造成的温室效应导致海平面上升,太平洋岛国图瓦卢的1.1万国民将面临灭顶之灾。大约在50年以后,这个美丽的岛国将沉没于大洋之中,在世界地图上人们再也找不到这个国家的位置。惟一的解决办法就是全国大搬迁,永远离开这块他们世世代代居住、生活的土地。据悉,图瓦卢领导人宣布他们将放弃自己的家园,举国移民新西兰,移民从2002年起正式启动。图瓦卢将由此成为全球第一个因海平面上升而进行全民迁移的国家。事实上,最近三五年里,图瓦卢人民已经开始陆陆续续地告别自己的国家,有的去了美国,一些人迁往新西兰,据新西兰方面透露的数字,迄今,已有5000多名图瓦卢人在新西兰安了家。

自然灾害增加:随着全球变暖趋势进一步加剧,地球环境和人类社会变得更加脆弱,干旱、洪涝、风暴、热浪、暴雨、龙卷风等天气和气候极端事件更加频繁。全球温度升高将可能导致降水量的显著增加以及海洋、陆地的蒸发速度加快,可能会给世界带来更多的旱涝灾害。全球变暖,广阔的热带洋面温度上升,气压下降,台风将因而增多。据研究,在升温1.5℃左右的情景下,北太平洋台风发生频率将比现在增加2倍,而在中国台风登陆频率亦将增加1.76倍。

气候变暖将使永冻土融化消失,并发生大面积热融下沉与斜坡热融坍塌,造成已经建成的广大区域冻土公路、铁路及民用建筑的破坏。气候变暖可能使病虫害增加,据估计气温升高2℃时,能使害虫的危害增加10%～13%。气候的变暖还会造成疾病的增加。有人在统计了纽约市气温与死亡率的相互关系后指出,即使其他环境因素无变化,气温升高2～4℃,该市的人口死亡率亦会明显地呈上升趋势。

全球气候变暖将引发更多像洪水这样的严重自然灾害

2002年,一期英国《自然》杂志上,美国和英国的两组科学家陈述了他们关于全球变暖将会引发严重自然灾害的报告。美国的研究小组发现,20世纪洪水的发生频率越来越高,这一趋势与全球气候变化相联系。由于全球温度继续升高,未来洪水发生的频率还会更高。英国的研究小组评估了在全球气候变化条件下季节性洪涝灾害发生的风险。他们认为,在未来50到100年中,欧洲北部冬季降水激增的可能性将是现在的5倍。在亚洲受季风影响的区域也有大致相同的结果。

对农业影响:农业是对气候变化反应最为敏感的部门之一。目前,世界许多地区的农业仍处于"靠天吃饭"的状态,气候的冷、暖、干、湿变化会引起农业生产环境、布局和结构的变化,从而影响粮食、经济作物、畜牧业、水产业的生产。

气候变暖对农业影响既有正效应(增产),也有负效应(减产),影响着粮食生产的稳定性与分布,这里最关键的因子是土壤有效水分。全球变暖将导致土壤水分蒸发增大,如果没有适当的雨量补充,作物生长条件就会恶化。如果从作物热量界限考虑,全球变暖将使农作物的生长期延长。北半球作物生长期在近40年中每10年延长约1～4天。按照一些气候模式估计,北半球农作物可种植区的北界将向北移动几百公里。粗略地说,北半球较高纬地区的农业生产潜力将增大。如以我国东北地区,由夏季低温造成的减产强度和频率可能会减小。对不同的农作物,气候变化的影响不同。如一些试验表明,温度升高,使春小麦的生长期缩短、产量下降,而冬小麦在生长期缩短的同时,产量却提高了。总的说来,C3 植物比 C4 植物更容易响应气候变化。对于植物的品质来说,CO_2 浓度增加对蛋白质的形成不利,对淀粉的形成有利。

中国是农业大国,气候变化使未来我国的农业生产面临三个突出问题:一是农业生产的不稳定性增加;二是带来农业生产布局和结构的变动;三是引起农业生产条件的改变,农业成本和投资大幅度增加。气候变化将使中国主要作物品种的布局发生变化,并影响到种植制度,种植界限北移西延的风险加大。长江以北地区,特别是中纬度和高原地区生长季可能延长。一熟制种植面积减少,大部分两熟制将被三熟制取代,而目前的两熟制地区将北移。尽管温度升高可能会有利于多熟种植和复种指数的提高,进而提高作物产量,但多熟制范围也将受到气候变化负面影响的很大限制,因为气候变暖后降水量并没有随气温同步增大,而蒸散量又可能变大。若降水量不明显增加,那么干旱等气候极端事件的影响将有可能加重,进而限制作物的生长,导致产量下降。据估算,到 2030 年,我国种植业产量在总体上因全球变暖可能会减少 5%~10%左右,其中小麦、水稻和玉米三大作物均以减产为主。此外,全球变暖有利于农业病虫的越冬和繁殖,导致更严重的农业病虫与杂草危害。

对人体健康的影响:气候变化可通过各种渠道影响人类健康,其中包括对人体的直接影响,对病毒、细菌、寄生虫、敏感原的影响,对各种传染媒介和宿主的影响,对人的精神、人体免疫力和疾病抵抗力的影响等等。研究表明,全球变暖后,通过昆虫传播的疟疾和登革热的传播范围将增加,可能殃及世界人口的 40%~50%。人们也会因气候变化而产生不适应的感觉,助长某些疾病的蔓延和使病情加重甚至导致死亡,如热浪袭击时总体死亡率呈上升趋势,其中 60 岁以上的老年人死亡率增加更为明显。全球变暖后,高温热浪将随之增加,这将引起与热有关的疾病和死亡增加。

以上仅是气候变化对自然和社会影响的一部分,有些影响还难以估量,也有许多问题还难以研究,但总的结果是令人忧虑的。

天热了　病多了

俗话说,"腊七、腊八,冻掉下巴"。但2001年农历"大寒"那天,古城西安的气温却高达10℃,人们早早地穿上了春装。2002年1月,我国平均温度达到建国以来的最高值。

暖冬在我国已持续了16年,气候变异会给我们的身体健康带来哪些影响,我们应采取哪些对策? 生存环境的改变必然会造成微生物群落数量和种类的改变。全球气候变暖将会使以昆虫为媒介的传染病得以蔓延。暖冬有利于病原体的存活,有利于跳蚤、蜱、螨、蚊、蝇等疾病传播媒介的生存和繁殖。往年南方四五月份才能找到的携带莱姆病(一种人畜共患的疾病)病原体的蜱,2002年3月份就已出现,甚至在京郊一些昆虫身上也查到了莱姆病原体。全球气候变暖将会使昆虫媒介源性疾病有所增加,从而影响人体健康。厄尔尼诺现象造成的气候异常将会改变传染性疾病的环境决定因素,影响昆虫的分布和活动,引发虫媒传染病的暴发流行,如使疟疾发病率增加。登革热是一种经蚊子传播的病毒性疾病,季节性发病,常与湿、热天气有关。1998年,厄尔尼诺现象造成亚洲许多国家登革热发病率增高。同样属虫媒病毒性疾病的裂谷热,其暴发常与大雨、洪水有关。1997年,肯尼亚、南索马里雨量过多,使蚊虫卵大量发育,蚊虫密度增大,引起当地登革热和裂谷热大暴发。

另外,一些水源性疾病也将随气候变暖而增加。干旱缺水会导致水质下降、污染加剧,极易引起伤寒、痢疾等肠道传染病的暴发流行;水灾发生时,大批鼠类被迫向高处迁移,导致鼠类局部密度增大,使鼠传疾病暴发的危险性增大。有关调查资料表明,由于气候变暖,携带鼠疫病菌的黄胸鼠的活动范围已不仅仅限于17°N以南。水灾还会使原来局限于某些区域的血吸虫、钩端螺旋体等水传染病的致病源扩散,导致疫情蔓延。此外,气候变异对人的精神影响也不容忽视,世界卫生组织的一份资料表明,1982～1983年厄尔尼诺现象使全球大约10万人患上了抑郁症,精神病发病率上升了8%,交通事故增加了5000次以上。其原因在于全球范围的气候异常和天灾,超过了一部分人的心理承受能力。

人们应该对全球气候变暖抱积极的态度并采取科学的防护措施。特别要注意饮食卫生,不吃生海鲜和半生不熟的肉;要养成良好的卫生习惯,不随地乱丢食物残渣和其他生活垃圾,注意保护环境;加强体质锻炼。外出旅游者及野外工作人员应准备消毒和防护用品,谨防蚊虫叮咬。只要注意以上几点,就可以有效避免疾病的传染。

防治温室效应的基本对策

尽管气候变化的预测存在很大的不确定性,但存在不确定性并不等于要等到科学上完全确定了或是气候已经发生了变化才去研究对策和行动,因为气候变化是不可逆的,一旦发生了危险或大灾难,再采取措施已经为时已晚,人类从现在起,就必须采取措施,以避免或减缓其不利变化。防治温室效应的基本对策可分为抑制性对策和适应性对策两大类,具体可分为下述几个方面:

加强国际合作,减少 CO_2 排放:在减轻气候变暖趋势方面,国际社会作出了巨大努力。1992 年 6 月,联合国环境与发展大会在巴西里约热内卢召开,包括中国在内的 160 多个国家的国家元首、政府首脑签署了《气候变化框架公约》;1997 年 12 月,联合国在日本东京召开了全球气候变化框架公约缔约国第三次大会,制定了限制排放 CO_2 等温室气体的《京都议定书》。84 个国家在 1997 的《京都议定书》上签字。《京都议定书》的生效时间为 2002 年。《京都议定书》中规定削减排放的 6 种气体是 CO_2、甲烷、氮氧化物以及其他三种用于取代含氯氟烃的卤烃。《京都议定书》规定,在 2008～2012 年期间,38 个主要工业国的 CO_2 等 6 种温室气体排放量必须在 1990 年的基础上平均削减 5.2%,其中美国削减 7%,欧盟 8%,日本和加拿大分别削减 6%。《京都议定书》还要求包括中国和印度在内的发展中国家依照"共同但有区别的责任"的原则,制定自愿削减温室气体排放目标。为了促进各国完成温室气体减排目标,《京都议定书》允许采取下列四种减排方式:

①两个发达国家之间可以进行排放额度买卖的"排放权交易",即难以完成削减任务的国家,可以花钱从超额完成任务的国家买进超出的额度;

②以"净排放量"计算温室气体排放量,即从本国实际排放量中扣除森林所吸收的 CO_2 的数量;

③可以采用绿色开发机制,促使发达国家和发展中国家共同

减排温室气体;

④可以采用"集团方式",即欧盟内部的许多国家可视为一个整体,采取有的国家削减、有的国家增加的方法,在总体上完成减排任务。

西欧15国和日本等国家已经批准了《京都议定书》,我国也在2002年8月批准了《京都议定书》,但作为CO_2排放量最大的美国却迟迟不肯批准。

控制CO_2等温室气体向大气中排放:控制和减少CO_2等温室气体向大气中排放的主要措施有:

①在能源的生产和消费方面,一是要提高能源利用效率。在能源生产方面,限制原煤直接进入终端消费,加大煤电转化和煤炭液化加工比例;提高发电效率,降低发电能耗。在能源使用方面,开发、推广节能机械等。二是改善能源结构,逐步增加水电、石油、天然气在能源消费中的比重。三是积极发展太阳能、风能、地热、生物质能、海洋能和氢能等新能源,减少矿物燃料的消费。

②固化矿物燃料产生的CO_2。研制各种固化CO_2的技术,如有的科学家提出,可以将CO_2转化为甲醇等有用物质,用生物技术将CO_2固化,或制成干冰投弃到海中。

③保护热带雨林,消除生物界的CO_2发生源。

④减少氯氟碳化物等的排放。一是要按蒙特利尔议定书规定的日程削减氯氟碳化物的生产量;二是对氯氟碳化物进行回收,重复利用;三是开发氯氟碳化物的替代品;四是用人为方法破坏使用过的氯氟碳化物。

⑤甲烷、NO_2等。由于对这些物质的发生源还不很清楚,所以当务之急是搞清楚其浓度增加的原因。

从大气中消除超量的CO_2气体:包括保护热带雨林,维护其作为吸收源的功能;植树造林,绿化沙漠;通过海洋生物吸收固化CO_2。

研究、制定适应气候变化的措施与规划:包括沿海城市规划,

水资源规划,作物品种、种植制度、适耕地区的规划等。以农业和林业为例介绍如下:

气候变化下的农业对策:一是温室气体的农业控制。在建设集约高产基本农田、制止滥砍滥伐的基础上,通过绿化造林、农林结合、有机物还田、少耕或免耕覆盖等措施,增加单位面积土地上的林木生长量和土壤有机质含量,使两者逐步成为吸收大气 CO_2 含量的重要调蓄库。二是发展能源林和能源作物生产。三是高效灌溉农业、节水农业与雨养农业并举。四是农业生产布局和生态结构多样化,包括主要农林牧特商品基地建设实行产地多样化;在区域布局上,实行种植多样化和品种多样化;加快农业科技进步,提高农业综合生产能力和增强我国农业对全球气候变化的应变能力。五是加强后备农业生物资源的培育和贮备,收集、保护和培育适应地区性环境变迁的生物多样性成分,为强化农业生态系统应变机制和调控能力提供物质基础。六是加强病虫害的预测和防治工作。

气候变化下的林业对策:一是天然林的保护和管理。立足于有效保护现有的森林资源、遗传资源以及各种动植物物种的栖息地和生境条件,保存稀有和濒临灭绝的树种。拯救那些当前或今后可能具有经济价值和适应性的基因和基因综合体,为森林适应未来气候变化提供较大的选择机会;二是开展大规模地人工造林,提高造林成活率,改善人工林的结构,控制森林病虫害,发展薪炭林。

科学研究和预警:深入开展科学研究,加强监测和预警,是防患于未然的科学基础。

加强气候变化的科学和政策研究:全球气候变化是当代科学界面临的最复杂的问题之一,也是关系我国未来国家安全的潜在因子。深入开展科学研究是制定适应性措施的基础。加强气候变化预测、气候变化影响和适应对策方面的研究,以便对于比较确定的变化趋势,及早采取适应措施。气候变化及其影响问题涉及到自然科学和社会科学中的诸多领域,研究气候变化及其影响,不能只靠单一学科领域,必须注重综合研究。

开展气候变化的监测预警:为了给了解全球和区域气候变化的原因提供基础资料,需要建立和发展大气温室气体和气溶胶观测站网进行连续观测,监测未来变化趋势;发展与气候变化及其影响相关的科学研究基础数据库,建立气候变化管理信息系统。

地球生命的保护层被破坏
——臭氧层耗减

地球生命的保护层——臭氧层:大气中的臭氧主要是由于在太阳短波辐射下,通过光化学作用,氧分子分解为氧原子后再和另外的氧分子结合而形成的。另外有机物的氧化和雷雨闪电的作用也能形成臭氧。大气中的臭氧分布是随高度、纬度等的不同而变化的。在近地面层臭氧含量很少,从10km高度开始逐渐增加,到12~15km以上臭氧含量增加得特别显著,在20~30km高度处达最大值,再往上则逐渐减少,到55km高度上就极少了。造成这一现象的原因是由于在大气的上层中,太阳短波辐射强度很大,使得氧分子离解增多,因此氧原子和氧分子相遇的机会很少,即使臭氧在此处形成,由于它吸收一定波长的紫外线,又引起自身的分解,因此在大气上层臭氧的含量不多。在20~30km高度这一层中,既有足够的氧分子,又有足够的氧原子,这就造成了臭氧形成的最适宜条件,故这一层又称臭氧层。在低于这一层的空气中,太阳紫外线大大减少,氧分子的分解也就大为减弱,所以氧原子数量减少,以致臭氧形成减少。

臭氧层气体非常稀薄,即使最大浓度处,O_3与空气的体积比也只有百万分之几,若将它折算成标准状态,即1个大气压、0℃条件下,O_3的总累积厚度只不过0.3cm左右。除了采用常用于微量气体浓度的体积混合比表征大气中臭氧含量外,还常用Dobson作为表征大气中臭氧含量的单位,将在标准状态下厚度10^{-3}cm

的臭氧含量定义为1个Dobson单位,简写为D.U.。也经常用O_3的分压力表征大气中臭氧含量,单位为帕斯卡(Pa)。

臭氧能大量吸收太阳紫外线,使臭氧层增暖,影响大气温度的垂直分布,从而对地球大气环流和气候的形成起着重要的作用,如图3.5所示。

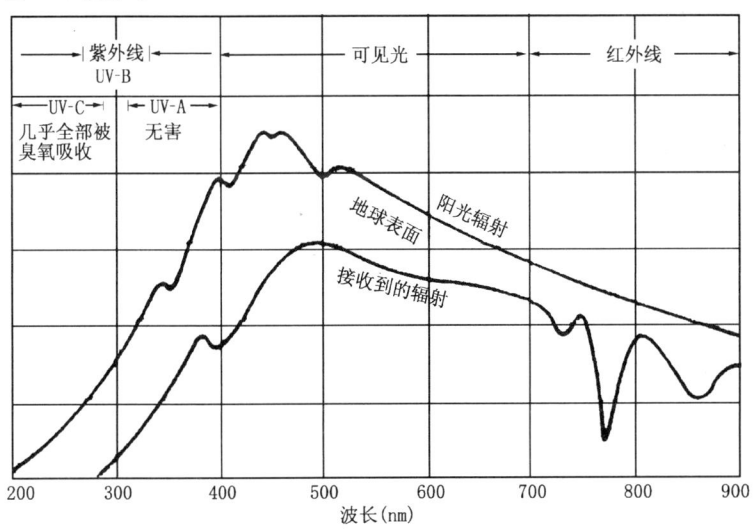

图3.5 臭氧吸收光谱带

如果平流层O_3浓度下降,将引起平流层上层温度下降,平流层下部和对流层温度上升,从而改变大气环流结构。因此,平流层O_3浓度的变化是大气的重要扰动因子。吸收太阳有效紫外辐射(100～320nm)的主要大气成分是O_2和O_3。O_2主要吸收104～180nm的紫外辐射,并可延续到240nm。O_3吸收波长200～350nm的太阳紫外辐射,在这一范围内又可以分为两个吸收带,即200～300nm的哈特来(Hartley)吸收带和300～350nm的哈金斯(Huggins)吸收带。哈特来带是一个较强的连续吸收带,哈金斯带则是一个很弱的选择吸收带。波长200～300nm的电磁波称作近紫外,近紫外可分为A、B、C三种,其中以波长在280～315mm的紫外线 B(UV-B)对生物危害最大。由于 O_3 对太阳紫外辐射的吸收,使波长小于 290nm 的太阳辐射很难穿过大气层,因此它形成一个"臭氧保护层",大大降低了到达地表的对生物有杀伤力的短波辐射(波长小于 300nm)强度,从而保护着地表生物和人类。

O_3 在可见光范围也有一个很弱的吸收带。另外 O_3 在红外光谱范围还有一个很强的吸收带,所以 O_3 也是一种温室气体。地表附近的 O_3 又是一种污染气体。高 O_3 浓度对呼吸系统有严重的破坏作用,地表 O_3 体积比浓度达到 10^{-4} 时,就会引起呼吸道发炎,达到 5×10^{-4} 时,就会危及人的生命。地表附近的 O_3 浓度增加也是一些地区森林大片死亡的重要原因之一。因此人们在关心人类活动造成平流层 O_3 总量减少的同时,也在关心地表 O_3 浓度增加的问题。

O_3 浓度的空间分布和时间变化:大气中 O_3 的浓度与太阳紫外辐射和大气的运动有关,由于它们的共同影响,O_3 在大气中的含量虽然很少,但 O_3 浓度的垂直分布很复杂,而且随时间和地点的不同有很大变化。在垂直分布上,纬度越高,O_3 浓度峰值所在的高度越低,而峰值浓度越高。在同一纬度上,不同季节峰值浓度所在的高度变化不大,但峰值浓度春季偏高,秋季偏低。低纬 O_3 的季节变化不明显,随着纬度增加,O_3 总量的季节波动越大,O_3 总量在冬末春初出现最大值,秋季最小值,最大值比最小值高 30%以上。在同一季节,O_3 在纬度分布上是低纬少,高纬多,这种变化在春季最明显。

大气中臭氧含量还具有强烈的日际变化。这种变化与天气有关,例如厚度较大的极地冷气团移来时,常使臭氧含量增加,而低纬暖气团移来时,则常使臭氧含量减少。故臭氧含量的增减能在一定程度上反映高空(平流层和对流层上部)的大气状况和气团的活动。

臭氧层破坏的事实:大气中的臭氧在正常情况下也有年际变化,其振荡应在 2%之间,但自 20 世纪 80 年代初期以后,大气臭氧浓度出现了持续下降趋势,臭氧量急剧减少,引起人们的极大关注。

南极臭氧洞:臭氧洞其实并不是真正的"洞",而只是表示臭氧含量反常稀少的区域。臭氧生成速率与分解速率相等就能维持臭氧总量的动态平衡,如果生成速率大于分解速率,臭氧总量就会增加;如果分解速率大于生成速率,臭氧总量就会减少。如果臭氧总量减少得多,人们形象地说这是个洞。1985 年,英国的南极考察队在南极的哈利湾(Helley Bay)用光谱分析法测定 O_3 浓度时发现:1977~1984 年,每到春天南极上空的臭氧浓度就会减少约 30%,从地面上观测,高空的臭氧层已极其稀薄,与周围相比像是形成一个"洞",直径达上千公里,"臭氧洞"由此而得名。

臭氧洞可以用一个三维的结构来描述,即臭氧洞的面积、深度及延续时间。1985 年前南极臭氧洞大小和深度,大约以两年为消长周期。1987 年 10 月,南极上空的臭氧浓度下降到了 1957~1978 年间的一半,臭氧洞面积则扩大到足以覆盖整个欧洲大陆。1982~1991 年的 10 年期间,南极臭氧洞的面积扩大了 10 倍,深度增加了 2 倍,被破坏的臭氧量估计为过去的 4.3 倍。20 世纪 90 年代中期以来,每年春季南极上空臭氧平均减少 2/3。1994 年 10 月观测到臭氧洞曾一度蔓延到了南美洲最南端的上空。1995 年观测到臭氧洞的天数是 77 天,到 1996 年几乎南极平流层的臭氧全部被破坏,臭氧洞发生天数增加到 80 天。1998 年臭氧洞的持续时间超过 100 天,是南极臭氧洞发现以来的最长记录,1998 年 9 月 19 日臭氧洞最大面积为 $2.72 \times 10^7 km^2$。在 2000 年 9 月 3 日南极上空的臭氧层空洞面积达到 $2.83 \times 10^7 km^2$,超出中国面积两倍以上,相当于美国领土面积的 3 倍,是迄今观测到的最大的臭氧层洞。

北极臭氧也在减少:科学家们发现,近年来北极上空和 45°~65°N 之间的北美、西伯利亚等地,臭氧也在减少。1994 年,欧洲和北美上空的臭氧平均减少了 10%~15%,西伯利亚上空甚至减少了 35%。2000 年 1~3 月,北极上空 18km 处的平流层里,臭氧含量累计减少了 60% 以上,是近 10 年间同一区域臭氧损失最严重一次。

全球变暖使北极臭氧层变薄

据中国环境报报道,来自加拿大、欧洲、俄罗斯、美国的200多名科学家正在进行一项名为"拯救"的研究北极平流层臭氧变薄的项目。初步观测结果使他们吃惊:在温室气体的作用下,北极臭氧层正在变薄!美国科罗拉多大学的学者图恩解释说,臭氧的消失与云层有直接关系。在没有云层的情况下,氯氟碳化物和哈龙消耗平流层臭氧的作用十分有限。

目前,北极冬季的平流层已经很温暖,在理论上这可使云层的存在时间变短,应该是有利于臭氧层的保护的。但温室效应却改变了上述趋势:温室气体能够使地球表面温度增高,但对平流层却有着冷却作用,这使得云层存在时间较多。云层起到了催化作用,使平流层臭氧破坏加速。

旨在保护臭氧层的《蒙特利尔议定书》规定了氯氟碳化物等消耗臭氧层物质的淘汰进程,使人们看到了臭氧层恢复的曙光。但全球变暖使北极平流层云层增多,却是始料未及的,这会影响北半球臭氧层的恢复进程。

在未来5年内,科学家将在卫星上装载更新的探测设备,进一步监视北极臭氧空洞及给地球生态系统带来的灾害。

危险边缘的青藏高原:我国科学工作者发现青藏高原6～9月形成大气臭氧低值中心,拉萨地区上空臭氧总量比同纬度地区低11%,且1979～1991年间臭氧总量平均年递减率达0.35%。青藏高原上空夏季形成的臭氧层低谷现象引起了世界关注。国际保护臭氧层专家警告:如果任其发展下去,世界屋脊的上空将继南北两极之后,出现世界第3个臭氧层空洞,将给人类带来极大危害。

臭氧层破坏的原因

影响臭氧浓度变化的自然因素:关于臭氧层破坏的原因和其变化至今尚未完全搞清楚。根据目前的研究结果,大气中臭氧的含量取决于太阳辐射、大气化学成分和大气运动情况。人类活动的影响主要表现在对大气成分的扰动上。太阳紫外辐射强弱决定臭氧量的多少,紫外辐射强度变化有两个原因:一是太阳活动强弱,太阳黑子活动峰年时,紫外辐射强度大,臭氧量增加,用太阳辐射的变化可以解释臭氧洞11年的周期变化;二是赤道太阳紫外辐射强度最大,两极最小,因此低纬度上空是臭氧的主要来源。但是,由于大气环流向高纬度输送臭氧,高纬度的臭氧量反而远远大于赤道。

两极的冬季臭氧的补充取决于风自赤道向两极的输运过程,冬季极夜期间极地没有太阳辐射,本地的臭氧完全靠风自赤道向极地输送。而南极上空有一个围绕极地旋转的强大涡旋,阻断了自低纬向高纬的臭氧输送过程。

人类排放的耗损臭氧层物质:一般认为,在人为因素中,工业上大量使用氯氟碳化物(CFCs)等气体是破坏臭氧层的主要原因之一。完全由工业合成的CFCs,广泛使用在各种冷冻空调的冷媒、电子和光学元件的清洗溶剂、化妆品等喷雾剂,以及泡沫塑料的发泡剂等等。其产量从20世纪50年代末起大量增加,在对氯氟碳化物实行控制之前,全世界向大气中排放的氯氟碳化物已达到了 2×10^7 t。而且它非常稳定,在对流层大气中几乎没有能与它们起反应的物质,排放多少就积累多少,其生命期长达70~160年,在大气中不断积累,最后将上升至平流层。

氯氟碳化物进入平流层后在强烈的紫外辐射作用下就可能被光解,释放出原子氯:

$$CF_2Cl_2(F-12) + UV \rightarrow CF_2Cl + Cl$$
$$CFCl_3(F-11) + UV \rightarrow CF_2Cl + Cl$$
$$CCl_4 + UV \rightarrow CCl_2 + Cl_2$$
$$ \rightarrow CCl_3 + Cl$$

除上述光致离解反应产生原子氯外,CFCs在平流层中还能与激发态原子氧直接反应生成ClO。

上述过程中产生的原子氯和ClO,通过下列反应破坏O_3:

$$Cl + O_3 \rightarrow ClO\cdot + O_2$$
$$ClO\cdot + O \rightarrow Cl + O_2$$

在反应中Cl和ClO都未被消耗,其净效果是:

$$O + O_3 \rightarrow 2O_2$$

如果这一机制不被其它过程干扰，那么，只要有少量的原子氯产生，就会使臭氧层很快破坏。1个原子氯，经过数个月的催化反应，就可以使10万个臭氧分子消失。

研究还发现，由哈龙释放的溴原子自由基对臭氧的破坏能力是氯原子的 30～60 倍。而且氯原子自由基和溴原子自由基之间还存在协同作用，即二者同时存在时，破坏臭氧的能力要大于二者简单的加和。实际上在平流层中还存在更复杂的化学反应，许多光化学过程是相互影响和相互制约的。如 NOx 就可能与氯的光化学过程有关：

$$ClO+NO \rightarrow Cl+NO_2$$
$$Cl+NO_2 \rightarrow ClNO_3+M$$
$$ClO+NO_2 \rightarrow ClONO_2+M$$

这些反应过程可能消耗原子氯和 ClO，从而抑制它们对臭氧层的破坏。起类似作用的还有大气中的甲烷。

特定气候条件形成的催化反应：氯氟碳化物主要由北半球排放，北半球大气中氯氟碳化物浓度也高于南半球，而至今最大的臭氧洞却出现在南极，这和南极地区的大气环流、极地平流层云等关系密切。进入平流层的微量气体，除氯氟碳化物外，还有甲烷(CH_4)和二氧化氮(NO_2)等。在正常情况下，氯原子和它们分别作用生成盐酸(HCl)和硝酸氯($ClONO_2$)，HCl 和 $ClONO_2$ 化学性质不活泼，不会释放出氯原子，被称为"氯贮存物质"，它们阻断了氯原子再生功能，使氯原子不再具有催化臭氧分解的功能。

既然氯氟碳化物在平流层可以形成"氯贮存物质"，为什么还有臭氧洞？这可能与当时的气象条件有关。

三水硝酸极地平流层云的形成和化学催化反应：在南极地区上空，每年 4～10 月盛行很强围绕极地旋转的闭合风系，外观上呈现出涡旋状态，叫做极地涡旋，它经常把冷气团阻塞在南极长达几个星期，使南极平流层极冷，温度在 $-84°C$ 以下。平流层空气极为干燥，相对湿度只有 1% 左右，几乎没有云、雨等天气现象，但是在

漫长的极地冬夜期间,仍会因严寒形成极地平流层冰晶云。平流层的三水硝酸($HNO_3 \cdot 3H_2O$)在$-78℃$的条件下就会包围住直径约$0.1\mu m$的硫酸微粒,形成直径约$1\mu m$的颗粒。由于常常大规模地生成,有时分布范围可达数千公里,而且颗粒细小,比较分散,常形成一种肉眼看不见的极地平流层云。这些硫酸微粒部分起源于人类活动,有些则是天然的。例如1982年墨西哥艾尔奇肯火山爆发,把$5\times10^6 t$左右的硫化物直接喷入平流层。

冬季极地气温下降至$-83℃$以下,水汽就会附着在三水硝酸颗粒表面,凝结成冰粒。三水硝酸组成的极地平流层云就会继续发展成另外两种冰粒组成的极地平流层云。如果气温快速下降,冰粒直径约为$2\mu m$左右,密集分布,在阳光折射下,出现珍珠般光泽,这种极地平流层云称为贝母云。如果气温缓慢下降,冰粒直径大约为$10\mu m$,生成的冰粒密度较稀,这种平流层云不如贝母云明显可见,肉眼勉强可见。由三水硝酸、小冰粒、大冰粒组成的三种极地平流层云在南极比北极更常见,其中三水硝酸极地平流层云在南极最普遍。由于生成三水硝酸消耗大量的氮氧化物,并且在三水硝酸极地平流层云的冰粒界面产生盐酸和硝酸氯的化学反应,既消耗了氯贮存物质又消耗了它的生成物质。实验也表明,在这种特定的条件下,氯原子的活性大大增强,使南极平流层臭氧浓度大幅度下降。实际观测表明,南极平流层云出现的高度恰好是平流层臭氧浓度极大值所处的高度。

极地涡旋和极地平流层云的相互作用:每年在南极冬季开始的时候,强烈的冷气团形成围绕南极的闭合风系,出现极地涡旋。大约到11月,气温回升时,极地涡旋才会减弱崩溃。由于极地涡旋风速强劲,涡旋内部的空气与外部大气完全隔离,从低纬地区吹来的风,虽然向南极输送大量温暖富含臭氧的空气,但无法进入涡旋内部,使气温上升,因此,涡旋内部气温降低,迅速达到极地平流层云的形成条件,使臭氧分解。臭氧一旦分解,停止吸收紫外线,涡旋内部空气也就失去加热的热源,气温进一步下降,极地平流层云得

到发展,同时强化了极地涡旋,使它保持稳定状态。极地平流层云与极地涡旋的相互作用使双方得到加强,使南极臭氧含量在每年大约10月达到最低点,之后,随着温度回升,涡旋逐步瓦解,极地平流层云也随之消融,南极臭氧量逐渐升高。

在北极地区,虽然也有与南极同样的空气动力学和化学过程,在每年的1~2月生成北极涡旋,并发现有北极平流层云的存在。但由于北极不存在类似南极的冰川,极地涡旋强度较弱,且持续时间较短,而且北极平流层云的量也比南极少得多,因而不能有效阻止极地气团和中纬度气团的交换,使北极涡旋的温度远较南极高,原子氯对平流层臭氧的破坏也就比南极弱。因此目前北极的臭氧层虽然也在破坏,但还没有达到出现又一个臭氧洞的程度。

CFCs在大气中的生命期长达70~160年,因此在北半球中纬度排放的CFCs有足够的时间在全球范围内输送,使得CFCs在南极地区平流层的浓度足够高。

迄今为止,南极地区上空臭氧洞形成的过程和原因,还不能说已经清楚了,还需进一步观测和研究。

臭氧层破坏的危害

臭氧层被大量损耗后,吸收紫外辐射的能力大大减弱,导致到达地球表面的紫外线B明显增加,给人类健康和生态环境带来多方面的的危害。

对人体健康的影响:臭氧层的破坏会导致紫外线长驱直入到达地球表面。紫外线辐射量的增加首先会降低人体的免疫系统功能,危害呼吸器官和眼睛、诱发慢性病、增高皮肤癌发病率。据分析,平流层臭氧减少1%,到达地面的紫外线则增加2%,全球白内障的发病率将增加0.6%~0.8%,全世界由于白内障而引起失明的人数将增加10 000~15 000人;如果不对紫外线的增加采取措施,从现在到2075年,UV-B辐射的增加将导致大约1800万例白内障病例的发生。紫外线UV-B段的增加能明显地诱发人类皮肤病。研究结果显示,若臭氧浓度下降10%,非恶性皮肤瘤的发病率将会增加26%。另外,恶性黑瘤是非常危险的皮肤病,UV-B段紫外线与恶性黑瘤发病率有内在联系,这种危害对浅肤色的人群特别是儿童期尤其严重。已有研究还表明,长期暴露于强紫外线的辐射下,会导致细胞内的DNA改变,人体免疫系统的机能减退,人体抵抗疾病的能力下降。

对陆生植物的影响:臭氧层损耗对植物的危害的机制目前尚不如其对人体健康的影响清楚,但研究表明,在已经研究过的植物品种中,超过50%的植物有来自UV-B的负影响,比如豆类、瓜类等作物,另外某些作物如土豆、番茄、甜菜等的质量将会下降。植物的生理和进化过程都受到UV-B辐射的影响,植物也具有一些缓解和修补这些影响的机制,在一定程度上可适应UV-B辐射的变化。不同种类的植物,甚至同一种类不同栽培品种的植物对UV-B的反应都是不一样的。UV-B带来的间接影响,例如植物形态的改变,植物各部位物质的分配,各发育阶段的时间及二级新陈代谢等可能跟UV-B造成的直接破坏作用同样大,甚至更为严重。

对水生生态系统的影响:海洋浮游植物的生长局限在水体表层有足够光照的区域,生物在光照区的分布地点受到风力和波浪等作用的影响。另外,许多浮游植物也能够自由运动以提高生产力,保证其生存。暴露于阳光UV-B下会影响浮游植物的定向分布和移动,因而减少这些生物的存活率。研究人员已经证实南极臭氧洞范围内的浮游植物生产力下降与臭氧减少造成的UV-B辐射增加直接有关。一项研究表明,在冰川边缘地区的生产力下降了6%~12%。由于浮游生物是海洋食物链的基础,浮游生物种类和数量的减少还会影响鱼类和贝类生物的产量。据另一项科学研究的结果,如果平流层臭氧减少25%,浮游生物的初级生产力将下降10%,这将导致水面附近的生物减少35%。UV-B辐射对鱼、虾、蟹、两栖动物和其它动物的早期发育阶段都有危害作用。最严重的影响是繁殖力下降和幼体发育不全。

对生物化学循环的影响：紫外线的增加会影响陆地和水体的生物地球化学循环，从而对生物圈和大气圈之间的相互作用产生影响。对陆生生态系统，紫外线增加会改变植物的生成和分解，进而改变大气中重要气体的吸收和释放。UV-B 可加速地表落叶层的光降解过程；但阻滞埋在下面落叶层的光降解过程。UV-B 对水生生态系统中碳循环的影响主要体现于 UV-B 对初级生产力的抑制，还会抑制海洋表层浮游细菌的生长。UV-B 增加对水中的氮循环也有影响，它们不仅抑制硝化细菌的作用，而且可直接光降解象硝酸盐这样的简单无机物种。

对材料的影响：因平流层臭氧损耗导致紫外辐射的增加会加速建筑、喷涂、包装及电线电缆等所用材料，尤其是高分子材料的降解和老化变质。特别是在高温和阳光充足的热带地区，这种破坏作用更为严重。估计全球每年由于这一破坏作用造成的损失达到数十亿美元。

保护臭氧层

臭氧层遭到破坏的主要原因之一是人类大量使用 CFCs，全世界 CFCs 年产量高达 2×10^6 t。由于 CFCs 在大气中的寿命很长，所以即使完全停止生产和使用后，在 5～10 年内臭氧浓度仍会继续减少，然后才会慢慢恢复，需要几十年后才能恢复原来水平。如何保护臭氧层，最有效的方法就是尽快停止生产和使用耗损臭氧层物质，这需要全世界协调一致的行动。目前此类物质在全世界的消耗量，美国占 28.6%，欧洲共同体占 30.6%，日本占 7%，前苏联和东欧占 14%，发展中国家总量占 14%，其中我国消费量尚不足世界总量的 2%。

关于臭氧层耗损物质的《蒙特利尔议定书》于 1989 年 1 月 1 日正式生效。1990 年，《蒙特利尔议定书》缔约国通过《蒙特利尔议定书》修正案，以保护人类赖以生存的臭氧层。这是世界环境保护运动取得的一项重大成就。《蒙特利尔议定书》的中心思想就是限制 CFCs 的生产和使用，规定 2000 年 1 月 1 日全部停止生产 CFCs，发展中国家可延长到 2010 年，用其它代用品来代替 CFCs。包括中国在内的许多国家都已采取行动，按《蒙特利尔议定书》的规定，用法律来管理 CFCs 的生产与使用，逐步淘汰 CFCs。《蒙特利尔议定书》是各项国际环境条约中执行最好的。欧洲共同体各国已经在 20 世纪末完全停止使用氯氟烃，比利时、葡萄牙则宣布禁止生产。目前，向大气层排放的消耗臭氧层物质已经逐年减少。但由于氯氟碳化物相当稳定，即使议定书完全得到履行，臭氧层的耗损也只能在 2050 年以后才有可能完全复原。

中国目前已经淘汰消耗臭氧层物质 5 万多吨

国际履约环保产业园建设启动仪式 2002 年 6 月 17 日在河北廊坊开发区举行，据称，这是世界首条以消耗臭氧层物质(ODS)替代品生产为主的工业园区，预计 2004 年底全部建成并投产。

国家环保总局局长解振华在园区启动仪式致辞时说，中国自 1991 年正式签署并加入《关于消耗臭氧层物质的蒙特利尔议定书》以来，总计获得蒙特利尔多边基金批准赠款 6.7 亿美元。中国已经淘汰消耗臭氧层物质约 5×10^4 t。特别是 1997 年以来，中国成功地实现了从单个项目淘汰方式向整体淘汰方式的转变，行业整体淘汰计划的批准和顺利实施极大地促进了消耗臭氧层物质的全面淘汰工作。

1999 年中国顺利地实现了 ODS 生产和消费的冻结目标，履行了中国政府对国际社会的庄严承诺。他说，为实现在履约过程中相关行业的平稳、有序发展，中国制定了在淘汰过程中实现生产关闭、消费削减、替代品生产和政策法规体系建设的"四同步"的方针。但是，在 1997 年以前，由于多边基金执委会不支持发展中国家在 ODS 淘汰的同时实现 ODS 替代技术、替代品国产化，使得中国的 ODS 替代品国产化程度很低，大部分仍然依赖进口。

解振华还指出，在中国政府的不懈努力下，从 1997 年开始，由多边基金执委会陆续批准的哈龙、化工、清洗和泡沫等 7 个行业整体淘汰计划中，明确规定中国政府可以以最大限度的灵活性利用批准的节余基金，在完成 ODS 淘汰目标的同时支持替代品生产。

中国同其它先进国家一样,已经开始了限制和淘汰氯氟碳化物的工作,逐渐在冰箱、汽车和空调等制冷器中用其它制冷剂来代替氯氟碳化物。国家环保局也专门设有限制破坏臭氧层的科学管理机构。然而,在当今世界上,从冷冻机、冰箱、汽车到硬质薄膜软垫家具,从计算机到灭火器,都离不开氯氟碳化物。因此,必须研究新的代用品和技术。而有些新的代用品也会耗损臭氧层,人类对臭氧层的保护仍将是一项十分艰巨的任务。

肆虐的酸雨

酸雨

酸雨的定义:泛指 pH 小于 5.6 的雨、雪或其他形式的大气降水,是大气受到污染的一种表现。pH 值为 7.0 时的水是中性的,低于 7 是酸性,高于 7 就是碱性。不过,在自然界中,即使不受污染的雨水,pH 值也是小于 7 的,这是因为大气中的 CO_2 很易溶解到雨滴中使雨水呈弱酸性。因此国际上把 pH 值小于 5.6 的雨水才称为酸雨。但是,美国和加拿大的酸雨监测网把 pH 值小 5.0 降水才算作酸雨。大气酸雨的成分,主要有硫酸、硝酸和盐酸三种。自然界中有时也会降酸雨。例如,火山喷发后会降含硫酸或盐酸的雨,雷电可以使雨水中含硝酸等。但是,自然界造成的酸雨都是暂时的,只有人类活动造成的酸雨才会经常出现,以至酸性越来越强,造成重大灾害。

酸雨问题的提出:英国化学家史密斯在 1872 年出版的《空气和降雨:化学气候学的开端》一书中首次提出了"酸雨"这一术语,并指出酸雨对植物和材料是有害的。20 世纪 50 年代中期,美国水生生态学家 E. 哥汉姆(E. Gorham)揭示了降水的酸度同湖水和土壤酸度之间的关系,并指出降水酸度是矿物燃料燃烧和金属冶炼排出的二氧化硫造成的,但一直未受到重视。直到 20 世纪 60 年代,瑞典土壤学家 S. 奥登对湖沼学、农学和大气化学的有关记录进行了综合性研究,发现酸性降水是欧洲的一种大范围现象,降水和地面水的酸度正在不断升高,含硫和含氮的污染物在欧洲可以迁移上千公里,才受到世人的关注。

第一个降水观测站于1950年在英国罗撒姆斯丹建立,1954年后建立了国际协作降水观测网,许多欧洲科学家利用该观测网的数据进行了广泛地研究,肯定了酸性降水与大气污染的直接关系。在联合国于1972年在斯德哥尔摩召开的联合国人类环境会议上,瑞典政府提出了一份报告,即《跨越国界的大气污染》,第一次把酸雨作为国际性问题提出,引起了各国的关注。1975年5月在美国举行了第一次国际酸性降水和森林生态系统讨论会,1982年6月在瑞典斯德哥尔摩举行了国际环境酸化会议。目前酸雨已成为国际社会共同关注的全球性重要环境问题之一。

酸雨的分布:20世纪70年代之前,酸雨还只是局部地区的问题,60年代、70年代以后,随着世界经济的发展和矿物燃料消耗量的逐步增加,矿物燃料燃烧中排放的SO_2、氮氧化物等大气污染物总量也不断增加,酸雨分布区明显扩大。欧洲和北美洲东部是世界上最早发生酸雨的地区,但亚洲和拉丁美洲有后来居上的趋势,目前酸雨已经广泛地出现在北半球。目前世界各地的降水均有不同程度的酸化,其中最严重的地区有3个,它们是欧州(西欧和北欧)酸雨区、北美酸雨区(美国和加拿大东部)和中国的酸雨区。

欧州酸雨区:欧洲是世界上一大酸雨区。最早酸雨多发生在挪威、瑞典等北欧国家,现在已由北欧扩展到了中欧,又由中欧扩展到了东欧国家,几乎整个欧洲地区都在降酸雨。酸雨的主要排放源来自西北欧和中欧的一些国家。这些国家排出的SO_2有相当一部分传输到了其他国家,如北欧国家降落的酸性沉降物一半来自欧洲大陆和英国。受影响重的地区是工业化和人口密集的地区,即从波兰和捷克经比利时、荷兰、卢森堡到英国和北欧这一大片地区。据报道,挪威受酸雨危害的面积达$3.4\times10^4 km^2$,约相当于国土面积的1/3。1982年,挪威遭受了一场像柠檬汁一样的酸雨,在该国南部还下了一场酸性暴风雪,所有建筑物不是银装素裹,而是盖上了厚厚的一层黑色的覆盖物。挪威南部的 5000 个湖泊中有 1750 个已经鱼虾绝迹,另外 900 个也受到严重影响。

北美酸雨区:美国和加拿大东部也是一大酸雨区。美国是世界上能源消费量最多的国家,消费了全世界近 1/4 的能源,美国每年燃烧矿物燃料排出的二氧化硫和氮氧化物也占各国前列。美国中西部和加拿大中部工业心脏地带污染源排放的污染物降落在美国东北部和加拿大东南部的农村及开发相对较少或较为原始的地区,其中加拿大有一半的酸雨来自美国。美国五大湖地区工业污染造成的酸雨,对美国和加拿大边境地区的森林和野生生物的严重破坏和损害,成为美国和加拿大双边关系中的一个难题。

中国酸雨区:20 世纪 80 年代开始,酸雨区在我国迅速扩大。其中中国南方是酸雨最严重的地区,成为世界上又一大酸雨区。中国的酸雨区主要分布在长江以南,但北方工业集中的大城市如青岛、哈尔滨、北京、天津在夏季大雨和暴雨时,也时常出现酸雨。长江以南西自四川峨眉山、重庆、金佛山、贵州遵义、广西柳州、湖南洪江和长沙,向东直至福建的厦门,形成一条突出的酸雨带,酸雨频率均在 80% 以上。我国最严重的三个酸雨区是以重庆、贵阳为中心的西南酸雨区,以长沙等为中心的华南酸雨区和以福州为中心的的东南酸雨区。近年来,我国酸雨污染程度逐年加重,污染区域逐年扩大,1999 年,我国的酸雨面积已达到国土面积的 30%。酸雨区的界限已基本和 400mm 等降水线吻合,即东南半壁广大湿润、半湿润区均已受到酸雨的危害。大面积的酸雨污染每年给我国造成巨额损失,据估计,仅在我国的酸雨和 SO_2 控制区内,因这两种污染造成的损失已达 1000 亿元以上。

酸雨的成因

酸雨的形成与大气中酸性物质的浓度及其转化条件有关。

酸性物质的浓度:酸雨的主要成分是 H_2SO_4 和 HNO_3,它们占酸雨总酸量的90%以上。人类活动向大气排放的SO_2和NO_2是引起降水酸化的主要酸性物质,SO_2与NOx又称酸雨的前体物。这些物质既可以在水汽凝结过程中进入雨滴,也可被云滴吸收,还可以通过化学反应变为固态、液态酸和盐,作为水汽凝结核,此外还可通过雨水的冲并作用直接进入云滴和雨滴。大气中的SO_2和NOx既来自人为污染,也来自天然释放。SO_2的自然来源包括微生物活动和火山活动,含盐的海水飞沫也增加大气中的硫。自然排放大约占大气中全部二氧化硫的一半,但由于自然循环过程,自然排放的硫基本上是平衡的。人为排放的硫大部分来自贮存在煤炭、石油、天然气等矿物燃料中的硫,在燃烧时以SO_2形态释放出来,其他部分来自金属冶炼和硫酸生产过程。

天然和人为排放的NOx差不多。天然来源主要包括闪电、林火、火山活动和土壤中的微生物过程,广泛分布在全球。人为排放主要集中在北半球人口密集的地区。占人为排放量75%的NOx来自机动车排放和电站燃烧矿物燃料。由于SO_2等可在大气中停留3～5天,一般可输送到离发射源1000～2000km处,从而使酸雨成为全球性环境问题。也就是说,城市排放的各种污染物不仅造成局部地区的污染,而且可随气流输送到很远的距离,污染广大地区。

酸雨中H_2SO_4与HNO_3之比,与燃料的结构和燃烧温度有很大的关系。在我国,含硫化合物是酸雨中的主要成分,因此我国酸雨中H_2SO_4与HNO_3之比达10∶1以上,而在发达国家与地区一般为3∶2或2∶1。

其它因素:除了酸性物质的浓度外,气象条件、地形条件、土壤的类型等都会影响酸雨。在气象条件和地形条件不利于大气污染物的稀释扩散、气温高、湿度大时,SO_2等酸雨前体物很容易转化为硫酸。如果该地区的土壤呈酸性,大气中碱性物质如钙、镁、钾、钠较少,雨水中的酸性不易被中和,因而有利于酸性降水的出现,重庆、贵阳等南方地区就属于这种情况。相反,如华北地区,气候干燥,土壤呈碱性,大气颗粒物中土壤成分占50%以上,含碱性物质多,虽然

大气中 SO_2 与 NO_x 浓度高,但酸雨的几率低。有人认为,酸雨的发生,不仅是酸性物质增多的结果,也可以是碱性物质的减少造成的。

喷毒的"妖精"

在古代传说中,有这样一个故事:有一座山洞,山洞里藏着无数珍宝,同时居住着能放出毒气的妖精。山洞的大门紧闭着,谁能找到大门的金钥匙,便可以打开大门,取出珍宝,那妖怪见到金钥匙,也会化为珠光宝气。可是,金钥匙藏在高山之顶,只有勇于攀登的人才能拿到它。倘若有人想走捷径,撬开山门,那妖精便会喷出毒气,而珍宝也会在一瞬间化为粪土……世界上并没有妖精,却有比妖精破坏力还大的污染!

我国西南某地的山峦之中蕴藏着宝贵的硫、煤资源,已探明的硫铁矿储量达 $45×10^8 t$,煤 $65×10^8 t$。近几年来,乡镇、个体和联户兴办了一大批土法炼磺厂,建了 1500 余座土炼磺炉,撬开了这座山门。土法每炼 1t 硫磺,就要排放 $10000 m^3$ 的有害气体,其中含 SO_2 和硫化氢达 1.8t。在土法炼磺地区,毒气遮天,终日不散,真如同山中妖精在喷毒。炼磺厂区寸草不生,挖地 3 尺找不到蚯蚓和蚂蚁,树木、庄稼枯死,山上的岩石变成白色。土法炼磺区的山体遭到严重腐蚀形成危岩,不断发生崩塌、滑坡和泥石流。土法炼磺还排放大量废水和废渣,造成污染。最终土法炼磺区家破人亡了!

酸雨的危害

人们把酸雨描写成"空中死神","无声无息的危机"和"一次正在发生的环境大灾祸"。酸雨对环境和人类的影响是多方面的(参见图3.6)。天然降雨具弱酸性,可适量溶解地壳矿物质以供植物吸收,这对生态环境是有利的。但如果酸性过强,就会给生态环境带来种种危害。其危害程度,除与降水酸度有关外,还与土壤和水体的敏感度有很大关系。敏感度高的地区,酸雨容易造成伤害。在敏感度低的地区,酸雨可能在很长时间内都不显现有害后果。

对陆生生态系统的危害:对陆生生态系统的危害主要表现在酸雨使土壤酸化,危害作物和森林生态系统。在土壤酸化过程中,Ca、Mg、K 等营养元素被淋失,微生物固氮和分解有机质的活动受抑制,从而使土壤贫瘠化。有毒重金属(Al、Cd 等)的溶解流动,则伤害植物根系,或者进入江河、湖泊与地下水中,引起水质污染。酸雨损害植物的新生叶芽,从而影响其生长发育,导致森林生态系统的退化。酸雨对森林的危害比较明显,如受酸雨危害的重庆南山马尾松死亡率达 46%,四川峨眉山金顶的冷杉已有 40% 死亡。

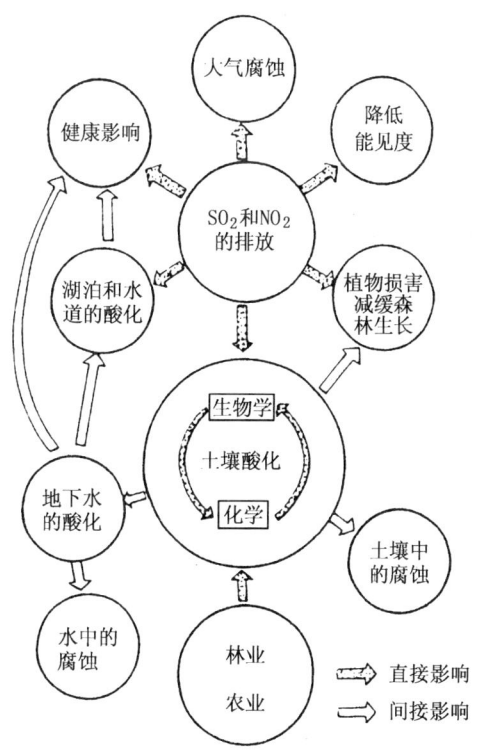

图 3.6 SO_2 和 NO_x 排放的直接影响和间接影响

从欧美各国的情况来看,欧洲地区土壤缓冲酸性物质的能力弱,酸雨危害的范围大,欧洲 30% 的林区因酸雨影响而退化,欧洲中部有 $10^6 hm^2$ 的森林由于酸雨的危害而枯萎死亡;意大利的北部也有约 $9000 hm^2$ 的森林因酸雨而死亡。

斯芬克斯的诉说

位于非洲北端的埃及是最古老的文化发祥地,境内古迹众多,差不多集中了世界30%的有代表性的古代遗迹,可惜这些埃及的文化遗迹正陷入危机之中,其中就包括酸雨的腐蚀。埃及最壮观的古迹莫过于位于开罗西南6km的吉萨大金字塔群,被列为"世界七大奇迹"之一。据希罗多德《历史》记载,古埃及第四王朝(公元前2680~560年)胡夫王征召30多万民夫,先后历经33年,才建成为自己享用的最高大壮观的金字塔陵墓。第二座是哈夫拉王的金字塔,它虽比胡夫金字塔小些,但在他的金字塔畔,有一座闻名遐迩的狮身人面像。据说哈夫拉王为了使他的形象永垂青史,下令为他雕一座模拟像。当时一位有名的工匠别出心裁地用石灰岩雕了一头狮身,而以哈夫拉王的面像作为狮子的头。雕像坐西朝东蹲伏在他的陵墓旁,并命名为斯芬克斯。

斯芬克斯本是希腊神话传说中的带翼的狮身女怪。她常让人猜谜,猜不出就杀人,后谜底被揭穿,女怪就自杀了。雕像斯芬克斯在4600多年的漫长岁月中曾多次被黄沙所掩埋,又多次被挖掘出来,最近一次发现是1816年,可惜它那1.7m长的鼻子却早已不知去向了。1920年后又发掘出来,成为埃及的旅游观光之最。1981年10月18日,斯芬克斯发生了严重塌方,120块石头从雕像的左后腿崩裂下来,这些石头是100多年前罗马时期修复时在表面砌筑的。事实上早在1974年有人就已注意到斯芬克斯表面剥落日趋严重,颈部不断有石片崩落,许多人担心有一天颈部承受不了头部的压力而折断,因为最近30年间,斯芬克斯置身于污染的大气之中,已变得疏松了。有的专家说:"斯芬克斯只要打个喷嚏,就会解体"。

旅游是埃及的主要产业,车船往返,游客云集。汽车尾气中以及工厂散发出来的浓烟,变成酸雨和酸性粉尘,与寒暑之差悬殊、风化速度很快的沙漠性气候相对应,使埃及文化遗迹陷于危机之中。斯芬克斯在"诉说":为了我能继续存在下去,不要再制造污染了。

对水生生态系统的危害:水体酸化可能改变水生生态系统。在酸化水体中,鱼卵不能孵化或成长,致使鱼类减少或绝迹。另外,土壤酸化后失去了中和能力,有毒的铝离子和其它重金属离子从土壤和底质中溶出,随径流进入水体,也会造成鱼类中毒死亡。在北欧,由于土壤自然酸度高,水体和土壤酸化都特别严重,特别是一些湖泊受害最为严重,湖泊酸化导致鱼类灭绝。例如瑞典18000多个大中型湖泊已经酸化,其中约4000个酸化严重,水生生物受到很大伤害。加拿大和美国的许多湖泊和河流也遭受着酸化危害。美国东部阿迪朗达克山区,海拔700m以上的湖泊,目前半数以上湖水pH值在5.0以下,90%已无鱼,而在1929~1937年间,只有4%的湖泊的pH值在5.0以下或者是无鱼的。加拿大政府估计,加拿大43%的土地(主要在东部)对酸雨高度敏感,有14000个湖泊是酸性的。

一场酸雨一场祸

"八五"期间广东几乎每降两次雨就有一次是酸雨,全省酸雨覆盖率达90%以上。广东每年因酸雨导致建筑物腐蚀、森林减少、农作物减产和耕地减少所造成的损失达40亿元,这还未包括水生生态系统的损失以及对人类健康危害所造成的损失,可以说一场酸雨一场祸。

酸雨对人类健康产生影响主要通过3种方式:一是经皮肤沉积而吸收;二是经呼吸道吸入,主要是硫和氮的氧化物引起急性和慢性呼吸道损害,原先就有肺部疾患,特别是哮喘病人受酸雨影响最为明显;三是来自地球表面微量金属的毒性作用,这是酸雨对人类健康最具重要性的潜在危害。酸雨沉降于地球表面后是否会造成对人类健康的潜在危害,主要取决于降水区地质因素的缓冲能力。酸雨的危害不仅仅是由于其酸度所致,同时也与从土壤和岩石迁移来的金属有关。这些溶滤出来的金属至少有3种对人类具有危害性。

首先是铅。通常认为人体摄入的铅多数来源于食物、空气和尘埃,往往忽视水作为铅的重要来源,最近埃尔伍德等证明,水在引起血铅浓度升高的作用上比大气更为重要。酸雨之所以能增加人类对铅的暴露程度,不只是通过土壤溶滤出铅,而且也由于降低了饮用水的pH值所致。其次是汞。人类最常暴露的汞是汞蒸气和甲基汞化合物。酸雨通过对地面水的酸化作用,可促进甲基汞在鱼中的蓄积。至于大气中的汞蒸气,一小部分水溶性汞经雨水或干沉积作用回到地球表面,而酸雨可更有效地促使大气中的汞降至地面。无机汞在水沉积物的生化循环中发生细菌的甲基化作用。其速率取决于pH值,pH值低,汞的甲基化作用强。在未受污染的湖水中,已发现鱼肉甲基汞浓度升高与酸性pH值有相关关系。加拿大魁北克的印第安人中已发现轻度甲基汞中毒,该地区的工业废水和酸沉降物可能是造成鱼汞含量升高的原因。第三是铝。在酸雨敏感地区,铝的迁移造成了地面水和地下水铝含量升高。关岛的土著居民肌肉萎缩性硬化症和帕金森氏病发病率高,被证明是铝引起的。也怀疑早老性痴呆病(阿尔茨海默病)与铝有关。在这种病人的脑组织中已查出神经元的核心区有铝的积聚。

对建筑材料和古迹的危害：酸雨加速了建筑结构、桥梁、水坝、工业设备、供水管网、地下贮罐、水轮发电机、动力和通讯电缆等材料的腐蚀。例如，重庆和南京的自然条件相似，但由于重庆比南京的雨水酸度大得多，金属建筑物腐蚀比南京严重。南京电视塔、建筑物的维修期比重庆长1~5倍。酸雨对文物古迹、历史建筑、雕刻、装饰以及其他重要文化设施造成严重损害。近十几年来，一些古迹特别是石刻、石雕或铜塑像的损坏超过以往百年以上甚至千年以上。尽管这种破坏还有来自大气污染物和自然风化的作用，但可以认为，酸雨是其中一个重要因素。一些世界上最伟大的文化珍品，包括雅典的巴特农神殿和罗马的图拉真凯旋柱都正在受到酸性物质的侵蚀。

酸雨对人体健康产生直接和潜在的影响：硫酸雾的毒性比SO_2大10倍。硫酸雾会刺激人的皮肤，并引起哮喘等呼吸道疾病。酸雨中还可能存在一些对人体有害的有机化合物，例如日本就曾观测到酸雨中存在甲醛、丙烯醛等。

酸雨的控制

控制酸雨的国际行动与战略：欧洲和北美国家经受多年的酸雨危害之后，认识到酸雨是一个国际环境问题，单独靠一个国家解决不了问题，只有各国共同采取行动，减少SO_2和氮氧化物的排放量，才能控制酸雨污染及其危害。1979年11月，在日内瓦举行的联合国欧洲经济委员会的环境部长会议上，通过了"控制长距离越境空气污染公约"，1983年，欧洲各国及美国、加拿大等32个国家在公约上签字，公约生效。1985年，联合国欧洲经济委员会的21个国家签署了《赫尔辛基议定书》，规定到1993年底，各国将硫氧化物排放量削减到1980年排放量的70%，即比1980年水平削减30%。议定书于1987年生效。目前，日、美等国试图建立东亚空气污染监测网，开展联合监测，逐步在东亚建立区域性酸雨控制体系。当前，已掀起一场国际性的防治酸雨斗争，并采取了一系列的对策。

第一，制定严格法律法规。控制酸雨污染是大气污染防治法律和政策的一个主要领域，它主要包括两方面的措施：一是直接管制措施，其手段有建立空气质量、燃料质量和排放标准，实行排放许可证制度；二是经济刺激措施，其手段有排污税费、产品税（包括燃料税）、排放交易和一些经济补助等。

第二，使用低硫燃料，改进燃烧装置。为了综合控制燃煤污染，国际社会提倡实施系列的包括煤炭加工、燃烧、转换和烟气净化各个方面技术在内的清洁煤技术，这是解决二氧化硫排放的最为有效的一个途径。美国能源部在80年代就把开发清洁能源和解决酸雨问题列为中心任务，从1986年开始实施了清洁煤计划，许多电站转向燃用西部的低硫煤。

第三，控制汽车排气。一般柴油车所用的轻油的含硫量达0.4%，为工厂所用燃料含硫量的3倍以上。美国规定柴油车用的轻油含硫量为0.2%，而加利福尼亚规定为0.05%。

第四，安装除尘脱硫、脱氮设备，脱除烟气中的SO_2和NO_x，这是目前解决酸雨问题的一种有效手段。日本、西欧国家比较普遍地采用了烟气脱硫技术。如日本投资几十万亿日元安装了1000多座脱硫装置，140座脱氮装置。此外，还用含石灰石粉末的水来吸收电厂排放的SO_2。石灰石中的碳酸钙与SO_2反应，生成亚硫酸钙，再与空气氧化为硫酸钙（石膏），每年产量达数百万吨，可用于制造水泥或板材。目前，欧洲、北美、日本等在削减SO_2排放方面取得了很大进展，但控制氮氧化物排放的成效尚不明显。

中国的酸雨防治：防治酸雨的根本措施是减少酸雨前体物SO_2与NOx的排放。我国当前采取的主要减排政策和措施有：

建立酸雨和SO_2控制区：为了有效控制酸雨和SO_2污染区域的扩大，国务院已于1997年1月批准通过了《酸雨控制区和SO_2控制区划分方案》。将其时降水pH≤4.5、硫沉降量超过酸沉降临界负荷的地区划为酸雨控制区；将近年来环境空气SO_2年平均浓度超过国家二级标准且日均浓度超过国家三级标准的城市划为

SO_2 控制区。以上所述的两种控制区简称为"两控区",其中国家级贫困县暂不划入控制区。所谓酸沉降的临界负荷,是指不致使敏感的生态系统发生长期危害化学变化的最大酸沉降量。

"两控区"的总面积 $1.09 \times 10^6 km^2$,占国土面积的 11.4%,其中酸雨控制区涉及长江以南 15 个省、自治区和直辖市,总面积 $80.6 \times 10^4 km^2$,SO_2 控制区主要集中在长江以北,涉及 63 个城市。"两控区"的总控制目标是:"到 2000 年,SO_2 的排放量要控制在 1995 年的水平;环境保护重点城市 SO_2 浓度达到国家环境质量标准。到 2005 年,中国 SO_2 排放总量将比 2000 年减少 10%,"两控区"SO_2 排放量将减少 20%,80% 以上的城市 SO_2 浓度将达到国家空气质量二级标准,所有城市环境空气 SO_2 浓度达到国家环境质量标准;其中降水 pH$\leqslant$4.5 的地区面积要明显减少。"随着经济的发展和科学技术水平的提高,"两控区"的控制范围还会进一步扩大。

控煤措施:在当前的经济技术条件下,还难以全面采取脱硫措施,因此将控煤作为暂时性的措施。国家从 1998 年起,禁止开采含硫量大于 3% 的煤,等条件成熟后再开采,1999 年以来,减少开采含硫量高于 3% 的高硫煤 $3 \times 10^7 t$。省际间,禁止进口含硫量大于 1% 的煤,要调入洗精煤和低硫煤。增加动力煤炭的洗选,年洗选能力已经由 1997 年的 $4.83 \times 10^8 t$ 提高到 2000 年的 $5.25 \times 10^8 t$。推广使用清洁能源,改善城市能源结构。

脱硫措施:可分为燃料脱硫、炉内脱硫和烟气脱硫。燃料脱硫是燃料未燃烧前就进行脱硫处理,主要指重油脱硫和煤的脱硫。炉内脱硫主要指在燃烧炉内添加脱硫剂(如石灰石等),将硫固定在灰渣中。烟气脱硫是用碱性物质吸收并固定烟气中的 SO_2。主要有两种:一是石灰石(碳酸钙),即钙法;二是 NH_3,即氨法。我国加快了火电厂的脱硫能力的建设,关闭约 $10^7 kW$ 的小火电机组,减少了燃煤火电厂 SO_2 的排放量。

改善燃烧方法,改变燃烧条件:目前,改进燃烧是控制 NOx 生成的最重要的手段。燃烧条件不同,NOx 生成量可以有很大差

别。为了控制和减少 NOx 的生成量,应尽可能采用低温燃烧、低氧燃烧等方法,可以减少燃烧过程中 NOx 排放量的 50%～60%。

提高能源利用率:1996～2000 年间中国采取了一系列节能降耗的措施,淘汰落后的生产工艺和技术,每万元国内生产总值的耗煤量由 1995 年的 3.97t 下降到 2000 年的 2.77t,即 5 年内少用了 4×10^8t 标准煤,相当于减少二氧化硫排放量 8×10^6t。

一系列措施逐渐减少了我国的二氧化硫排放量。2000 年我国二氧化硫排放量为 1995.1×10^4t,比 1995 年减少了 374.5×10^4t,减幅达 18.8%。我国二氧化硫等废气的排放量有所减少,使我国的酸雨面积基本保持稳定,大体维持了原来的格局。

"核冬天"之忧

反温室效应与"核冬天"

核冬天:多年来,人们一直认为一场核战争的后果主要是卷入这场核战争的国家人们将遭受到难以想象的痛苦,人口大量死亡,文明遭到大规模毁灭。直到 1982 年德国科学家保罗·克鲁岑(Crutzen)和美国科学家约翰·伯克斯(Birks)从大气化学的角度讨论了大规模的核战争引起的全球气候效应后,人们才开始意识到,核爆炸掀起的尘埃和继之而来的熊熊大火产生的浓烟,将遮断阳光,由于烟云遮盖,天昏地暗,地球上几乎没有白天,因而温度急剧下降,即使在夏天,也将变得和冬天一样寒冷,甚至比冬天更加寒冷。江河湖泊冰封,植物因停止光合作用而枯萎,恶劣的气候和放射性污染,使农作物颗粒无收或无法食用。核战争中即使有幸存者,这些幸存者也将饥寒交迫,一片混乱,面对一个死寂的、流行病蔓延的、没有白天和温暖的世界,很难生存下去。由于地球气候的异常改变,使地表呈现出冬天的景观,故称为"核冬天"。

1988 年 5 月联合国发表了一份报告,报告估计,一场全球规模的核大战,将导致 50 亿人中有 40 亿死亡。若将由于温室气体等的增加造成的温室效应视为人类自己的慢性自杀的话,核大战造成的气候、生态灾变则是一种急性自杀。

"核冬天"的物理成因:造成"核冬天"的物理成因是反温室效应。一场 50×10^8 tTNT 当量的核爆炸,能将大约 2.25×10^8 t 的烟云注入大气,有的高达平流层。核爆炸产生的尘埃中有相当一部分的粒径小于 $1\mu m$,由核爆炸引起的大火产生的浓烟粒径 90% 小于 $1\mu m$,远小于地面长波辐射的波长。这些粒子可以在大气中停留几个月甚至 1 年以上。它们阻挡到达地面的太阳辐射,却不能阻挡地面长波辐射向太空的发射,使地面辐射平衡受到破坏,导致高层大气的升温,而地表温度迅速降低到 0℃以下。这就是核爆炸尘埃对地球的反温室效应。由于地表温度降低,而高层大气升温,使大气稳定度增加,对流活动减弱,降水减少,出现普遍干旱。

一些科学家用描述大气运动的物理-化学模式模拟计算的结果表明,对于 50×10^8 t TNT 当量的基本型核爆炸,在一二个星期内地表温度降低到 0℃以下甚至 $-25℃$,白天太阳辐射减弱 95%,这种情况将持续数月。尽管在降温程度上还有争议,如有人认为只能达到"核秋天"程度,但在造成大幅降温这一点上却是毫无异议的。

从与核战争类似的自然现象来看"核冬天"

"核冬天"理论是一种科学预测,并没有也不可能用实验来验证这个理论。但自然界中已经发生过一些与核冬天类似的现象,可以从某一侧面印证该理论。在自然界中与核战争类似的自然现象有沙尘暴、森林大火、火山爆发、小行星撞击地球和火星尘暴等。

小行星撞击地球:在地球史上存在着生物的周期性灭绝现象,即在短时间内,很多生物门类和不同生态条件的动植物大量死亡,其中最令人注目的是距今 6500 万年的白垩纪晚期恐龙的灭绝。据研究,恐龙对地球的统治旷日持久,达到 2 亿年。可是在 6500 万年之前的白垩纪,一个不长的时间内,强大的恐龙却全部灭绝了,据估计当时活着的生物属种中大约有一半左右在这次事件中死亡。对此,科学家有不同的看法。有些地质学家认为,这一剧变是由一颗直径为 9.6km 的小行星或彗星与地球发生碰撞引起的。撞击形成方圆 169km 的陨石坑,即当今的白令海,与地球发生碰撞时把相当于它体积 60 倍的岩石粉末抛射到大气层中,其中很小一部分——恐怕有 10^9t 重的粉尘进入平流层;碰撞还形成了约 1500℃ 的大火球,造成北美至亚洲的森林大火。烟尘和粉尘弥漫空中,并滞留数年之久,使地球失去了光明,地表温度下降,光合作用不能正常进行。光合作用的中断,又会导致陆生植物、浮游生物以及以植物为食的动物出现大范围的死亡,恐龙就是在这种情况下灭绝的。而较小的动物却可以躲进洞穴,经过冬眠,直到阳光重新普照大地。这种解释得到了地质学证据的支持。人们发现,当时存在的高浓度铱是通常情况下地球岩石铱含量的 20 倍,而且集中在一个非常狭窄的地层中,这说明它们是在历史上一个相应的短时期内沉积下来的。而在通常情况下,铱在地球岩石中含量甚微,而在陨石中含量丰富,人们认为这些陨石是来自彗星的碎片。

火山爆发:根据有关资料研究显示,凡是大气中火山烟尘量大的年份,气温明显降低。历史记载中最大的一次火山喷发,发生于 1815 年 4 月 10 日和 11 日印度尼西亚松巴哇岛上,这次喷发比 1883 年著名的爪哇岛喀拉喀托火山喷发还要猛烈 3~10 倍。在火山喷发之前,岛上的坦博腊火山高约 4270m。喷发时,火山上部的三分之一被掀入空中,不仅造成该岛和与之毗邻的另一个岛上至少 8.8 万人丧生,而且把大量火山灰喷向高空,这些火山灰不久就飘落到 1690km 远的地方。在这次喷发中,总共约有 $41.6×10^8 m^3$ 的火山灰被抛射到大气层中。在方圆 482km 的范围内,中午时分天空仍是一片漆黑,这种状况持续了一两天。火山爆发形成的烟柱高约 16.9~32.2km,一直进入大气平流层,并在空中滞留了两年之久。由坦博腊火山爆发所形成的弥漫于平流层的灰幔,在次年夏季飘游到欧洲、北美上空。灰幔造成的后果可以通过阳光减弱系数来加以测量。据估计,1815年9月,北纬地区阳光减弱,最高只有正常阳光的25%,到1816年夏季,仍然只有正常光照的40%。

火星表面的尘暴:火星尘暴通常出现在太阳接近火星时,春末夏初在火星南半球副热带的一些地区,在几周之内,尘暴笼罩整个火星。1971年,一批天文学家,发现尘暴过程中火星上空大气层的温度很高,而火星表面却极为寒冷。这是反温室效应作用的结果。火星上空大气层温度高,是由于火星上空的尘埃层吸收了巨量太阳辐射的结果;火星表面的低温、寒冷,则是由于火星尘埃的阻隔,使火星表面照不到阳光所致。这和"核冬天"相类似的。

森林大火和沙尘暴:过去100年里发生了多次灾难性森林大火。火灾烧毁了约$1.6 \times 10^4 km^2$的森林。1871年的佩什蒂戈大火,席卷了威斯康星州格林贝两岸的$4827km^2$土地,形成的烟雾使太阳在320km以内暗淡无光,甚至在中午也是如此,这种情况持续了一星期。1987年9月加利福尼亚的森林大火和1987年5月大兴安岭的森林大火,造成白天降温幅度达2~6℃。

1990年2月,美国发动的历时42天的"沙漠风暴",打败了伊拉克。伊军撤退时炸毁了科威特全部油井,700多口油井喷射着冲天的烈焰。科威特油井大火是人类有史以来最大的一场火灾。这700多口油井每天烧掉600桶原油,向大气层排出$4 \times 10^4 t$氧化硫,3000t氧化氮,$10^5 t$的CO,$2 \times 10^6 t$的CO_2,还有大量的硫化氢气体。到8月份才开始扑灭这场前所未有的大火。全世界包括中国在内的10个国家的28支灭火队,用了整整85天,终于在1991年11月6日扑灭了全部起火的油井。油井大火排放的大量烟尘遮蔽了阳光,汽车在白天也得打开大灯才能行驶,地面温度只有10~15℃。大火形成的烟尘一方面对科威特当地造成污染,另一方面,高空的烟尘随西风带气流渐渐东移,经过阿联酋、印度、中国、日本上空,最终造成整个北半球气候异常。有的专家认为北半球最近频繁的火山爆发就与它有关。沙尘暴的尺度小,但研究也表明,即使范围仅几十公里的短时沙尘暴,也可使地面温度下降几度。

广岛盛夏的寒冷：据广岛核浩劫中的幸存者回忆，原子弹爆炸之后天空异常黑暗，虽时值盛夏，却使人感到格外寒冷。这可以说是一次小的核爆炸，在不大的范围内造成的一次"核冬天"。大规模的核爆炸在全球范围内所造成的"核冬天"，情况无疑会更严重。

公元 6 世纪的大灾难

英国著名考古记者戴维·基斯（Davicl Keys）在其著作《大灾难》一书中，根据其历经数年的考察，提出了这样一个观点，即公元 535 和公元 536 年，人类经历了有史以来最惨重的一次神秘灾难。这次大灾难很可能是一次大型火山爆发，甚至有可能是一颗小行星撞上了地球。这次灾难在长达 18 个月的时间里掩去了太阳的大部分光与热。罗马历史学家普罗科皮乌斯对当年的气候作了如下描述："在这一整年当中，太阳发出的光芒就如月光一般黯淡。"有关这一事件的其他记载则称，太阳在长达 18 个月的时间里变得"暗淡"、"灰暗"。太阳的光芒"就像是一个虚弱无力的影子"，而人们则为太阳可能再也不会正常发光而忧心忡忡。普罗科皮乌斯称之为"最恐怖的征兆"。那段时间里，地球上的气候完全失控了。由于气候的紊乱，最终直接或间接地在每一块大陆上都造成了饥荒、迁徙、战争以及政治方面的剧变。

在罗马帝国，发生了大范围的农业歉收以及饥荒。在英国，公元 535 年到公元 555 年这段时期，是公元 6 世纪当中气候最糟糕的时期。在美索不达米亚，天降大雪，"人民之中弥漫着悲伤"。而在阿拉伯，则是洪水继之以饥荒。在中国，公元 536 年，发生了干旱与饥荒，并且"黄色尘土如雪般降下"。随后，农业因 8 月中旬的大雪而再次颗粒无收！在日本，"大王"发布了一条可谓是空前绝后的法令，其中说"黄金和上万串的钱是不能疗救饥饿的"，财富对一个"饥寒交迫"的人而言毫无用处。在朝鲜，公元 535 年和公元 536 年是那个世纪当中气候最糟糕的年份：先是肆虐的暴风雨与洪水，继而又发生了干旱。在美洲，情况与此相似。从公元 6 世纪的 30 年代开始，一场持续时间长达 32 年的可怕干旱毁掉了南美洲的部分地区。在北美洲，通过对今天美国西部地区古代树木年轮进行分析发现，有一些树木在公元 536 年及公元 542～543 年这些年份里面，其生长实际上是停滞了。直到 23 年后的公元 559 年，树木的生长才恢复了正常。在斯堪的纳维亚和欧洲西部，公元 536～542 年间，树木生长速度遽减，直到公元 6 世纪的 50 年代方才完全恢复正常。

事实上，公元 6 世纪中期的气候状况，与科学家们担心的核战争会在世界气候方面引起的反应，即所谓的"核冬天"是一样的。

"核冬天"的生态后果

在一场核战争中,熊熊的烈火和放射性尘埃会使庄稼和植物遭到巨大的破坏。接着而来的"核冬天"将出现漫长黑夜或昏暗,许多植物将在长期黑暗的笼罩下相继死亡。这无论是对陆地上的植物还是对海洋中的浮游植物来说,其结果都一样。在植物的生长季节,如果温度低于－10℃就可能被冻死,地球上植物产量会下降到异常低的水平。植物产量的下降又会引发一系列的链式反应。很多草食动物遭受饥荒。草食动物的骤然减少,又给肉食动物带来灾难。冬眠的动物靠整个夏天积累起来的脂肪来渡过一个普通的冬天,它们几乎没有能力在春天或夏天应付突然降临的核严冬。这样,动物显然会普遍灭绝。

有人在实验室研究过长期黑暗对海生生物的影响。由浮游植物、浮游动物(靠海藻为生的微小动物),以及鱼类(靠浮游动物为生)所组成的食物链,特别容易受到破坏。经过仅仅几天的黑暗之后,浮游植物即告死亡或进入休眠状态。在温带,暮春或夏天大约在两个月内,冬天在3至6个月内,鱼类和其他水生动物的数量便开始急剧下降。在热带,由于动物营养储备较少,而热带动物能量的需求量又很大,因此,持续黑暗造成的影响会更严重。

核战争的另一严重后果是破坏了臭氧层,紫外线侵袭地面,生命系统将受到严重杀伤。我们还很难预测像"核冬天"的气候性灾难给生物造成的全部后果。因为生态系统中的成员,彼此依存,它们能抵御环境较小的变化,却抵抗不了较大变化的伤害。可以推测,大规模核战争后生物圈有可能保留下来,等到大气恢复正常,生态系统也将慢慢复活,但可能发生剧烈的改变。

目前对"核冬天"的研究方兴未艾,一方面是因为对"核冬天"的模拟还有一些不确定因素,另一方面由对"核冬天"的研究引发了人们对地质史上和人类历史上灾变事件的研究,对认识世界,保护人类文明都有重大意义。

第四章
土地利用方式的改变与气候变化

人类向土地索取生存的资本,在土地的开发利用过程中改变了地球表层的组成状况,而下垫面是大气水分和热量的主要来源。人口膨胀、毁林开荒、过度放牧、开发矿藏,导致地表面森林和其它植被覆盖破坏,使世界荒漠化面积空前扩大、水土流失、湿地萎缩,区域性水分循环异常,陆地和海洋上的经济活动引起海洋赤潮、海洋荒漠化,全世界气候灾害日益频繁;人类的有些活动对气候系统和生态环境也带来一定程度的有益影响,如水库的修建、灌溉等改善了区域气候条件。

人类活动与荒漠化

荒漠与荒漠化

荒漠:荒漠是指气候干燥,降水稀少,日照强烈,昼夜温差很大,蒸发大于降水,植被稀疏低矮,土地贫瘠,荒无人烟的不毛之地。根据不同成因及地貌上的差异,荒漠又可分为风蚀风积形成的沙质荒漠(沙漠),风蚀形成的由碎石和卵石覆盖的砾质荒漠(戈壁),岩石裸露、剥蚀形成的岩漠,淤积堆积经风力作用形成的泥漠和盐漠,位于高寒地带由于低温所致的寒漠。此外,在半干旱干草原地带,也有大面积被沙丘覆盖的沙地,因其性质,尤其是在地貌上与沙质荒漠类似,也有人将此类沙地泛称为沙漠,如我国的毛乌素沙地等。

荒漠化:"荒漠化"主要是指非荒漠地区,如绿洲或草场,生态环境受到破坏,使原来的耕地或草场,逐渐演化为荒漠的过程。1994年6月17日通过的《联合国关于发生在严重干旱和荒漠化的国家/特别是在非洲防治荒漠化的公约》(简称防治荒漠化公约)中,明确定义荒漠化是指由于气候变异和人为活动等因素,干旱、半干旱或亚湿润半干旱地区的土地退化。

《防治荒漠化公约》中所说的"干旱、半干旱和亚湿润半干旱区"是指降水量与蒸发量之比在 $0.05 \sim 0.65$ 之间的地区。联合国制定的干旱程度通用评价方法见表 4.1。表中 P 为降水量,E 为蒸发量。

表 4.1 干旱程度评价方法

P/E	<0.05	0.05~0.20	0.21~0.50	0.51~0.65	>0.65
干旱程度	超级干旱	干旱	半干旱	干燥微湿润	多雨的微湿润或湿润

《防治荒漠化公约》中所说的"土地"是指具有陆地生物生产力的系统,由地貌、气候、土壤、水文、植被、动物等地理要素共同组成的自然地理(土地)综合体。《公约》中所说的"土地退化"是指由于使用土地或一种或数种营力结合致使干旱、半干旱或亚湿润半干旱地区的生物生产力、经济生产力持续下降或消失的过程,其中包括风蚀和水蚀致使土壤物质流失;土壤的物理、化学、生物特性或经济特性退化;自然植被长期丧失等。通常表现为土地生物生产量的减少、土地生产潜力的衰退、土地资源的丧失、生物多样化的减少以及地表出现不利于发展生产的地貌形态如沙丘、侵蚀等。

荒漠化是一类以土地生产能力下降为主要标志的生态环境退化过程,常常以农田、草场风蚀沙化、固定沙丘活化、沙丘前移入侵、古沙翻新,以及大风扬沙、浮尘和沙尘暴天气频发等一系列风沙活动表现在人类面前。天然作用形成的荒漠化一般演变过程非常缓慢,例如气候干旱化,往往要经过几百年或上千年的时间;而人为作用形成的荒漠化,在短短几十年的时间内,就可造成严重后果。

荒漠化的类型和等级

荒漠化的类型:根据地表形态特征和物质构成,荒漠化分为风蚀荒漠化、水蚀荒漠化、盐渍化、冻融荒漠化及石漠化。根据中国防治荒漠化协调小组办公室发布的《中国荒漠化报告》,中国荒漠化类型的划分方法是:首先根据气候指标划分出干旱、半干旱和亚湿润干旱区,然后根据土地退化的成因和表现,划分出风蚀、水蚀、盐渍化和其它因素形成的荒漠化类型。考虑到中国高寒地区面积大,增加了冻融荒漠化类型。各类型内根据退化程度的差异,进一步划分出轻、中、重等等级。荒漠化气候类型的划分见表 4.1。下面主要说明各荒漠化类型及分级指标。

风蚀荒漠化土地的分级指标:风蚀荒漠化是指由风蚀风积形成的荒漠化土地,依据程度的差别,进一步划分出轻度、中度、重度三级:

轻度:植物覆盖度大于 30%,风沙流活动不明显,风蚀程度轻,地表沙丘或沙地稳定或基本稳定。

中度:植物覆盖度 10%~30%,且分布较均匀,风沙流活动受阻,但沙丘或沙地纹理普遍存在;或者每亩有乔木或灌木 50 株以上,分布均匀,风蚀程度及危害中等。

重度:地表为戈壁砾石堆积;植物覆盖度小于 10%,风沙流活动强烈的流动性沙丘及其丘间风蚀地;依靠非生物手段固定或半固定的沙丘(地);风蚀残丘、劣地;雅丹、土林、白砻堆等土质残积风蚀地。

也有人把沙漠扩展速度、流沙所占面积、植被覆盖度及土地滋生力情况,作为荒漠化程度的判断依据,将荒漠化程度划分为潜在荒漠化土地、正在发展的荒漠化、剧烈发展的荒漠化和严重荒漠化,见表 4.2。

表 4.2　荒漠化发展程度指征及生态学指标

荒漠化程度	发展程度指标		生态学指标	
	年扩大面积占该区面积（%）	流沙面积占该区面积（%）	植被覆盖度（%）	土地滋生力（%）
潜在荒漠化土地	≤0.25	≤5	≤60	≤80
正在发展的荒漠化土地	0.26～1.0	6～25	59～30	79～50
剧烈发展的荒漠化土地	1.1～2.0	26～50	29～10	49～20
严重荒漠化土地	≥2.1	≥50	9～0	19～0

水蚀荒漠化土地分级指标：水蚀荒漠化土地是以流水作用侵蚀为动力形成的荒漠化土地,侵蚀程度的分级指标见表 4.3。

表 4.3　水蚀荒漠化程度的分级指标

程度	侵蚀模数（t·km^{-2}·a^{-1}）	年平均流失厚度(mm/a)
轻度	1000～2500	2
中度	2500～8000	2～6
重度	>8000	>6

冻融荒漠化分级指标：冻融荒漠化是指高寒地带由于土壤反复冻融而形成的荒漠化。根据土壤冻融危害的程度,划分出轻度、中度、重度三级,见表 4.4。

表 4.4　冻融荒漠化程度分级参考指标

程度	侵蚀状况
轻度	极高原,高山,高原缓坡,高寒草甸草原地区,夏季有短时间侵蚀
中度	极高原,高寒山地草甸、草原及荒漠草原地区,夏季受融蚀时间较长
重度	极高原,高山,高寒山地荒漠,荒漠草原、草甸,夏季受融蚀时间长,人为干扰较大

土壤盐渍化分级指标：土壤盐渍化主要是指不合理灌溉形成的土壤次生盐渍化,土壤盐渍化的程度分为四个等级,见表 4.5。

表 4.5　土壤盐渍化的分类指标

程度	0～30cm 的含盐量(%)		改良条件
	干旱西部地区(新疆)	干旱东部地区(内蒙古)	
轻度	0.5～1.0	0.1～0.3	改良条件好,只需简单改良
中度	1.0～1.5	0.3～0.7	需要水利改良措施
强度	1.5～2.0	0.7～1.0	改良条件差,需复杂改良措施
盐土	>2.0	>1.0	改良条件很差,改良困难

第四章 土地利用方式的改变与气候变化

荒漠化土地的分布和发展趋势

世界风蚀荒漠化地区的分布：根据联合国的有关资料，地球上受到或预计会受到荒漠化威胁和影响的面积约 $4560.8 \times 10^4 km^2$，约占全球土地面积的 35%。按其性质分，极端干旱荒漠占 17%，荒漠化程度很高的土地占 7%，荒漠化程度高的土地占 36%，中度荒漠化土地占 40%。

沙漠是干旱区分布最广的荒漠，全世界沙漠的面积大约 $7 \times 10^6 km^2$，占干旱区土地总面积的 23%。其中最大的是北非的撒哈拉沙漠，总面积 $1.80 \times 10^4 km^2$；亚洲的沙漠面积 $2.5 \times 10^4 km^2$，其中阿拉伯半岛 $79.5 \times 10^4 km^2$，中国西北地区约 $60 \times 10^4 km^2$；美洲大陆约 $10^6 km^2$；澳大利亚中西部的沙漠面积约 $1.05 \times 10^4 km^2$。

荒漠化具有显著的区域性，在干旱区边缘和半干旱区更加严重。非洲是世界上荒漠化严重的洲，荒漠及荒漠化土地约占土地总面积的 55%，且荒漠化土地在加速扩大。近 50 年来撒哈拉沙漠向南扩大了约 $10^6 km^2$，目前还以每年 6km 的速度向外扩展。在苏丹的北科多凡和北达法尔 1958～1975 年间撒哈拉沙漠南移了 100km，撒哈拉沙漠南部的萨赫勒地区已经成为最为严重的荒漠化地区，20 世纪 80 年代中期的大旱灾夺去了 300 万人的生命。除非洲外，其它各洲的形势也不容乐观。荒漠及荒漠化土地在北美洲和中美洲约占土地总面积的 19%，南美洲约占土地总面积的 10%，亚洲约占土地总面积的 34%，澳大利亚约占土地总面积的 75%，欧洲约占土地总面积的 2%。在分布范围上，在干旱和半干旱区的荒漠占其土地总面积的 95%，在半湿润区的占其土地总面积的 28%。荒漠化不限于沙质荒漠的边缘，在东南亚、中国南方、赤道非洲以南、巴西的东北部的土地荒漠化，都是分布在具有干旱季节的湿润、半湿润地区。

目前，全球有 12 亿人口受到荒漠化的影响，全球 100 多个国家和地区受到荒漠化的危害；而且荒漠化还在发展中，全球每年有

$5×10^8$~$7×10^8 km^2$ 的土地沦为荒漠化土地。除撒哈拉沙漠不断扩展外,其它地区的沙漠也有扩展的趋势,如印度和巴基斯坦的塔尔沙漠,每年前移 8km,掩盖肥沃土地达 $1.3×10^4 hm^2$。南美洲的阿塔卡姆沙漠每年扩展 1.6~3.2km,已扩展了 80~160km。随着气候干旱、人口增加和资源被过度的开发,在将来的 50 年内,全世界将有 1.5 亿人被迫迁居。

中国的荒漠化现状:中国的荒漠化有几个显著特点:

一是荒漠化面积大。根据 1996 年完成的全国荒漠化土地普查,中国荒漠化土地总面积达 $262.3×10^4 km^2$,占国土总面积的 27.3%。其中沙质荒漠化为 $161×10^4 km^2$,占全国荒漠化土地面积的 61.45%。荒漠化土地占荒漠化地区总面积的 79%,远远高于全球 69% 的平均水准。全国荒漠化土地主要分布在我国广大北方干旱和半干旱地区,以及部分半湿润地区。目前,沙化土地在中国的 30 个省(区、市)的 851 个县(旗)均有分布,中国西北、华北和东北的 13 个省(区、市)已形成西起塔里木盆地、东至松嫩平原西部,东西长约 4500km、南北宽约 600km 的风沙带,主要包括内蒙古自治区、新疆维吾尔自治区大部,陕西省、宁夏回族自治区、山西省、河北省北部,吉林、辽宁省西部,甘肃省中北部及青海省大部。其中,农牧交错带、北方草原区、大沙漠的边缘地区是荒漠化最为严重的地区,在这些地区,各种土地类型交织并镶嵌在一起,形成极为复杂的景观格局。

二是荒漠化扩展较快。以沙质荒漠化土地为例,20 世纪 50 年代至 70 年代中期,我国沙质荒漠化土地年扩展面积为 $1560 km^2$,70 年代中期到 80 年代中期年扩展 $2100 km^2$,90 年代初期为 $2460 km^2$,1994 至 1999 年以来年扩展为 $3436 km^2$。其中北方农牧交错带沙化土地的扩展更为突出。内蒙古阿拉善地区、新疆塔里木河下游、青海柴达木盆地东南部和河北坝上等地区,土地沙漠化扩展速率年均达 4% 以上。每年因荒漠化危害造成的经济损失高达 540 亿元,已成为制约一些地区经济和社会发展、人民生活水平提高的重要因素。

三是沙漠化的发展,不仅使土地退化,也使我国沙尘暴发生越来越频繁,且强度大、范围广,危害加重。

荒漠化成因

风蚀荒漠化成因:荒漠化是人类不合理活动和气候因素共同造成的。专家们认为,在荒漠化的成因中,自然因素只占5%,人为因素占95%。见图4.1。

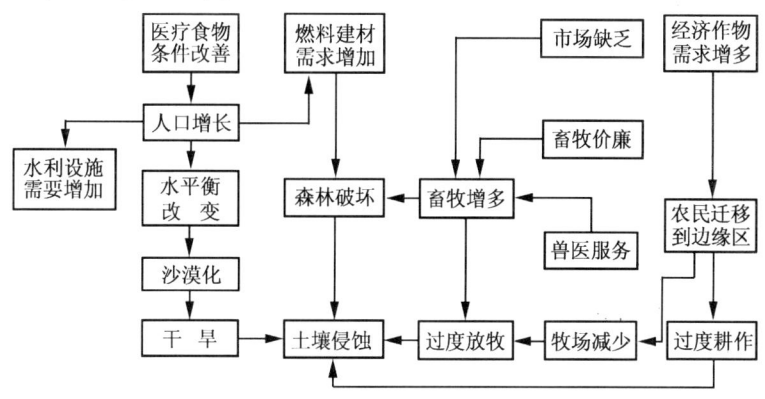

图4.1 荒漠化成因分析

自然因素:自然因素首先是气候因素,其中干旱是风蚀荒漠化最主要的自然因子。干旱即1～2年或更长时间里年降水量低于多年平均,或者是一个干旱时期持续达10年左右的干旱化。由于干旱,地表自然生态环境系统失去了水分的协调功能,使地表植被覆盖度降低,结果是荒漠化极易发生。我国干旱区由于位居欧亚大陆中心,这里远离海洋,深居大陆腹地,加上山脉的阻隔和隆起的青藏高原对水汽的遮挡,使得这一地区水汽来源匮缺,降水稀少,年降水量在200mm以下。新疆吐鲁番盆地的艾丁湖、塔里木盆地南缘的且末、青海柴达木盆地的冷湖等地,年降水量仅10mm左右,甚至多年滴雨不下,成为欧亚大陆的旱极,也成为全球同纬度

降水量最少、可能蒸散量最大、最为干旱脆弱的地带。近 50 年来，受全球气候变暖的影响，我国北方大部分地区气温明显增高，而降水量减少，呈现出干旱化现象，是加重荒漠化程度的主要自然因素。气候干燥化加剧，为沙化土地的扩展创造了重要的环境条件。

除干旱外，大风是沙漠扩展的动力。我国干旱区受蒙古高压及其移动路径的影响，多大风天气，特别是春季强风更频繁，为风蚀土壤和大范围沙尘暴形成提供了动力条件。不同地表的沙尘颗粒具有不同的起动风速，土壤颗粒愈粗，起动风速愈大。流动沙丘在风速达到 5m/s 时起沙，半固定沙地为 7～10m/s、砂砾戈壁为 11～17m/s 才能起沙扬尘，其起沙量随风速的增大而增加。而且，沙尘的悬浮或跃移高度与风速也有一定关系，风速达到 30m/s 时，细沙（直径 0.125～0.25mm）跃移的高度达到 2m，粉砂（直径 0.005～0.05mm）则飘浮的高度可达到 1.5km，而粘粒（直径＜0.005mm）则可飘浮于整个对流层。

人类不合理活动：虽然气候暖干化趋势是我国北方地区沙漠化土地不断增大的一个重要背景因素，但人为因素起了最关键的作用。人类不合理的经济活动是荒漠化的主因，也是荒漠化的受害者，特别是人口增长每年超过 3％～3.5％时，加大了对现有生产性土地的压力，促使生产边界线向"边缘"地区扩展，使潜在荒漠化土地成为荒漠化土地。

人为因素主要有：人口数量多，人口增长速度快，人为不合理的活动如滥垦、滥牧、滥伐、滥用水资源等。

中国干旱区人口压力很大，现在北方荒漠化严重发展的草原南部农耕区人口已达到 30～862 人/km²，乌兰察布草原人口密度超过 60 人/km²，早已超出了联合国提出的世界干旱区 7 人/km² 和半干旱区 20 人/km² 的标准。

人为不合理的活动破坏生态平衡，导致气候干旱，出现沙漠化。主要表现为：

滥垦：由于人口的增加和短期利益的驱动，一些草原区在单产不大可能大幅度提高的情况下,就靠将草原开垦为耕地增加粮食产量,尤其是20世纪60～70年代,在"牧区不吃亏心粮"口号的误导下,大量开垦和破坏了优质草场植被,造成了大片土地沙漠化。如内蒙古锡林郭勒盟的阿巴嘎旗,1961年开垦草场$1.5 \times 10^4 hm^2$,严重破坏了这一带的草原生态系统,使气候变得更加干燥。最初2～3年小麦、糜子、燕麦的产量为500～$600kg/hm^2$,几年后连种子也收不回了,封闭后生长的全是臭蒿等劣质草,草场也随之破坏了。近年来黑龙江、内蒙古、甘肃、新疆四省区开垦的2900多万亩土地中,有一半撂荒。当地群众说:"一年开草场,二年打点粮,三年五年变沙梁。"

滥牧:牧业地区人口增加,为了达到每人2～4头标准牲畜单位的最低生活水平,必然导致牲口数量的增加,使草原的载畜量增加,草地负担加重。而我国草场的产草量仅为相同气候条件下美国的1/27,新西兰的1/83。目前,我国大部分草场放牧超过了其承载能力,荒漠化地区草场牲畜超承载率为50%～120%,有的地方甚至高达300%,超载放牧使草场大面积退化、沙化,产草量严重下降。内蒙古草原牧草平均高度由70年代的70cm下降到现在的25cm,昔日"风吹草低见牛羊"的地方变成了"老鼠跑过见脊梁"。

滥伐乱采:部分荒漠化地区由于贫困及其它原因,即使处在煤炭能源基地的老百姓却因无能力使用煤炭,反而樵采各种灌木作为燃料,使植被破坏,造成地面植被覆盖度整体减小。由于北方地表多为疏松的沙质沉积物,一旦植被破坏,必然造成沙丘活化、古沙翻新,地表风蚀沙化,从而使沙化土地面积扩大。内蒙古吉兰泰镇70年代以来因当地居民乱砍滥伐,在短短20多年时间里,盐湖西部105万亩天然梭梭林已经减少到30万亩。由于失去植被保护,我国最大的盐湖生产基地—吉蓝泰盐场5.6万亩盐矿床已有一半以上被流沙淹没。北方大部分地区经济落后,当地人民常常以采挖药材作为一项主要收入,如过度采挖麻黄、甘草、发菜等,大范围地破坏了植被。如宁夏和内蒙古,每年仅进入贺兰山区和阿拉善盟搂发菜的农牧民就有10万人。近几年因搂发菜破坏草原面积达1.9亿多亩,其中6000多万亩已经沙化。

　　水资源开发不合理:很多地区土地沙漠化,主要是由于水资源开发不合理造成的,河西走廊的石羊河流域是最突出的一个实例。石羊河年均径流量约 $12\times10^8\sim15\times10^8\mathrm{m}^3$,主要流经武威与民勤两个盆地。建国以来在石羊河上游地区修建了许多水库,山区河川径流量基本上全部被拦截,使山前平原地下水补给逐年减少,溢出带泉水流量急剧衰减,被迫将原泉灌系统改为井灌,导致地下水位急剧下降,形成恶性循环。随着武威地区耗水量的迅速扩大,下游民勤盆地的来水量由50年代的 $5.47\times10^8\mathrm{m}^3$ 急剧下降到90年代 $1.5\times10^8\mathrm{m}^3$ 左右,下游河流断流,湖泊干涸,地下水位持续下降,水质恶化,土壤盐渍化面积不断扩大,大片灌木林、沙棘林衰败死亡,草场退化,绿洲退缩,大片耕地撂荒,并被沙漠所替代,生态环境急剧恶化。黑河流域情况类似,上下游之间由于水资源分配不均所造成的矛盾更为严重。黑河上游主要在甘肃张掖境内,而下游弱水则属内蒙古的额济纳旗,弱水最终流入居延海。黑河年均径流量约 $15\times10^8\mathrm{m}^3$,过去流入额济纳旗约 $8\times10^8\mathrm{m}^3$,但自80年代以来,由于张掖地区用水量增大,黑河下泄水量大幅度减少,特别是近5年下降到 $2\times10^8\mathrm{m}^3$ 左右,使下游河流断流,历史上著名的东、西居延海均在地面上消失,成为戈壁沙漠。而地下水位的急剧下降,使近 $40\times10^4\mathrm{hm}^2$ 的天然乔、灌木次生林枯萎消亡,沙化、盐碱化的土地面积扩大到约 $35\times10^4\mathrm{hm}^2$,约占全旗可利用土地面积的54%。额济纳旗绿洲濒于消亡的危急关头。

　　无序采矿:无序的采矿工程加剧了植被破坏,加速了风蚀和土地沙漠化,如晋陕蒙煤炭基地,由于煤矿开发形成严重的荒漠化,使水土流失加剧,形成土石渣堆积物 $361.5\times10^4\mathrm{m}^3$,高于河流水面7m,行洪能力由百年一遇降为20年一遇。

　　据研究,在我国北方荒漠化的成因中,草原过度农垦占25.45%,过度放牧占28.3%,过度采伐占31.8%,工矿城市建设破坏植被占 0.7%,水资源利用不当占 8.3%,自然因素占 5.5%。

水蚀荒漠化（水土流失）成因：水蚀荒漠化即通常所说的水土流失。中国是世界上水土流失最严重的国家之一。水土流失现象遍布各省,尤以黄土高原和南方红壤丘陵区最为严重。全国水土流失面积 $3.67×10^6 km^2$,占国土面积的 38.2%,其中水力侵蚀面积 $1.65×10^6 km^2$,且每年还在以 $10^4 km^2$ 的速度扩大着。以黄河流域水土流失状况最为严重,目前已达 $45×10^4 km^2$,占流域总面积的 60%。我国每年流失土壤约 $50×10^8 t$,为世界陆地剥离泥沙总量的 8.3%。

黄河的输沙量一直处于全球各大河流之冠,比尼罗河高出 37 倍。1981 年,美国《公元 2000 年全球情况调查报告》的主编巴尔尼博士来华访问后,语重心长地说:"黄河流的不是泥沙,而是中华民族的血液。平均每年流沙量高达 $16×10^8 t$,这不再是微细血管破裂,而是主动脉出血。"他如此深刻而尖锐的告诫,不仅是对我们中华民族而且也是对全人类敲得一次有益的警钟。而现在长江也在步黄河的后尘了。由于长江流域两岸特别是上游植被遭到严重破坏,水土流失面积已达 $36×10^6 hm^2$,泥沙流量不断增加,长江流域年土壤流失总量 $24×10^8 t$,其中上游地区达 $15.6×10^8 t$。专家们预言:如果不注意防治长江流域的水土流失,长江今后迟早会变成第二条黄河！

影响水土流失的自然因素：影响水土流失的自然因素有暴雨、地形、土壤等。在黄土高原及众多山地,暴雨造成的水土流失普遍,暴雨是水土流失的主要外营力。暴雨雨滴直径可达 4~5mm,下落速度可达 9m/s,降雨强度可达 2mm/min。雨滴具有很大的动能,打击在地形破碎而又缺乏植物覆盖的地面,严重破坏土壤团粒结构,极易造成水土流失。一般来说,年降雨量越大,侵蚀、水土流失就越严重。但是年降雨量大的地区,自然植被常常比较好。例如年降雨量大于 800mm 的湿润地区,一般可以形成茂密的森林植被,水土流失反而不严重。在年降雨量少的干旱、半干旱地区高平原和山地的基部,干旱造成缺水,水蚀程度较轻,而在山地中部,降雨量增加,在植被保护差的山地,径流冲刷可以一直到山麓,形成

水蚀荒漠景观。

影响水土流失的人类活动：造成水土流失的直接原因是植被破坏、陡坡开垦、过度放牧以及采矿等人类活动。森林与水土保持关系极大，特别是原始森林，与生活在其下层的大量其它植物和地面厚实的枯枝落叶层，有极强的水土保持功能。滥砍乱伐、放火烧山，使植被受到破坏，失去保持水土的作用；地面裸露，使降水径流引发水土流失成为可能。

有专家专门研究过长江上游杉木林对水土保持的作用，结果表明，在暴雨后，原始林地区的土壤基本没有流失，23年的成熟杉木林带每公顷流失土壤47kg，8年生杉木林带每公顷流失75kg，而树龄两年的幼林带，其林下土壤流失达每公顷1100kg，但这还是远远低于荒坡的流失量。

生态被破坏后，坡度与流失量关系极大。研究表明，坡度大于10°的旱地，每年流失表土为8.5mm；而坡度大于20°时，每平方公里的侵蚀模数会达到5000～6000t。但不少地方在陡坡上开荒，在坡度大于25°甚至大于40°的荒坡陡地上垦耕，破坏了原有植被对土壤的保护，造成土壤抗蚀力下降，为水土流失的形成创造了土体和地形条件。而过度放牧、铲草皮作燃料等行为破坏了山地植被，都是造成水土流失及洪水泛滥的祸根。如黄土高原，由于地形起伏大，土壤质地轻，人口密度较大，垦殖指数过高，森林覆盖率低，使这一地区成为水蚀荒漠化最严重的区域，每年土壤侵蚀模数高达20000～30000t/km^2，成为黄河泥沙的主要来源。

盐渍荒漠化成因：盐渍荒漠化在干旱区有广泛分布，总面积23.3×10^{4}km^2，占荒漠化土地总面积的8.9%。比较集中分布的地区有塔里木盆地周边绿洲、天山北麓的山前冲积平原、河套平原、银川平原、柴达木盆地等。土壤盐渍化主要是由于气候干旱，蒸发大于降水，排水不畅，地下水位过高及不合理的灌溉方式造成的。

人为因素主要是排水不畅和不合理的灌溉方式造成的。如我国的华北、东北和西北地区，由于灌溉不合理，大水漫灌，使地下水位过高,造成大面积土地次生盐渍化。从 1958 年到 1978 年的 20 年间,中国有 $6.6 \times 10^6 hm^2$ 的耕地退化为次生盐碱土。许多灌区次生盐碱土可占到灌溉面积的 15%。从 70 年代起,全国各地大力开展盐碱土治理工作,停止不合理灌溉,疏通河道,完善排灌配套工程以及采取生物和农业技术措施等,使盐渍化现象得到控制,特别在华北和东北平原。

冻融荒漠化成因:我国冻融荒漠化土地面积 $36.3 \times 10^4 km^2$。它发生在高寒区域,由于昼夜或季节性温度在 0℃上下摆动,岩体或土壤剧烈热胀冷缩而造成土壤结构的破坏或质量退化。

荒漠化的危害

荒漠化使土地生产力下降,草地、林地、耕地退化,甚至成为不毛之地,严重威胁人类的生存与发展。

土地资源减少、土地质量下降:据统计,全国受荒漠化危害地区每年减少粮食产量逾 $30 \times 10^8 kg$,相当于 750 万人一年的口粮。1949 年以来,全国共有 $66.7 \times 10^4 hm^2$ 耕地沦为沙地,因水土流失毁掉的耕地达 $2.6 \times 10^6 hm^2$,平均每年 $6 \times 10^4 hm^2$ 以上;全国有 $2.353 \times 10^6 hm^2$ 草地变成流沙,平均每年减少草地 $5.2 \times 10^4 hm^2$;退化草地更达 $1.05 \times 10^8 hm^2$,占中国草原总面积的 50%。荒漠化不仅造成土地数量减少,而且使土地质量下降。据中国科学院兰州沙漠研究所推算,荒漠化地区每年损失土壤有机质及氮、磷、钾等达 $55.9 \times 10^6 t$ 万吨,折合 $2.7 \times 10^8 t$ 标准化肥,相当于 1996 年全国农用化肥产量的 9.5 倍。荒漠化危害日趋严重的河北省丰宁县有些村,20 世纪 60 年代粮食亩产 89kg,80 年代为 60kg,90 年代仅为 30kg 左右,荒漠化对生产带来的这种危害,当地群众称之为"种一坡,拉一车,打一箩,煮一锅"。

生态环境恶化、生存条件丧失:目前全国有 24000 多个村庄和许多城镇经常受风沙危害和荒漠化危险。沙压村舍、沙进人退现象在一些地区屡见不鲜。内蒙古自治区鄂托克旗 30 年间流沙压埋房屋 2200 多间,棚圈 3300 多间,有 700 多户村民被迫迁移他乡。甘肃石羊河下游民勤绿洲地下水位以每年 0.5~1.0m 的速度下降,使 7 万多人、12 万头牲畜饮水发生困难,$2\times10^4 hm^2$ 农田弃耕,农民被迫迁居异乡。地处塔克拉玛干沙漠南部的皮山、民丰两县,因风沙危害,县城两次搬家,策勒县城三次搬家。

沙尘暴越来越频繁:产生沙尘暴最主要的因素有两个,一是出现能吹起扬沙的大风,二是地面在大风条件下有干燥疏松的沙尘物质提供。我国北方地区沙漠化的扩展使沙尘物质源区扩大,目前造成我国北方沙尘暴的沙尘不是来源于远古形成的沙漠戈壁,而是主要来源于受人为活动干扰后沙漠化的土地。有专家研究认为,影响我国的沙尘暴有 5 大发生源区和 3 条主要传输路径。国家环保总局和中国科学院在 2002 年组织了"探索沙尘暴"科学考察活动,考察了近年来沙漠化强烈发展、生态环境急剧恶化、沙尘暴频繁地区的生态环境状况。专家们划出了我国北方 4 个主要的沙尘暴源区,即河西走廊及阿拉善高原区、内蒙古中部农牧交错带及草原区、塔克拉玛干沙漠周边区和蒙陕宁长城沿线旱作农业区。北京出现的沙尘天气多为扬尘和浮尘,大部分为就地起尘,尘源是永定河、潮白河、御栖河等古冲积平原的沙土沉积,建筑弃土也是一个重要来源。北京外来的沙尘主要以浮尘和弱沙尘暴形式进入市区,主要来自内蒙古中部农牧交错区和草原区。

由于气候暖干化和人类活动的共同影响,沙尘物质源区扩大,近年来沙尘暴呈现出明显的上升趋势。据统计,我国北方地区从 20 世纪 50 年代共发生大范围强沙尘暴灾害 5 次,60 年代 8 次,70 年代 13 次,80 年代 14 次,90 年代 23 次,2000 年春季,北方地区就发生强风沙天气 10 次。在干旱区更为频繁。甘肃、新疆戈壁沙漠地带沙尘暴的年发生率在 20 天以上,南疆与阿拉善高原是多发地区,超过 30 天,最多年份达 53 天。

专家认为,根据我国近年来的生态环境和气象状况变化以及沙尘暴爆发趋势分析,未来几年沙尘暴还将呈增加之势。

我国沙尘暴发生源区和传输路径

五大源区引发沙尘暴 研究表明,每年冬春影响我国的沙尘暴源区有境外源区和境内源区两大类。境外源区主要有蒙古国东南部戈壁荒漠区和哈萨克斯坦东部沙漠区;境内源区主要有内蒙古东部的苏尼特盆地或浑善达克沙地中西部、阿拉善盟中蒙边境地区(巴丹吉林沙漠)、新疆南疆的塔克拉玛干沙漠和北疆的库尔班通古特沙漠。当沙尘暴自境外发生并进入中国时,上述境内源区则成为加强源区。

三条路径传沙送尘 专家们以北京为中心,勾勒出沙尘暴移动的轨迹:北路从二连浩特、浑善达克沙地西部、朱日和地区开始,经四子王旗、化德、张北、张家口、宣化等地到达北京;西北路从内蒙古的阿拉善的中蒙边境、乌特拉、河西走廊等地区开始,经贺兰山地区、毛乌素沙地或乌兰布和沙漠、呼和浩特、大同、张家口等地,到达北京;西路从哈密或芒崖开始,经河西走廊、银川或西安、大同或太原等地,到达北京或南京。强风经过上述路径地区时,大量沙尘送入空中,路径地区也成为新的沙尘源区(加强源区),增大沙尘暴的范围、规模和强度。有时在境外发生的沙尘暴规模并不大,含沙量并不高,但越过边界之后在我国境内移动时,因地形地貌、气温气候、植被等原因,沙尘暴很快得到加强。

人为破坏是诱发沙尘暴的重要原因 我国沙尘暴由多种因素引发,其中既有自然原因,也有人为因素。我国北部和西部的广大地区是西伯利亚强冷空气南移的必经之地,冬春之季常有较强的冷空气过程,大风为沙尘暴产生提供了动力。此外这些地区多属干旱半干旱气候,降雨量偏少,加上近年降水量减少,而全球气温的上升趋势使地表的水分蒸发增大,致使地表层土质疏松干燥,极易被大风扬起,形成沙尘天气。同时人为破坏对沙尘暴的产生和扩大更应引起人们的关注。对1999~2000年内蒙古和河北北部的遥感监测结果显示,5年内上述地区耕地增加了$62\times10^4 hm^2$,草地和林地则减少了近$80\times10^4 hm^2$。其中北部和西北部源区和路径区植被减少、土地沙化的现象尤为严重,使沙尘暴发生的频率和强度大为增加。

四大对策欲缚"黄龙" 综合分析北京等地沙尘暴的成因后,专家提出了四个对策:在北京北部的京津周边地区建立以植树造林为主的生态屏障;在内蒙古浑善达克中西部地区推动以退耕还林为中心的生态保护带,坚决贯彻退耕还林还草、严禁过度放牧,重点恢复和保护草地资源,适度建设防风林;在河套地区和沙荒土地地区以保护水资源和天然绿洲为中心,控制沙化土地扩大,保住天然绿洲,逐步扩大人工林;蒙古国南部荒漠地区是现在和将来长期影响我国的主要沙尘暴源区,因此应尽快建立一个与蒙古国长期合作防治沙尘暴的计划框架。

泥沙淤积，加剧洪涝灾害：由于水土流失造成大量泥沙下泄，淤积江、河、湖泊、水库，降低了水利设施调蓄功能和天然河道泄洪能力，加剧了下游的洪涝灾害。黄河年均约 4×10^8 t 泥沙淤积在下游河床，使河床每年抬高 $8\sim10$ cm，形成著名的"地上悬河"，增加了防洪的难度。

1998 年长江发生全流域性特大洪水的原因之一就是中上游地区水土流失严重、生态环境恶化，加速了暴雨径流的汇集过程。水土流失淤积水库湖泊，大大降低其综合利用功能。

据初步估计，全国各地由于水土流失而损失的水库、山塘库容累计达 2×10^{10} m^3 以上，相当于淤废库容 10^8 m^3 的大型水库 200 多座。

影响水资源的有效利用，加剧了干旱的发展：黄河流域约有五分之三至四分之三的雨水资源消耗于水土流失和无效蒸发。为了减轻泥沙淤积造成的库容损失，部分黄河干支流水库不得不采用蓄清排浑的方式运行，使大量宝贵的水资源随着泥沙下泄。

例如，黄河下游每年需用约 200×10^8 m^3 左右的水冲沙入海，降低河床。

加剧贫困，影响社会稳定，制约了社会经济的发展：荒漠化地区多是经济欠发达地区，同时也是少数民族聚居区和边疆地区。荒漠化使植被破坏，造成水源涵养能力减弱，土壤大量"石化"、"沙化"，同时由于土层变薄，地力下降，加深了这些地区的贫困程度，扩大了地区间的差距。

在交通、水利、工矿建设上，受荒漠化影响也很严重。据统计：全国荒漠化地区铁路总长约 33×10^6 km，常年遭受沙害威胁的地段占 42%，受风蚀危害的公路达 3×10^4 km。数以千计的水库和 50000 km 长的灌渠常年受风沙危害，淤泥成灾。

荒漠化地区的石油、天然气、煤炭、盐、碱等工矿企业因荒漠化危害，沙埋、沙封，有时停工停产。

荒漠肆虐江河源
——黄河生态环境堪忧

青海省是我国荒漠化面积较大、类型较多且具有代表性的荒漠化大省之一，也是受荒漠化危害最严重的省份之一。全省荒漠化土地面积约 $1.25\times10^7hm^2$，占总面积的 17.4%。在长达 1000km 的风沙线上，有 $9.6\times10^6hm^2$ 草场退化，$21.3\times10^4hm^2$ 农田受到不同程度的危害。水土流失更加严重，总面积已达 $3.34\times10^7hm^2$。荒漠化正在江河源头肆虐，每年从青海省输入黄河、长江和内陆河的泥沙量达 1.15×10^8t，其中黄河流域年均输入量 8.8×10^7t，占输沙量的 76.7%；长江流域 1.3×10^7t，占输沙量的 11.3%。青海省仅荒漠化危害造成的直接经济损失每年近 6 亿元。而青海省的荒漠化还在以每年 200 万亩的速度扩大。

共和盆地总面积约 $1.38\times10^6hm^2$，占黄河源头区面积的 10.5%，是黄河源头最严重的沙漠化区。共和盆地土地沙化面积占总面积的 92%，年均沙化速度为 $1200hm^2$。该盆地沙漠呈三条带状从沙珠玉河谷随主导风向由西北向东南移动，经过塔拉滩直至黄河沿岸。据有关资料介绍，共和盆地流沙速度年均 8m 左右，最大流动速度为 80m，但实际流动速度远大于此值。2001 年 4 月，全国人大到青海省共和盆地考察生态环境，州、县领导在塔拉滩选了一处沙丘，做好标志定为沙化点，但事过两天后再去看时，标志没有了，若大一堆沙丘不知去向，方圆几百米内看不到一点踪迹。214 国道是西宁市通往共和、果洛、玉树的惟一干线，在共和盆地因流沙不断埋压，先后改道 3 次。共和县几个乡的公路受流沙阻塞而中断、改道现象成了家常便饭。

严重沙化对农牧业的危害相当惊人。共和盆地所在的青海省海南藏族自治州由于沙化，全州每年损失牧草 2.35×10^8kg，相当于 32 万只羊的全年饲草量。共和县沙珠玉乡上卡力岗村 100 余户人家，40 年中因流沙埋压房屋，先后被迫搬迁 3 次。铁盖乡拉干村因 1990 年青海省塘格木大地震中房屋遭到破坏，县政府将 96 户人家迁移到优质草场居住。10 年时间草原退化、沙化严重，搬迁来时的肥沃草场成了牧民的回忆。如今风沙肆虐，流动的沙子经常埋压房屋，危及生命，政府不得不再次为他们觅地迁居。

防治荒漠化对策

防治荒漠化的主要任务是防止土地退化和恢复土地生产力。

包括：防止和/或减少土地退化；恢复部分退化的土地；垦复已荒漠化的土地。防治荒漠化的主要对象是：风蚀荒漠化、水蚀荒漠化、土壤盐碱化、植被退化。

积极参与国际合作，履行签约国职责：联合国《21世纪议程》"制止荒漠蔓延"一章，要求各国政府作到：

- 采取持续的土地使用政策和持续的水资源管理；
- 使用对环境无害的农业和畜牧业技术；
- 使用抗干旱、速生的品种，加速实施造林的再造林计划；
- 把关于森林、林地和自然精神的土著知识纳入研究活动。

《中国21世纪议程》"荒漠化防治"一章要求：扩大造林种草面积，减缓荒漠化土地蔓延速度；建立荒漠化监测和信息系统，减少人为破坏导致的荒漠化扩展；发展经济作物和温室农业，兴办工矿企业，建设荒漠化地区生态农业示范工程等。

1994年，全世界115个国家和地区签署了《联合国防治荒漠化公约》。公约已于1996年12月26日生效，我国政府于1997年2月批准了该公约，成为缔约国之一。

《联合国防治荒漠化公约》简介

《联合国防治荒漠化公约》共分为六部分。

① 导言，确立了公约的宗旨与原则；
② 总则，规定了缔约方应承担的一般义务；
③ 缔约方在防治荒漠化方面的行动方案、科学和技术合作以及支持措施，包括国家、次区域和区域行动方案、技术转让、能力建设、资金资源及资金机制等条款；
④ 公约机构，在公约之下将设立缔约方会议、秘书处、科学和技术委员会、机构网络等；
⑤ 程序性条款，包括提交信息、争端的解决及公约的修正内容；
⑥ 最后条款，包括公约的签署、批准、生效等规定。

此外，公约附有非洲、亚洲、拉美及加勒比地区和北地中海四个区域附件，分别规定了各区域执行公约的具体准则和安排。这四个附件是公约的组成部分，与公约具有相同的法律地位。

控制人口,合理开发利用自然资源:土地荒漠化有着复杂的自然、社会、经济因素和深远的历史背景。依据自然经济规律调控人类的生产生活活动,制约人类不合理的活动是综合防治荒漠化的根本。

严格控制人口数量,提高人口素质:人口迅速增加对资源、环境的压力是荒漠化发展蔓延最主要的原因之一,因此,必须严格控制人口数量,提高人口素质,规范人为活动。传统落后的生产方式加剧了对资源的掠夺和环境的破坏,而社会经济的落后和群众的贫困既促进了掠夺行为的发展,又使无力进行环境建设;短期利益驱动使得人们只求近利,违反资源环境的良性演替规律,加剧了环境破坏和土地退化。为此,合理开发利用自然资源是防治荒漠化的基本途径。

合理开发利用土地资源:土地是人类取得物质来源最基本的对象。根据土地资源属性因地制宜安排农林牧业生产,是人类生产活动最基本的规则。然而大量的实践证明,不合理开发土地资源却普遍存在,过度垦荒草原、陡坡种植、毁林开荒等现象屡见不鲜。因此,根据土地适应性合理安排土地利用,做到宜农则农,宜牧则牧,才是防止荒漠化发生发展的基本途径。

合理开发利用植被资源:荒漠化发展与地面植被破坏关系密切。荒漠化地区生态环境脆弱,林灌草植被是宝贵的生态屏障,然而过度放牧,滥挖药材,过量樵采,毁林滥伐现象十分普遍,致使草场退化、森林退化、盐渍化等荒漠化现象加重。合理开发植物资源,增加地表植物覆盖度,是防止荒漠化发生发展的有效途径。

合理开发利用水资源:水资源是干旱区最重要的资源,是否能合理高效利用,直接制约干旱区生态的稳定和经济发展。我国荒漠化发展的原因与水资源不合理利用关系密切。一方面,农田的大水漫灌不仅造成水资源的浪费,引发沼泽化和盐渍化;另一方面,广泛存在的超量开采地下水的状况,又加速了风沙化的发展。今后防治的途径,则要开展节水高效农业体系建设,健全排灌体系,防止盐渍化,搞好上下游用水规则与调控,留出生态用水和加强水资源管理。

加强社会经济活动生态行为调控:在干旱半干旱地区建厂、开矿、修筑铁路、公路,进行基础设施建设,开发旅游资源等都必须遵循经济开发与环境保护同步进行的原则,进行社会经济活动的生态行为调控,否则将导致植被破坏,造成严重水土流失、风蚀沙化等荒漠化后果。

积极推广荒漠化防治和整治技术:荒漠化防治和整治技术可以分为三类,即生物治理技术、工程治理技术、化学治理技术。

加强生物治理技术的推广应用:生物治理技术主要是通过封育、营造植物来达到防治荒漠、稳定绿洲、提高荒漠化地区环境质量和生产潜力的一种技术措施。根据荒漠化发展程度和治理目标,植物控制荒漠化的主要内容包括建立人工植被或恢复天然植被以固定流动沙丘、退化裸地、防止水土流失;保护封育天然植被,防止固定退化生境向荒漠化发展;营造大型防沙阻沙林网,保护农田绿洲和牧场的稳定。在我国干旱地区,许多生物技术已被证明可成功地用来防止沙漠化。这些技术包括:农田防护林营造技术、绿洲沙源封沙育林带封育保护技术、采用飞播造林、引种耐盐植物、弃耕还林还草、小流域营造水土保持林技术等。

1978年开始的"三北"防护林体系工程,即是用生物技术防治荒漠化的重大工程,到2001年已经完成第一阶段的工作,2002年启动"三北"防护林四期工程,即进入第二阶段。23年来,"三北"防护林第一阶段建设共完成造林保存面积约 $22 \times 10^6 hm^2$,约相当于世界人工林面积的1/7,其中人工造林约 $15.4 \times 10^6 hm^2$,飞播造林 $88.17 \times 10^4 hm^2$,封山育林约 $5.77 \times 10^6 hm^2$。使10%的沙漠化土地得到了控制,12%的沙漠化土地得到了整治。

加大工程治理荒漠化力度:工程防治技术是采用各种机械工程手段,防止荒漠化危害的技术体系。以防治风沙危害为例,中国近50年来的治沙实践表明,利用风力本身的运动规律,设置不同的治沙机械工程,通过对风沙的机械阻、输、导、固作用达到减轻风沙、防治风沙危害的目的,取得了明显的治沙效益。

在这些工程中,从阻止风沙、改变风沙运行规律入手,可采用铺设沙障、建立体栅栏,利用各种材料网膜的技术;从疏导风沙入手,可采用有引水拉沙、治沙造田技术等。

"三北"防护林工程简介

中国"三北"防护林体系工程被誉为"世界生态工程之最",建设范围包括东北、华北、西北地区13个省(区、市)的551个县(旗、区、市),总面积约$4.07×10^6 km^2$,占全国陆地总面积的42.4%。工程从1978年开始,到2050年结束,分3个建设阶段、8个工程,建设期限73年,共需造林$3.56×10^7 hm^2$,目标是使"三北"地区的森林覆盖率由5.05%提高到14.95%,土地沙漠化得到有效治理,水土流失得到基本控制,生态状况和人民生产生活条件得到极大改善。

目前,"三北"工程已顺利完成一、二、三期暨第一阶段规划任务,已累计造林$2.6×10^7 hm^2$。这些树木成林后,"三北"地区的林木覆盖率将提高到10%。京、津、辽、吉、黑五省市基本形成了省级防护林体系框架,有100多个县初步建成县级防护林体系,重点治理区的生态环境有了较大改善,生态、经济、社会效益显著,有力地促进了农村经济的发展和人民生活水平的提高。

"三北"防护林体系工程第四期工程建设即将全面启动,其主要目标是:到2010年,在有效保护好工程区内现有$2.79×10^7 hm^2$森林资源的基础上,将完成造林$9.5×10^6 hm^2$,森林覆盖率净增1.84个百分点,建成一批较为完备的区域性防护林体系,初步扭转"三北"地区生态恶化的势头。力争用10年左右时间,使"三北"地区40%的沙化土地得到初步治理,基本遏制沙化趋势,使风沙危害程度和沙尘暴发生频率有效降低。毛乌素、科尔沁、呼伦贝尔三大沙地基本得到治理。

这项工程还将使水土流失区内一半以上的水土流失面积得到基本治理。在平原农区以现有农田防护林为基本框架,建成多林种、多树种、网带片、乔灌草相结合的高标准农田防护林体系。

化学治理技术的开发与利用:利用化学材料与工艺,对易发生荒漠化危害的沙丘、沙质地表、疏松地表和裸露地表建立一层能够防止风力飞扬又具有保持水分和改良地表性质的固结层,达到控制污染和改善荒漠化环境,提高生产力的目的。其实质是表层固结技术和保水增肥技术。

在这项技术中,所使用的化学材料有高分子化学材料、石油沥青制品、化学治沙液和种子浸润剂等。

建立荒漠化环境自然保护区:在那些受气候变化影响严重、荒漠化趋势非常明显的地区,要建立自然保护区,防止荒漠化环境的进一步恶化。对这类地区要尽量避免人为干预,在人为的保护下逐步实现自然的生态平衡。

提供粮食保障和社会保障:荒漠化地区通过并完善各级食物生产基地,向农民提供必要的粮食保障。通过技术开发、科技扶贫,使处于贫困状态的农民尽快脱贫;对尚不能及时脱贫的农民,给与必要的生活救助;对生活在荒漠化严重危害、难以解决温饱地区的农民,由国家统一安排移民,并解决移民初期的安置与生活;建立、健全突发性自然灾害的预警、决策、指挥和保障体系,最大限度地保证人民生命财产的安全。

风蚀荒漠化综合防治技术体系:近年来我国荒漠化局部得到控制,在局部地区出现了"人进沙退"的可喜局面,但总体仍趋向恶化。针对这一情况,必须从战略的角度调整我国防沙治沙的方向,即由局部试验示范转向整体控制,通过建设防沙治沙的植被隔离带,割断沙源,减少尘源;从单纯的防沙治沙转向把治沙与治穷相结合;从防止流沙的扩展转向对大面积裸露沙源的控制。

从沙化治理的途径来说,治沙措施大体上可以分为两类,一类是从沙化机理上去寻求解决问题的根本途径,主要是通过经济政策的调整来减轻施加到土地上的生态压力,如退耕休牧等,为内生性的措施;另一类是从外部症状上针对具体问题提出解决办法,主要是通过一些简单可行的生物措施和工程措施来抑制沙化过程,如植树种草等,为外加性的措施。一般来说,前者效果来的慢,但可以治本;后者见效快,但只能治标。

目前对于沙漠化的整治从技术上大致可分为阻沙、固沙、封沙

第四章　土地利用方式的改变与气候变化

三方面。

阻沙：沿着受沙漠化威胁的绿洲边缘地带，营造大型防风阻沙林带，可以切断沙源，控制沙漠化继续向绿洲和被保护物的扩展。如在宁夏中卫县，沿腾格里沙漠的东南边缘，筑起了一条长60km的绿色长城，有效地堵住了沙漠的南移，保护了农田和家园，保证了包兰铁路的畅通无阻。

固沙：在绿洲边缘及内部的流沙地段，进行固沙造林，可以消除沙源。固沙措施有植物固沙、机械沙障固沙及化学固沙三种。植物固沙是固定流沙的永久措施。机械沙障固沙见效快，但只是临时性的固沙措施。化学固沙也是临时性的固沙措施，但由于成本高，在固沙中很少采用。在一般固沙实践中，均以植物固沙为主、机械沙障固沙为辅，在不同的地区、不同的固沙目的，所采用的植物也不一样。如地处腾格里大沙漠东南缘的沙坡头地区，是包兰铁路通过的沙漠地段，属干旱区，自然条件十分恶劣，年平均降水量为200mm，最干旱年（1957年）的降水量仅88.3mm。这里全是高达几十米的格状流动沙丘，地下水深达百米以下，夏季沙面最高温度可达74℃，采用植物固沙是相当困难的。但是经过中国科学院兰州沙漠研究所与有关协作单位科技人员20多年的实验研究和生产实践证明，首先采用长宽都为1m的草方格沙障，制止沙丘移动，接着在沙障内栽植优良的固沙灌木（如花棒、柠条、乔木状沙拐枣及黄柳等）、半灌木（如油蒿），以灌木与半灌木成带状配置，经过10～15年时间，植被覆盖度达20%～30%，地面形成5～10mm厚的结皮层，牢固地控制了流沙的移动，保证了列车的正常通行。

封沙：封沙育草、保护天然植被是预防沙漠化发生发展的重要措施。由于干旱、半干旱地区的生态条件非常脆弱，只要天然植被稍有破坏和土地利用稍微过度，就会引起沙漠化。要使植被自然恢复是十分困难的，即使在条件稍好的半干旱地区，也要10～15年时间。如果要采取人工固沙措施，则要花费几倍甚至几十倍的代价，还难以达到理想的结果。中科院的科学家在内蒙古浑善达克沙地试验的"以地养地"模式在封沙育草方面取得了成功经验,对全国防沙治沙起到了良好的示范作用。

水蚀荒漠化综合防治技术体系：全国50多年来累计治理水土流失面积 $86\times10^4\text{km}^2$,水土保持措施累计保土 $426\times10^8\text{t}$,黄河中游地区经过多年的连续治理,每年减少入黄河泥沙 $3\times10^8\text{t}$。

在水土流失防治中：

一是预防为主,禁止陡坡开荒,封山育林育草;在生态脆弱地区,封山禁牧,舍饲圈养,依靠大自然的力量,特别是生态的自我修复能力,增加植被,减轻水土流失,改善生态环境;

二是以小流域为单元,根据水土流失规律和各地实际情况,山水田林路统一规划、综合治理;工程、生物和农业技术三大措施因地制宜、科学配置,因害设防,形成水土流失综合防治体系;

三是治理与开发利用相结合,把治理水土流失和开发利用水土资源紧密结合起来,使群众在治理水土流失、保护生态环境的同时,取得明显的经济效益,进而激发其治理水土流失的积极性;

四是优化配置水资源,合理安排生态用水,处理好生产、生活和生态用水关系。在水土保持和生态建设中,充分考虑水资源的承载能力,因地制宜,因水制宜,适地适树,宜林则林,宜灌则灌,宜草则草;

五是加强对开发建设项目的水土保持管理,控制人为水土流失。

盐渍荒漠化的防治：针对盐渍荒漠化的形成原因,其改良途径主要应围绕降低地下水位、改良土壤物理化学性状和减少蒸发进行,改良技术主要有水利工程改良、生物改良、农业改良、化学改良等技术。水利工程改良技术包括建立健全蓄排工程体系,压盐、排水洗盐技术,合理灌溉技术等。生物改良技术如营造防护林,种植绿肥、种植耐盐经济作物等。农业技术改良措施,如平地改土,起槽种植改造盐碱斑地,避盐栽培,草粮轮作,淤泥防盐,上粮下渔等。化学改良技术如磷石膏改良技术,施用氟石、磷酸催化剂改良技术等。

> ### 有效防治山地水土流失的固氮植物篱技术
>
> 中科院成都生物所在国际山地综合发展中心的支持下,在四川省宁南县经过8年研究,研制了固氮植物篱技术,这项坡耕地持续利用的成果可有效防治山地水土流失。
>
> 固氮植物篱技术是在坡耕地的等高线上种植生长快、耐切割的多年生固氮树,并层层向下排列,形成一道道篱笆一样的植物带,再在其间种植农作物及其它经济林木。固氮树(植物篱)生长超过1米时,可割下其枝叶,撒于农作物带作为绿肥改善土壤肥力,或用作牲畜饲料。在不同的气候带,植物篱每年可切割2～5次。这种技术简便易行,不受地域、地形和地块的限制,是一项投入少、效益多样而持久的实用技术。
>
> 密集种植的固氮植物篱,首先可以有效地防治水土流失。试验结果表明,在15°～35°的坡耕地上,通过3年生植物篱的层层拦截,将使地表水流失减少60%,土壤流失减少98%。其次,3年生的固氮植物篱每年每公顷可生产8～15t优质绿肥,农作物增产达30%～50%,投入产出比高达1:36。经过4～7年的常规耕作,低产的坡耕地即可形成高产稳产的生物梯田,这种生物梯田的投入仅为工程坡改梯的10%左右。

森林与气候变化

森林的现状

世界森林的现状:人类文明的历史,在一定程度上也是开垦和破坏森林的历史,人类活动对森林资源的压力很大,造成了森林的退化,主要表现在:

森林覆盖面积、特别是热带森林面积不断降低:根据1990年联合国粮农组织(FAO)对森林资源的评估,其时全球森林及其它树木茂盛地区的覆盖面积为$51\times10^8 hm^2$,约占地球土地面积的40%。其中天然林和人工林共$34\times10^8 hm^2$,其他木本植被(如开阔林地、灌木丛林地和灌木林地)$17\times10^8 hm^2$。由于人类不合理的活动,森林面积不断减少。1980～1990年,世界森林面积减少了2%,

即 $10^8 hm^2$；天然林的面积变化最大，下降了 8%。据估计，目前世界每年有 0.6% 的森林遭到砍伐，在发展中国家更严重。

在各类林地中，热带森林面积减少最多。1960～1990 年世界丧失了 $4.5×10^8 hm^2$ 热带森林，其中亚洲约损失 30% 的热带森林，非洲及拉丁美洲各损失了大约 18%。仅 20 世纪 80 年代全球就损失了 8% 的自然热带森林，其中亚洲损失为 11%。到 1990 年，全球热带森林覆盖面积仅为 $18×10^8 hm^2$。

1990 年，全球温带森林和其他树木茂盛地区的覆盖面积为 $24×10^8 hm^2$。由于人工林面积显著增加，全球温带森林总面积从 1980 年起开始增加。大部分温带林位于加拿大北部和俄罗斯，而发展中国家的温带森林面积却下降了 4.5%，特别是天然林下降最快，如北非和中东的天然林覆盖率不到土地面积的 1%。

森林退化和片断化：在森林面积减少的同时，森林质量也在退化。森林是一个复合生态系统，不同地区的森林有不同的生态功能。一片森林的生存条件及其连续性在很大程度上决定了它的繁育能力和支持野生生物的能力。森林质量的下降主要表现为森林退化和片断化。森林退化会造成在此生存的其它物种生活周期中至关重要的植物和树林终伐、土壤侵蚀、当地环境的变化及对野生生物的不良影响。森林片断化会造成生境太小，不能供给剩余的植物和动作群体繁衍生息。

以巴西和西非为例。在西非的大多数地方，从前的郁闭林现在已成为被庄稼地包围的森林小岛。在巴西亚马逊地区，森林砍伐正从边缘向中心地带扩展，由于道路的开辟、土地转向放牧或其它用途，森林已变得支离破碎。

全球由森林砍伐造成的生物量损失，估计为每年 $25×10^8 t$，其中拉丁美洲占 50%，亚洲占 30%，非洲占 20%。对亚洲热带林地的潜在和实际生物量的比较表明，大多数生态区都减少了 50% 的生物量，最大减少近 70%。

中国森林资源现状：我国是一个生态环境类型多样的国家，

第四章 土地利用方式的改变与气候变化

但境内不适合森林生存的沙漠戈壁、高寒地区面积大,且开发历史长,人口众多,对森林的依赖性大,破坏多,大量森林被开垦为耕地。在历史上,最早破坏森林的地区是黄河中下游地区,后来向北、西、南扩展,直至全部(图 4.2)。

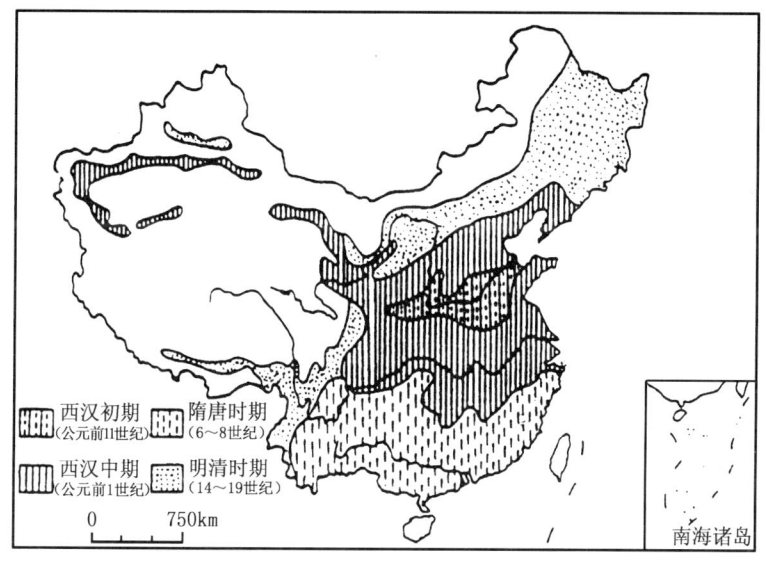

图 4.2 中国历史上耕地开垦和森林破坏的过程

目前我国森林现状的主要特点是:

森林覆盖率低:按郁闭度 0.2 计算,到 2000 年底,中国森林面积 $15.8 \times 10^8 hm^2$,森林蓄积量 $112.7 \times 10^8 m^3$,森林覆盖率 16.55%,只有世界平均森林覆盖率的 60%。中国土地面积占世界 7.2%,而森林面积仅占世界 4.6%;人均森林面积在世界 179 个国家和地区中居第 119 位。从人均拥有森林蓄积量来看,世界平均为 $71.8 m^3$,而中国仅为 $8.6 m^3$,是世界人均拥有森林蓄积量最少的国家之一。中国森林每公顷生物量平均为 157t,高于 131t 的世界平均水平。近年来,虽然森林覆盖率有所增加,但天然林和成熟林的面积持续下降,林木蓄积量减少,增加的林地主要是中幼林。

人工林增加快：近年来,我国在全国范围内实施了几项林业生态建设重点工程,大力开展植树造林,人工造林保存面积已达7亿亩,约占世界人工林面积的1/3,占发展中国家现有人工林总面积的46.5%,居世界第一。

森林林种结构不合理：我国森林林种结构不合理,且生长率低。过去仅把森林作为生产木材的用材林经营,没有充分发挥森林的多种效益。目前用材林约占森林面积的73%,而防护林仅占森林总面积的9.1%,明显偏小,难以发挥其生态效益。我国的林地平均净生长率仅为2.66%,低于发达国家3%以上的净生长率。近10年来,我国成熟林和过熟林面积减少了近一半。

森林资源破坏严重：由于自然原因和人为原因,特别是人为原因,我国的森林资源破坏严重。主要表现在:林区集中采伐,采伐速度大于更新速度。毁林开荒,滥砍乱伐严重。造林保存率低。森林灾害,特别是森林火灾和森林病虫害严重。森林产品使用上的严重浪费。

森林的生态作用

森林是陆地生态系统的主体,是地球生物圈的支柱,其生物量占地球全部植物生物量的90%左右,森林维持着陆地生态系统的平衡。森林对维护全球碳平衡,保护生物多样性,保持水土,涵养水源,防风固沙和提供优美的生活环境起着重要的作用。青山保绿水,山青水绿才能风调雨顺,生活安定。人类若没有了森林保护伞,人类的生活水平会急剧下降,人类文明会最终消失。森林极其重要的生态功能主要有：

对大气成分的调节：陆地生态系统既可以是大气中主要温室气体如CO_2、CH_4、N_2O的源,也可以是这些气体的汇,因而在调节大气成分组成中起着十分重要的作用。

陆地生态系统与CO_2：绿色植物通过光合作用吸收CO_2、放出O_2,是地球大气成分平衡的重要机制。树木在光合作用中每吸

第四章 土地利用方式的改变与气候变化

收$CO_2 44g$,可以释放氧气$32g$。$1hm^2$阔叶林在生长季节,每天能吸收$CO_2 1000kg$。据框算,现在地球的森林生物量为$16.5\times10^{10}t$,折算成碳素约为$8\times10^{10}t$;现存于大气中的CO_2折算成碳素约$7\times10^{10}t$。如果世界森林减少一半,那么因森林减少而少吸收的大气CO_2和森林物质自然分解释放的CO_2量,就会使大气CO_2浓度成倍增加。

森林是地球生物圈的支柱,亦是主要的有效碳贮库之一。据研究,热带森林及其土壤的含碳量一般比取代它们的农田高$20\sim100$倍。每毁灭$1hm^2$热带森林就可能给大气增加$100t$碳的CO_2。温带森林的碳贮存比较稳定而持久,每年每公顷温带森林可固定的大气碳约为$1.4\sim5t$。增加绿色植被特别是增加森林覆盖率,已成为控制大气CO_2增加的一项战略措施。

对甲烷和N_2O的影响:陆地生态系统对大气成分的调节还表现在对其它温室气体特别是甲烷和N_2O的影响上。人类对天然湿地的改造如排水或灌溉都能改变大气的甲烷含量。另一方面,许多陆地生态系统特别是温带地区的森林、草原和荒漠的土壤上层微生物群能够氧化大气中的甲烷,从而减缓了大气甲烷的增加。然而,土壤的这种能力也受到一些人为干扰,如因种植、施肥等的影响而降低。

陆地生态系统也同样影响着大气N_2O的含量。首先,陆地生态系统可以是大气N_2O很重要的源,尤其是热带森林土壤。据估计,热带森林和热带稀树草原的土壤每年排放的N_2O占全球人为和自然排放的$1/4$。其次,陆地土壤还可氧化或吸收N_2O。

总而言之,陆地生态系统可以通过吸收或排放各种温室气体,从而影响到地球的大气成分组成,最后也影响到全球气候。

蓄水保水、缓解旱涝等极端水情:生态系统的蓄水保水功能是由地上植被和土壤共同作用而决定的。在各类生态系统中,森林的这种功能最强。实验证明,在有林地区,日降雨$30mm$无水出;日降雨量$55\sim100mm$,3天后才见细水流出。年降雨量$1200mm$

时,有林地区的水分消失量仅50mm,而同样环境条件的无林地区可达600mm,一亩林地比无林地至少能多蓄水20m³。

对降水的蓄存作用在较大的区域内则表现为缓解旱涝等极端水情,减轻旱涝灾害。对这种功能的认识常常是通过反面教训得到的。如四川省曾是我国主要林区之一,解放初森林覆盖率尚有20%,川西达40%以上。到20世纪70年代末,川西地区森林覆盖率仅剩14.0%左右,川中丘陵区58个县只有3%,其中11个县不到1%。与此相应,有46个县年降雨量减少15%~20%,20世纪50年代三年一遇的伏旱,变成三年两遇,甚至连年出现,旱期亦由过去15~20天延长到40~50天。与此同时,春旱加剧、无霜期缩短、暴风和冰雹灾害亦加重。1991年,四川地区发生了严重的洪水灾害,事后评估认为,缺乏森林覆盖是其主要根源之一。

保护土壤,防止水土流失:高大植物的冠盖拦截雨水,削弱雨水对土壤的直接溅蚀力;地被植物阻截径流和蓄积水分,使水分下渗而减少径流冲刷;植物根系具有机械固土作用;根系分泌的有机物胶结土壤,使其坚固而耐受冲刷;根系发达使土壤疏松,增加雨水下渗能力而减少流失。

防风固沙,防止土地沙漠化:森林和地面植被具有防风固沙、防止土地沙漠化的功能。当风经过林地或林带时,部分进入林内,受树木枝叶的阻挡以及气流本身的冲击摩擦,风速大减;另一部分则沿林缘攀升,由于林冠起伏不平,使湍流增强,消耗掉部分能量,风速亦降低。一条疏透结构的防风林带,其防风范围在迎风面可达林带高度的3~5倍,背风面可达林带高度的25倍。在这段范围内,风速可降低约40%~50%,密集林带可降低风速达75%~80%。

除了高大林木的阻挡作用之外,植被的根系均能固沙紧土、改良土壤结构,从而可大大削弱风的携沙能力,逐渐把流沙变为固定沙丘。植被的凋落物为土壤带来有机质,可以培肥贫瘠的土壤,增加更多植物生存的可能性。植被截留有限的降水,增加土壤水分,对于形成固沙植被起着推动作用。

保护和维持生物多样性：在陆地,森林生态系统对生物多样性保护有特别重要的意义。森林的多层次结构特点和森林涵蓄水分及林地较高的肥力,为植物的多样性提供了良好的生存与发展条件。郁闭林木形成的隐蔽和挡风遮雨环境,适宜的温度湿度,密集林冠和树穴树根隧道为动物栖居提供了良好场所,植物多样性也为动物生存提供的丰富食料,使森林成为多种生物的乐园。

净化和更新空气,改善气候：森林和绿色植物对保持空气清洁和净化大气污染物具有独特作用。这种作用包括抑尘滞尘、吸收有毒气体、释放有益健康的空气负离子和杀菌剂等。森林能够防风,植物蒸腾可保持空气的湿度,森林可以调节温度,从而改善局部地区的小气候。森林的生态作用是巨大的,但森林、植被遭受人类的破坏是极其严重的。森林覆盖率不断下降,特别是亚马逊河流域、东南亚和赤道非洲的热带雨林遭到了毁灭性的采伐。这些地区正是大气水汽的主要源地之一。森林植被破坏后引起局地气候的显著变化,使空气干燥、对流降水减小,温度年较差增大,冷季降温,热季升温,致使水土流失严重。反过来,植树造林对于改善环境亦能起到巨大的作用。

森林与气候

森林小气候：森林是一种特殊的下垫面,它除了影响大气中的CO_2的含量外,还能在大片森林覆盖区域内由于林木的巨大影响而形成独具特色的森林小气候,而且能够影响附近相当大范围地区的气候条件。森林对近地层中各种气象要素变化的影响程度决定于森林覆盖区域的大小、林木郁闭度、树木的品种、高度以及森林所在区域的地理位置和地形条件。

森林中的温度情况：森林林冠能大量吸收太阳入射辐射,用以促进光合作用和蒸腾作用,使其本身气温增高不多,林下地表在白天因林冠的阻挡,透入太阳辐射不多,气温不会急剧升高,夜晚因有林冠的保护,有效辐射不强,所以气温不易降低。因此林内气

温日(年)较差比林外裸露地区小,气温的大陆度明显减弱。大片森林不仅对林内气温有影响,对土壤温度的影响更大。在土壤增暖期间,林中土壤表面温度比开阔地低得多,在夏季晴天差别尤其显著。林中土壤温度的日变化比开阔地要小得多。林下的枯枝落叶层对土壤温度的变化影响很大,它既可以阻止土壤温度在夏季增暖,在冬季又可以防止土壤的冷却和冻结,所以在冬季大多数情况下林内土壤最低温度比林外高,尤其在中高纬度更是如此。

森林对降水和湿度的影响:森林树冠每次可截留 3~10mm 以下的降水,每年的截留量随树种、林冠的郁闭程度、该年的降水量、降水性质及降水时间分配等而变。在中纬度地区,茂密的森林平均截留降水约为 25%,热带森林甚至可达 60%。林下的疏松腐殖质及枯枝落叶层可以蓄水,减少降雨后的地表径流量,因此森林可称为"绿色蓄水库"。雨水缓缓渗透入土壤中使土壤湿度增大,可供蒸发的水分增多,再加上森林的蒸腾作用,导致森林中绝对湿度和相对湿度比林外裸地为大。森林区空气湿度可比无林区高 15%~25%。

山脊上的森林和多雾地区的森林能截持雾滴,使降水量增多(称水平降水),森林还可以增加垂直降水量。有人对吉林省长白山林区和非林区的降水进行过比较,发现林区的年降水量比无林区增加 6%,比疏林区增加 4%。夏季增加的效应显然不如冬季大。

森林中的风:森林有减低风速的作用,当风吹向森林时,在森林的迎风面,距林高 1~3 倍的地方,风速就开始减弱,这是因为气流不可能全部通过林木而在迎风面形成一种特殊的"空气垫"。部分气流透过森林,大部分气流被迫抬升,沿空气垫由森林上部通过,使林冠上面的风速急剧增大。穿入森林内的气流,风速很快降低,如果风中携带泥沙的话,森林会使流沙下沉并逐渐固定。穿过森林后在森林的背风面在一定距离内风速仍有减小的效应。在干旱地区森林可以减小干热风的袭击,防风固沙。在沿海大风地区森林可以防御海风的袭击,保护农田。森林根系的分泌物能促使微生物生长,可以改进土壤结构。森林覆盖区气候湿润,水土保持良好,

第四章 土地利用方式的改变与气候变化

生态平衡良性循环,可称为"绿色海洋"。

毁林对气候的影响:森林砍伐可能对降水量产生影响,主要原因包括:一是与草地或裸露的土地相比,森林通过树叶的蒸腾,使其上空的水汽更多;二是森林对太阳辐射的反射率比草地或裸地要小得多,森林反射12%～15%的太阳辐射,草地反射约20%,沙漠的反射则高达60%;三是由于植被的存在增加了地面粗糙度。当植被特别是森林存在时,表面吸收的能量增加,表面粗糙度也增加,可以促进大气中能够产生降水的对流活动和其它动力活动。包括这些过程在内的数值模拟试验结果表明,如果南美洲30°S以北的森林被草地代替,这里的降水将减少15%。对扎伊尔一个较小地区的模拟试验也表明,平均降水将减少30%以上。而如果亚马逊河流域的森林被砍伐殆尽,南美洲的地面温度将大大增加,降水将有很大变化,亚马逊河流域将减少70%,类似于非洲萨赫勒半干旱地区的水平,委内瑞拉和巴西东北部的降水也急剧减少,以至于不能再维持雨林,因此这里的森林将不可能恢复。

森林资源破坏对环境的影响:森林的破坏不仅对气候产生重大影响,还对整个生态环境造成极大的威胁。图4.3显示了砍伐森林的各种影响。

简要说来,森林资源破坏会引起生态平衡的失调。森林面积的锐减,使复杂的生态结构受到破坏,原有的功能消失或减弱,导致生态平衡失调,环境质量退化,引起水土流失,土质沙化,破坏野生动植物的栖息和繁衍场所,造成野生动植物物种减少,生态破坏造成大批生态难民,使人民生活贫困,也使自然灾害频发。下面以1998年特大洪水为例说明。

1998年长江的8次洪锋中,宜昌流量为$6 \times 10^4 m^3/s$左右,最大的第6次洪峰流量为$6.36 \times 10^4 m^3/s$,比1954年大水灾的洪峰流量$6.68 \times 10^4 m^3/s$小。综合洪水总量与洪峰流量来看,1998年的洪水介于1931年与1954年两次洪水之间,但是,根据宜昌至大通10个水文站的水位记录,除极少数站与1954年持平外,有8个水文站水位均大大超过1954年,其直接原因是森林的减少。1957年调查表明,长江流域森林覆盖率为22%,水土流失面积36.38×$10^4 km^2$,占流域总面积的20.2%。但仅仅30年之后,到1986年,森林覆盖率就减少了一半多,剩下10%,水土流失面积却猛增了1倍,达73.94×$10^4 km^2$,占了流域总面积的41%。

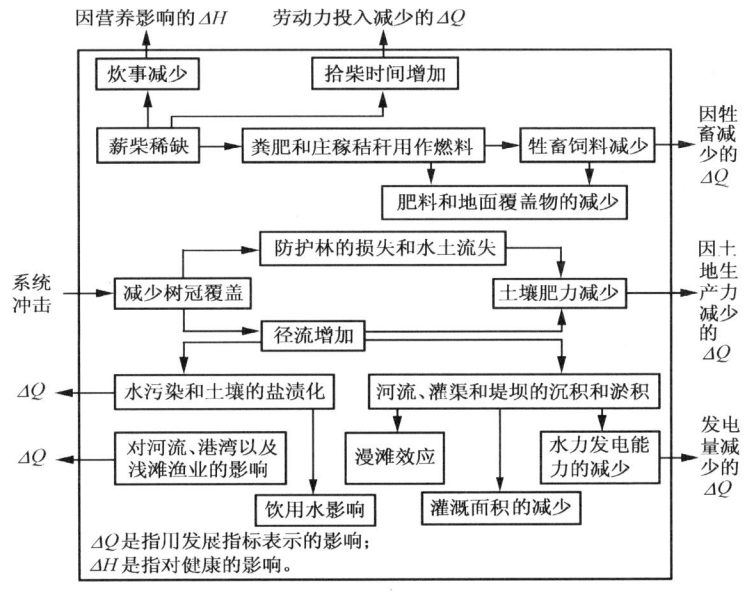

图4.3 森林砍伐对生态的影响

森林的减少也使泥石流、滑坡等灾害加重,入湖泥沙增多,调蓄能力降低。长江流域总共有4000多条危害程度较大的泥石流,从源头到河口有1203处滑坡,遍布全流域;三峡库区以上,年水土侵蚀总量超过15×$10^8 t$,年入江泥沙4×$10^7 t$,涉及重庆、涪陵、万县等地区的滑坡近300处,滑移体积26.55×$10^8 m^3$,崩塌129处,库岸直接入江的泥石流有13条,未直接入江的泥石流20条。进入洞庭湖的泥沙每年约3×$10^7 t$,主要来源于长江上游。

森林的保护和重建

保护森林的国际行动：20世纪80年代以后，保护森林，特别是保护热带雨林成为国际社会高度关注的一个问题。1985年，联合国粮农组织(FAO)制定了热带林行动计划。1992年，联合国环发大会通过了"关于森林的原则声明"。目前，越来越多的国家认识到了森林在维护生物多样性和气候稳定方面的重要作用，在建立可持续森林管理的标准和指标，实施控制森林滥伐的综合政策措施等问题上，达成了国际共识。为保护森林，国际上已经尝试了许多方法，包括从法律上彻底禁止，尝试能保持一定水平的开采体系，用替代品来代替热带硬木市场，恢复原始森林等。保护森林的一个重要行动领域是推动森林的可持续管理。1990年，国际热带木材组织第一个制订了热带森林可持续管理标准和指南。

1994年，在重新谈判国际热带木材协定后，木材生产国和消费国达成了如下协议：木材消费国也必须遵守国际木材组织的2000年目标，即到2000年，所有的森林产品必须产于可持续管理的森林，实际上要求发达国家同热带地区的发展中国家遵守同样的森林可持续管理原则。联合国粮农组织等国际组织也在其他区域进行了制订森林可持续管理指南的活动。控制森林破坏的另外一个国际行动领域是限制木材的国际贸易。《濒危野生动植物物种国际贸易公约》将一些有重要商业价值的木材列入了控制清单。《国际热带木材协定》也涉及木材的国际贸易。一些国际性非政府组织，如森林管理委员会(FSC)，也制订了森林可持续管理原则和标准，监督森林产品的贸易。

中国的森林保护与重建：禁伐天然林，因地制宜封山育林、退耕还林，坚持不懈地植树造林，强化对森林的抚育和管理，是保证森林资源永续利用的前提。

六大重点林业工程：中国政府已批准实施有关植被恢复的六大工程：

①天然林资源保护工程。全面停止长江上游、黄河上中游地区天然林采伐；大幅度调减东北、内蒙古等重点国有林区的木材产量；同时保护好其它地区的天然林资源；

②"三北"和长江中下游地区等重点防护林体系建设工程。具体包括"三北"防护林四期工程、长江下游及淮河太湖流域防护林二期工程、沿海防护林二期工程、珠江防护林二期工程、太行山绿化二期工程和平原绿化二期工程；

③退耕还林还草工程。主要解决重点地区的水土流失问题；

④环北京地区防沙治沙工程。主要解决首都周围地区的风沙危害问题；

⑤野生动植物保护及自然保护区建设工程。主要解决基因保存、生物多样性保护、自然保护、湿地保护等问题；

⑥重点地区以速生丰产用材林为主的林业产业基地建设工程。主要解决我国木材和林产品的供应问题。同时已开始实施西部大开发改善生态环境的战略。计划在2010年之前使森林覆盖率达到19%以上，2011～2030年达到24%以上。

不同类型生态区森林资源增殖对策：根据《全国生态环境建设规划》的要求，在不同类型的生态区，采取不同的对策使森林资源增殖，改善生态环境。黄河上中游地区要以小流域为治理单元，综合运用工程措施、生物措施和耕作措施治理水土流失。陡坡地退耕还林还草，实行草、灌、草相结合，恢复和增加植被，在砒砂岩地区大力营造沙棘水土保持林。长江中上游地区以改造坡耕地为主攻方向，开展小流域和水系综合治理，恢复和扩大林草植被，控制水土流失。保护天然林资源，支持重点林区调整结构，停止天然林砍伐。营造水土保持林、水源涵养林和人工草地，有计划有步骤地使25°以上的陡坡耕地退耕还林还草，禁止滥垦乱伐，过度利用。

"三北"风沙综合防治区要在沙漠边缘地区，采取综合措施，大力增加沙区林草植被，控制荒漠化扩大趋势。禁止毁林毁草开荒。

南方丘陵红壤区要生物措施和工程措施并举，加大封山育林

第四章 土地利用方式的改变与气候变化

和退耕还林力度,大力改造坡耕地,恢复林草植被,提高植被覆盖率。山丘顶部通过封育治理或人工种植,发展水源涵养林、用材林和经济林。坡耕地实现梯田化,发展经济林果和人工草地。

北方土石山区要加快石质山地造林绿化步伐。多林种配置、开发荒山荒坡,陡坡地退耕造林种草,积极发展经济林果和多种经营。

东北黑土漫岗区要停止天然林砍伐,保护天然草地和湿地资源,完善三江平原和松辽平原农田林网。

青藏高原冻融区要以保护现有的自然生态系统为主,改善天然草场,加强长江、黄河源头水源涵养林和原始森林的保护,防止不合理开发。草原区要保护好现有林草植被,大力开展人工种草和改良草场(种),配套建设水利设施和草地防护林网,加强草原鼠虫灾防治,提高草场的载畜能力。

恢复植被的基本原则:通常大部分恢复林区由人工林组成,而人工林并不具有为它们所取代的天然林所具有的生态效益。天然林是极其复杂的活的体系,其生态过程(土壤、空气、植物、动物、菌类和微生物之间的交互作用)决定了其环境功能。没有生物多样性的人工林是没有安全保障的。为了实现环境的稳定,需要利用当地物种组成的植被来恢复健康的生态系统。要达到此目的,最重要的方法是恢复植被本身的自然更新能力,这就要求遵循以下基本原则:

①提倡使用当地物种,最大限度降低地对外来物种的依赖;
②以实现适宜的顶极植被为目的;
③用植被覆盖裸露地表;
④提高异质性,遵循自然演替途径;
⑤恢复植被中物种之间的生态交互作用;
⑥优先保护现有天然生态系统;
⑦通过封山育林、草扩展天然生态系统;
⑧采用适当措施加速自然更新,按照土地利用的主要目的分区;
⑨确保林业、农业、放牧和采集是可持续的;
⑩防止火灾,保护植被;

⑪防止病虫害和入侵物种基因,保护正在恢复的生态系统;
⑫生物多样性和生态系统完整性的监测和研究;
⑬保护濒危物种;
⑭促进社区参与,提高公众意识;
⑮加强总体规划。

上述原则,可归纳为以下思想:演替自然,交互共生;树+树≠森林;大自然做得最好,而且免费。

中国的顶级生态系统

地理区域	地带性顶级生态系统
北	寒温带针叶林
↓	中温带针叶与落叶阔叶混交林 暖温带落叶阔叶林 北亚热带常绿落叶阔叶林 寒温带针叶林 中亚热带常绿阔叶林 南亚热带季风常绿阔叶林 北热带雨林和季风雨林 南海诸岛上的珊瑚礁森林
南和东南	森林
东	草甸草原
↓	典型草原　　沙漠草原 高山草地　　沙漠灌丛
西北	

下垫面水分状况的变化与气候

水域小气候

水域小气候:水域是指湖泊、水库及大的江河等,以水面为下垫面形成不同于陆地面的局地气候特点称为水域小气候。小水域和海洋一样有水的热力特性,只不过其影响范围小,远远不及海洋。其主要特点有:

①由于水面对太阳辐射的反射率小,透射率大,水面获得的辐

射比陆面多,而且通过传导和对流将热量贮存于深层水体,起到"热汇"作用;冷却时,它又能通过水下的湍流交换和水面辐射交换及蒸发将热量送回到邻近空气,起到"热源"作用。因此,水域上方气温变化缓慢。

②水面上蒸发旺盛,空气湿度大,但由于水体升温缓慢,水域上方空气稳定,年降水量和云量都减少,雷雨云一般沿水域周围移动,强雷暴(如冰雹等)过程越过水域时,强度也减弱,待越过水域一定距离后又逐渐加强。

③水域表面平滑,空气流动时摩擦力小,因此,水域上风速一般比陆地大。由于水面和陆面的热力差异在水陆之间还能形成局地环流,在夏半年水域沿岸地带表现得最为明显,其尺度与水域的大小、陆面和水面的温度差异以及周围的地形有关。

水域小气候的特点与水域面积的大小和水层的深浅有关。水域面积越小,深度越浅,其气候特点受周围陆地的影响越大,水域小气候特征越不明显,反之,小气候特征表现得越明显。同时上风向和下风向的小气候特征不同,例如,空气湿度常以下风向为大,而上风向的气温日变化大。

大型水库对气候的影响:大型水库的建设除在水面上空形成水域小气候外,还会影响周边地区的气候,影响的范围和程度与水库所处的气候区域关系密切。一般来说,对气候的影响范围较小,主要影响沿岸地区。在湿润地区对周围的气候影响不大,而在较干旱地区,建设水库可使沿岸的气候产生很显著地改变。水库的大量蒸发使得水库沿岸暖季的温度明显的低于远离水库的地区。例如我国新安江水库于1960年建成后,其附近淳安县夏季较以前凉爽,冬季比过去暖和,气温年较差变小,初霜推迟,终霜提前,无霜期平均延长20天左右。年降水量和夏季降水均比过去减少。水库附近10~20km的范围内,降水明显减少,水库中心减少最多;水库的雾日比过去增多;雷雨的频率减少,而且雷雨总沿着水库的边缘移动,一般不易越过水库。

大型水库的环境效应：几千年来，人类为了开发水利、消除水患，修堤筑坝、开渠凿井、疏浚河道……工程规模愈来愈大，对水圈的干预愈来愈强烈。这些行动在达到其预期目的的同时，有些也对环境造成了危害。大型水库一般是多功能的，具有防洪、灌溉、给水、发电、养殖和旅游娱乐等多方面的作用。然而，事物总有其二重性，与中小型水库相比，大型水库往往存在一些不可避免的问题。大型水库除造价高昂，淹没区大，安置淹没区移民数量多等重大问题外，水库有时还产生一些不良的生态效应，例如为了防汛的目的常在汛期前大量放水，如果适逢鱼类产卵期，浅水的产卵区被排干，影响孵化；水库下游入海水量减少，河口地区海水入侵，并渗入地下淡水含水层，使其盐度升高，妨碍陆生植被与农作物生长；入海淡水量减少还可能增加河口地区海水的盐度，一些有经济价值的鱼类可能不适应这种变化，如北美洲西北部原先盛产的鲑鱼，因许多河流筑坝后影响了其回游与产卵而减少了90%；水库拦蓄泥沙，使入海泥沙量减少，破坏了河口地区的沉积与侵蚀平衡，往往引起海岸的侵蚀，岸线后退。大型水库还可触发地震，在坝基不良或溢洪能力不强等条件下，还可能触发坝基坍塌，带来安全问题。可见，修筑水坝在给人类带来巨大利益的同时，也可能造成一些环境问题和社会问题。埃及的阿斯旺大坝自坝建成以来，对其利弊，一直争论不休，就是一例。

争论不休的阿斯旺大坝

阿斯旺大坝位於开罗以南的阿斯旺市附近，主坝全长3600m，坝高111m，是世界上七大水坝之一。阿斯旺大坝所拦截的尼罗河水注入南面一座群山环抱的水库，形成一座长约480km、平均宽约12km、总面积达6500km^2，水深100m左右的人工湖，人称阿斯旺水库，又叫纳赛尔湖。纳赛尔湖为世界第二大人工湖；蓄水量为18.2×10^{10}m^3，居世界第一。自1970年7月水坝建成至今，阿斯旺高坝和纳赛尔湖在防洪、灌溉、发电、航运、养鱼等方面都发挥了重大作用。高坝为埃及带来了巨大的经济效益:82.6万费丹(1费丹约合6.3亩)水浇地变为良田;新垦农田82万费丹,使埃及可耕地增加25%;纳赛尔湖灌溉了埃及90%以上的耕地,使埃及的灌溉面积增加$1.3\times10^6\sim2\times10^6 hm^2$,复种指数大大增加,有$70\times10^4 hm^2$的每年一季作物地区变成永久性灌溉的多季作物地区,农业产量迅速提高。高坝还抵御了大大小小共16次洪水对埃及的侵袭。

阿斯旺水坝发电站每年发电$80\times10^8 kWh$,为全国提供了用电总量的70%,成为埃及的电力基地。阿斯旺地区如今已成为新兴的工业基地,埃及的民族工业,也进入了一个新的发展时期。

阿斯旺水坝在带来巨大效益的同时,产生了一系列环境变化。近年来尼罗河水连年减少,使得阿斯旺水坝的功能减弱,更引起了各国学者的关注。

尼罗河水每年在流动中夹带淤泥达$10^8 t$。在历史上,每到夏季,来自上游地区富含无机物矿物质和有机质的淤泥随着河水的漫溢,都要给埃及留下一层薄薄的沉积层,其数量不致于堵塞灌渠、影响灌溉和泄洪,但却足以补充从田地中收获的作物所吸收的无机矿物质养分,为埃及农业提供了丰富的天然肥料,从而使这块土地能够生产大量的粮食来养育生于其上的众多人口。历史学家认为,正是这样无比优越的自然条件造就了埃及漫长而辉煌的文明。但在阿斯旺水坝建成后,这些肥沃的淤泥被阻挡住了,不能再沿尼罗河水而下,下游大量农田失去了尼罗河中的淤泥肥源而变得贫瘠。淤泥被阻挡在水坝上段,不能再随河水流向地中海,也使尼罗河三角洲受到严重影响。由于尼罗河夹带的淤泥不再沉积在地中海,地中海海岸的蚀退明显。据埃及水利专家测算,希德和杜姆亚特两河口的海岸线每年后缩29m和31m,由于海水入侵,地下水的水质变坏。

阿斯旺水坝还面临水涝和盐碱问题。大坝截留了尼罗河水,使洪水减少,沿河土壤的盐碱不能随洪水被洗掉,致使土地盐碱化加重。水坝周围大约有35%的农业耕地受到盐碱的影响,盐碱率每年增加10%。另外,由于排水工程尚未跟上,埃及大部分农田由于不能及时排灌而受到水浸影响。近年来,埃及粮食生产已不能满足需要,现在50%的食品又靠进口。

大坝建成后,由于入海的浮游生物量锐减,河口地区的沙丁鱼捕获量减少97%。大坝建成还增加了血吸虫病的传播。鉴于此,1972年在斯德哥尔摩召开的联合国第一次人类环境会议认为,阿斯旺大坝"从结果来说是失败的工程"。但是埃及人坚持自己的选择。埃及国土面积中96%是沙漠,水无疑是它的"生命线"。正是由于有了阿斯旺大坝,埃及人开拓出更多的农田,大旱之年才不再有饥馑之忧。阿斯旺高坝建成后,埃及又开始建造和平渠和谢赫·扎那德水渠,分别将纳赛尔湖水引向西奈半岛和埃及西部沙漠。

湿地与气候变化

湿地：湿地是开放水体与陆地之间过渡的生态系统，具有特殊的生态结构和功能。按照"国际重要湿地特别是水禽栖息地公约"的定义，湿地是指沼泽地、沼原、泥炭地或水域，无论是天然的或人工的、永远的或暂时的，其水体是静止的或流动的，是淡水、半咸水或咸水，还包括落潮时深不超过6m的海域。美国1956年发布的《39号通告》，将湿地定义为：被间歇的或永久的浅水层所覆盖的低地。

湿地主要生态功能：湿地是许多种喜水植物的生长地，也是很多水鸟、水禽栖息地，并且是许多鱼虾贝类的产卵地和索饵地。湿地是生产力很高的自然生态系统，湿地有多种生态环境功能，如储蓄水资源，改善地区小气候；消纳废物，净化水质等，湿地被称为"生命的摇篮"、"地球之肾"和"鸟类的乐园"。湿地与森林、海洋一起并称为全球三大生态系统。湿地主要生态功能有：

直接供水的功能：供水功能是湿地最基本功能之一。湿地是地球上淡水的主要储存库，是我们赖以生存和发展的基础，成为人类生产和生活用水的主要水源。我国众多的沼泽、河流、湖泊和水库在输水、储水和供水方面都发挥着巨大效益。

调蓄洪水，防止或减缓气候灾害：湿地在蓄水、调节河川径流、补给地下水和维持区域水平衡中发挥着重要作用。我国降水的季节变化和年际变化大，通过湿地的调节，储存来自降雨、河流过多的水量，从而避免发生洪水灾害。长江中下游的洞庭湖、鄱阳湖、太湖等许多湖泊曾经发挥了巨大的储水功能，防止了无数次洪涝灾害，如鄱阳湖湿地一般可削减洪峰流量15%～30%，从而大大减轻对长江的威胁。如三江平原沼泽湿地蓄水达 $38.4 \times 10^8 m^3$，由于挠力河上游大面积河漫滩湿地的调节作用，能将下游的洪峰值消减50%。

湿地植被的根系及堆积的植物体对地基有稳固作用，沿海许多湿地可抵御波浪和海潮的冲击，可防止或减轻对海岸线、河口湾和江河岸的侵蚀,特别是红树林湿地。沿海淡水湿地对防止海咸水入侵具有重要意义。

维持生物多样性:湿地是生物多样性丰富的重要地区,依赖湿地生存、繁衍的野生动植物极为丰富,有许多是珍稀特有的物种,也是许多濒危鸟类、迁徙候鸟以及其它野生动物的栖息繁殖地。湿地环境对物种保存和保护物种多样性发挥着重要作用。据初步统计,我国湿地植被约有101科,沿海湿地生物种类约有8200种,内陆湿地高等动植物3000多种。湿地的鸟类种类繁多,在40多种国家一级保护的鸟类中,约有1/2生活在湿地中。我国著名水稻专家袁隆平教授发明的杂交水稻,其中一个遗传材料是采自海南省湿地的野生稻。

纳垢消污,净化水质,滞留沉积物和营养物质:同森林相比,湿地是同等地域森林净化能力的1.5倍。湿地之所以有这种"清洁工"的能力,是因为湿地既具有减缓水流,促进沉积物沉降的自然特性,又因为湿地中生长、生活着多种多样的植物、微生物和细菌,湿地的生物和化学过程可使有毒物质降解和转化。据估算,在湿地许多水生植物体内组织中富集的重金属浓度比水中浓度高出10万倍以上,香蒲和芦苇已成功地用来处理污水中有毒物质。据研究,黑龙江七星河污水经过一片面积为$325hm^2$的芦苇湿地后,有毒物质元素得到明显的净化,芦苇对砷的净化能力为96.06%,铁为92.78%,锰为94.54%,铅为80.18%。但是,湿地对于有毒物质的吸收能力不是无限的,如果接纳的污染物超过了湿地的自净能力,湿地受到污染,其功能就会下降。同时由于食物链的富集作用,经过长期积累,这些湿地植物的毒物含量增加。在这种情况下,一旦食草性动物吃了被污染的植物,这些有害物质可能会重新进入食物链。

具有极高的生物生产力:天然湿地是具有极高的生物生产力的生态系统,其生产力甚至超过最集约经营的农业生产系统。淡水沼泽的初级生产力可达$800\sim4000g/m^2$,沼泽地平均生物生产力与热带雨林$2000g/m^2$的生产力大体相当。从湿地产品中获得的效益,就单位土地而言,比其它生境(包括湿地排干后形成的生境)要高得多。湿地内的天然产品包括泥炭、木材、水果、蔬菜、肉类(鱼和鸟)、芦苇、树脂和药材等等。中国有湿地陆栖动物500余种,其中许多种类是经济动物。如近年来在西北湿地中发现世界上稀有的色素昆虫——胭脂蚧,体内含有丰富的红色素,可代替有致癌和有毒副作用的化学色素,用于化妆品和食品工业,有着广阔的发展前景。

调节气候:湿地对气候的影响主要表现在两个方面,一是对区域气候的影响,形成类似水域小气候的湿地气候;另一方面是湿地环境和湿地生物对全球气候的影响。

湿地对局地小气候的影响:湿地具有调节局地小气候作用,湿地储水量大,具有调节大气水分的功能,例如沼泽地的最大持水量可达200%~400%,甚至高达800%,其植物叶面的蒸散量一般大于水面蒸发量。这种高含水、强蒸发的功能,使湿地周围地区的湿度增大,气温的日变化和年变化减小,使区域气候条件比较稳定。湿地蒸发量的大小,往往还可以影响区域降水状况。湿地产生的晨雾还可以减少周围土壤水分的丧失。如果湿地被破坏,当地的降雨量就会减少。如博斯腾湖及周围湿地通过水平方向的热量和水分交换,使其周围的气候比其它地区略温和湿润。由于湿地的存在使临近博斯腾湖的焉耆与和硕比距湿地较远的库车气温低1.3~4.3℃,相对湿度增加5%~23%,沙暴日数减少25%。

湿地生态系统是CO_2的"源"与"汇":湿地在全球碳循环过程中有极其重要的意义。由于湿地可观的生物产量,湿地中生长的植物可以大量吸收空气中的CO_2,湿地植物的根、茎、叶都可以积累碳素,缓解气温升高。如果过渡的开发和毁坏湿地,势必增加向大气中释放CO_2的数量,加剧全球气候变暖的趋势。据估计,世界上泥炭干物质总量为240×10^9~280×10^9t,如果按碳含量50%~55%计算,储藏在泥炭中碳的总量达12×10^{10}~15.6×10^{10}t。同时,湿地生态系统由于地表经常性积水,土壤通气性差,地温低且变幅小,造成好气性细菌数量的降低,而嫌气性细菌发育。植物残体分解缓慢,形成有机物质的不断积累,因此湿地是 CO_2 的"汇"。湿地经过排水后,改变了土壤的物理性状,地温升高,通气性改善,植物残体分解速率加快,而分解过程中产生大量 CO_2 气体,成为 CO_2"源",可加剧全球气候变暖。

湿地生态系统是 CH_4 重要的"源":湿地可能是 CH_4 的重要源地。据估计,自 1880 年以来的 100 多年的时间里,湿地中 CH_4 的释放量已从每年 83×10^6t 上升为 1.11×10^8t,平均每年净增 28×10^6t。有人综合分析了湿地碳的汇与 CH_4 的源双重效应之间的平衡。以 CH_4 的升温潜力比 CO_2 大 10 倍计算,如果 CO_2 对 CH_4 的碳固定与释放之比维持为 10∶1,则这块湿地对温室效应就是中性的。当湿地的 CO_2 固定量是其 CH_4 释放量的 10 倍多时,该湿地就能起到"净汇"的作用。由于多数湿地的 CO_2 固定量都比 CH_4 释放量大 10 倍以上,因此多数天然湿地都是温室气体的"汇"。

英国《自然》杂志 2000 年 1 月的一篇文章指出,溴代甲烷和氯代甲烷的一个重要来源是含有大量腐烂植物的泥炭沼泽湿地和肥沃的土壤,而溴代甲烷和氯代甲烷都是破坏臭氧层的重要因素。加利福尼亚的斯克里普斯海洋学研究所的研究人员通过计算得出结论,尽管盐沼在地球表面所占的比例不足 0.1%,但它们产生的上述气体约占两种气体的 10%,从湿地排放的气体对臭氧层破坏的作用竟达整体作用的 23%。

尽管存在上述问题,但也绝对不能放松对湿地的保护和管理。因为湿地的功能是多方面的。自然规律是不能改变的,但人类可以约束自己的行为,减少人为的破坏行为。

全球变暖对湿地的可能影响:目前关于这一方面的研究尚少,但可以肯定的是全球气候变暖必将会对湿地生态系统造成极大影响。

气候变暖对湿地分布及其水文情势的影响:由于湿地类型复杂,差异明显,因而不同区域湿地对气候变暖的响应不同,同一区域不同类型湿地对气候响应也不同。IPCC 的报告总结了气候变化对华东草本湿地的影响。模拟预测结果表明,气候变暖,华东草本湿地的面积趋于减少,主要因为降水总量下降,蒸发加强。有人研究了半干旱区以水生植物为主的湿地生态系统对气候变化的响应,结果表明,气温升高3~4℃,适应于水生植物生长的湿地面积在5年之内将减少70%~80%。气候变化还可能使北方泥炭地的永久冻土融化。如果温度增加2℃,北半球冻土的南部边界将北移,不仅改变区域的水文和地貌特征,而且与碳循环速率和过程有关,特别是在极地和亚极地区域。如果气候变暖,而河川径流变化不大,湖泊由于水体蒸发加剧,将加快萎缩,并逐渐转化为盐湖。湿地生态系统水文情势的改变将会对湿地生态系统的生物、生化、水文等产生影响,进而影响湿地生态系统的经济和社会功能。

气候变暖对湿地生态系统结构和功能的影响:湿地生态系统结构和功能取决于生物多样性的状态。生物是全球变暖首当其冲的受害者。森林、湿地和极地冻土的破坏,导致生存在其中的许多物种加速灭绝。海水变暖、冰川冰帽融化和海平面升高,大片沿海湿地上的水产养殖将被吞没。湿地中的生物群落存在着极为明显的时空分异性,各区域湿地生态系统功能对全球变化的响应也表现出明显的区域性。在一些湿地,气候变化可能导致种群的变化,如有的种群可能会消失,有的种群可能会产生新的变种。在半干旱地区,鸟类对湿地的依存程度存在明显的年际变化,主要取决于区域年降水量。总之,气候变暖使得湿地在保持小气候,提供水源,调节流量,控制洪水,保护堤岸,防风,清除和转化毒物和杂质,防止海水入侵,提供可利用的资源等功能方面发生相应的变化。

气候变暖对湿地生态系统"源"与"汇"的影响:气候变暖,气温升高,地下水位下降,有些湿地中原来不参加全球碳循环的碳也变得活跃起来,将会由二氧化碳的"汇"变成"源",这种汇源之间的转化已在一些极冷的地区发生了。泥炭在湿地中形成与积累主要受控于气候条件,因而气候变化必将导致湿地生态系统和大气之间碳通量的变化,而碳通量的变化又会对全球气候变化形成反馈。

温度升高可以增强甲烷细菌的活动强度,从而增加甲烷的释放量,但同时会降低土壤含水量和地下水位,又使甲烷释放量下降。

湿地资源急需保护:中国湿地的主要类型包括沼泽湿地、湖泊湿地、河流湿地、河口湿地、海岸滩涂、浅海水域、水库、池塘、稻田等自然湿地和人工湿地。中国湿地面积约 $6594 \times 10^4 hm^2$,还不包括江河、池塘等,占世界湿地的 10%,居世界第 4 位,亚洲第 1 位。其中天然湿地约为 $2594 \times 10^4 hm^2$,包括沼泽约 $1197 \times 10^4 hm^2$,天然湖泊约 $910 \times 10^4 hm^2$,潮间带滩涂约 $217 \times 10^4 hm^2$,浅海水域 $270 \times 10^4 hm^2$;人工湿地约 $40 \times 10^6 hm^2$,包括水库水面约 $2 \times 10^6 hm^2$,稻田约 $38 \times 10^6 hm^2$。

在人口和经济的压力下,我国的天然湿地数量减少、质量下降,湿地生态系统面临着严重的威胁。湿地受到人类活动的压力主要包括疏干和围垦变为农田,填筑转化为城镇或工业用地,截流水源使湿地变干,养殖业发展特别是将湿地变为人工鱼池或虾池,伐木破坏湿地生态系统,筑路或其他用途挤占湿地等,而现存的湿地又受到污染的威胁,使其功能下降。

天然湿地数量减少:水资源利用不合理使湿地供水能力受到严重影响,盲目的进行农用地开垦、改变天然湿地用途和城市开发占用天然湿地直接造成了中国天然湿地面积消减、功能下降。据不完全统计,近 40 年来中国沿海地区累计已丧失滨海滩涂湿地面积约 $1.19 \times 10^6 hm^2$,因城乡工矿占用湿地约 $10^6 hm^2$,两项合计相当于沿海湿地总面积的 50%。全国围垦湖泊面积达 $1.30 \times 10^4 km^2$ 以上,由于围垦湖泊而失去调蓄容积 $3.50 \times 10^{10} m^3$ 以上,超过了我国现今五大淡水面积之和,因围垦而消亡的天然湖泊近 1000 个。如洞庭湖因淤积围垦减少面积 $1600 km^2$,水面缩小 40%,蓄水量减少 $10^{10} m^3$。鄱阳湖减少面积 $1400 km^2$,减少库容 $80 \times 10^8 m^3$。围垦恶化了湖区的水情,直接减少了对江河供水调蓄的容积,使洪水出现频率升高;而广大圩区的涝渍水反而还要向河湖排放,又加大了江湖调蓄压力,更增加了洪涝灾害风险。

中国的沼泽湿地由于作为泥炭开发和农用地开垦,面积急剧减少。三江平原原是中国最大的平原沼泽分布区,据统计,1975年三江平原自然沼泽面积为 $244×10^4 hm^2$,占平原面积的48%;到1990年沼泽面积仅剩 $113×10^4 hm^2$,仅占平原面积的22%。

在黄河源区 $3.79×10^4 km^2$ 范围内,从1988年以来源区内湖泊的数量已由4651个减少到3919个,水面面积减少 $1550.3 hm^2$。源区内最大的扎陵湖和鄂陵湖水位下降明显,从1952年到1978年,鄂陵湖水面降低了近60cm;青海湖从1926到1978年间,湖面缩小了 $301.6 km^2$,水位下降了3.35m,累积亏水量 $148×10^8 m^3$。黄河源区湖泊数量和面积的减少已经造成了黄河源头的断流。

我国红树林资源在50年代还有 $5×10^4 hm^2$,由于人为破坏目前锐减至 $1.4×10^4 hm^2$ 左右。为保护现存的红树林资源,国家已在有关各省建立了红树林自然保护区。此外,湿地的泥沙淤积日益严重。长期以来,一些大江、大河上游水源涵养区的森林资源遭到过度砍伐,导致水土流失加剧,影响了江河流域的生态平衡,河流中的泥沙含量增大,造成河床、湖底淤积,湿地面积不断缩小,功能衰退。近年来,长江中下游及东北地区洪涝灾害频繁,与这些地区湿地水文发生的变化、湖泊拦蓄洪水功能下降有着直接关系。

湿地的萎缩甚至消失还会引发众多自然灾害,死海周围的神秘大坑即是一例。

污染使湿地的功能下降:湿地长期承接工农业废水、生活污水,仅长江水系每年承载工业废水和生活污水就达 $1.2×10^{10} t$。污染日益严重,目前辽河、海河、黄河、淮河、长江、珠江、松花江等七大水系63.1%的河段水质污染失去了饮用水功能。全国已有2/3的湖泊受到不同程度的富营养化污染危害。城市中的湖泊大多处于严重污染,滇池、巢湖、太湖成为治理的重点。以滇池为例,已经投入污染治理经费近30亿元,但污染却越来越严重,关键是要找出适合滇池特点的有效治理方法。湿地污染不仅造成了水质恶化,也对湿地生物多样性造成了严重危害。

神秘大坑危及死海

位于约旦和以色列之间的死海,是一个内陆盐湖,也是世界上海拔最低的一片水域。由于水分含盐量极高,死海中几乎没有什么动植物,但在死海的岸边,却不乏珍稀的动植物。然而眼下,它们和死海一样,都在承受着一种神秘大坑的威胁。近几年,死海边出现一个又一个大坑,仅过去5年就出现了几百个这样的大坑。它们有的深达11m,宽达20m。首先成为牺牲品的是一棵棕榈树,还有一辆卡车和一辆载有4名乘客的公交车也被它吞没。岸边的居民不知道这一张张大口是何时形成的,只知道它们会越来越多。他们担心,自己的庄稼、牲畜和房屋随时有可能被这些大口吃掉,死海周围的生态环境会因此而受到彻底破坏。这些大坑的成因是什么,地质学家埃利·拉斯和丹尼·瓦克斯教授决定先从了解死海入手。死海的面积一直在不断缩小,从20世纪50年代以来,它的水位已下降了至少25米。最近几年,更是在以每年1米的速度下降。那么,是什么在让死海的"肚量"不断变小呢?

首先,位于沙漠之中的死海降水极少且没有规律,它只能在春季和冬季靠来自约旦河的水源壮大自己。但沿岸大量的灌溉用水却分享了本该属于它的水源。其次,岸边修建的一些化工厂,不仅在大量消耗着死海水,也在污染着周围的环境。过去10年,这些地方的海岸线有的后退多达15m。此外,旅游业的发展也让死海难以承受。死海水的含盐量几乎是普通海水含盐量的100倍,人可以很轻易地浮在水面;水里丰富的矿物质还有益于健康,所以这儿一直深受游客的青睐。过多的索取和消耗,让死海的海岸线不断后缩,正是这种"退步",导致了大坑的出现。当死海海岸线往回缩的时候,淡水就会往前补充到盐层的下方,盐层遇淡水溶化,久而久之就自下而上形成了大坑。科学家可以通过检测地下淡水中是否含盐,来判断周围的土地是否已出现盐墙溶于淡水的情况。如果发现哪片地区的地下淡水含盐,这些地方就有可能会出现大坑。要想彻底解决问题,还得从根本入手:恢复死海的水位。埃利·拉斯认为,只有一种办法可以让死海丰满起来,那就是修建运河,引入海水。

埃利·拉斯表示:"首先,我们必须重新考虑修建运河,或是从地中海引水,或是从红海引水。"

死海的北半部属约旦,南半部由约旦和以色列平分。虽然两国都同意通过运河方案,但约旦主张从红海引水,以色列则想用地中海的水。即便双方能够达成协议,引水工程耗资巨大,而且本身还会带来其他的环境问题,所以理论上可行的运河方案实现起来决非易事。

滇池还有救吗？
——找出适合滇池特点的有效治理方法

滇池又名"昆明湖"，古时又称"滇南泽"。滇池湖面 318km^2；湖水最深度为 8m，平均 5m，蓄水量约 $15.7\times10^8m^3$。滇池南部为滇池主体称外海，北部支体称草海。在云南众多湖泊中，它的面积最大；在全国的内陆湖泊中，居第六位。近年来，随着国民经济的飞速发展，滇池受到毁灭性的污染。滇池湖滨大批的草海湿地，变成了房屋或农田，昆明市 70% 的化肥和几乎所有的生活污水未经任何处理直入滇池，每年排入滇池的工业和生活污水约 $2\times10^8m^3$，其中排入的化学耗氧物质约 4×10^4t，使得草海污染超标 10 多倍，呈重富营养化，主体外海也严重富营养化。近 20 年来，滇池水质下降了两个等级以上，出现了全湖水质劣五类的严重局面。昔日的旅游胜地滇池，如今湖面上却散发着腥臭，水面上被一层像油漆一样的墨绿色的蓝藻覆盖着。六七月份尤为严重。滇池生态环境已处于崩溃的边缘。

毋庸置疑，从中央到地方对于滇池的水污染治理都十分重视，已经投入污染治理经费近 30 亿元。1990 年以来，昆明市先后建成 4 个污水处理厂，修建了滇池北岸截污工程、盘龙江截污工程。还首次运用环境疏浚技术清除滇池的污染底泥。此外，还实施了工业污染源达标排放"零点行动"，已完成治理任务，实现达标排放。1998 年，云南省出台了《滇池保护条例》，先后取缔了滇池周边网箱养鱼和机动船捕鱼，整治了临湖采石场，查处了围湖造田和向湖内倾倒垃圾等违法行为；昆明市还开展了禁止销售和限制使用含磷洗涤用品行动。然而，情况并不乐观。

水质没有好转的症结在哪里？有专家分析，滇池是一个相对封闭的高原湖泊，自净能力很差。九五期间建立了一批污水处理设施，但由于管网不配套，大量生活污水并不能进入处理厂，再加上处理厂的管理工作跟不上，大部分污水处理设施利用效率低。昆明市的实际污水处理率只有百分之十几，大量生活污水还是进了滇池。滇池流域内农村乡镇大量的生活污水、生活垃圾、菜田农田施肥撒药等污染物也全部随这些河水进入滇池。

滇池的污染治理是列入国家"九五"和"十五"环境治理计划的重大工程之一。专家们提出了不少拯救滇池的方案，总的来说，一是治理生活污水，避免未经处理的生活污水流入滇池。二是建设人工湿地，或自然形成新的湿地。新的湿地形成以后，可望逐步恢复生态湖泊原有的本性和原有的生态规律，使滇池原有的生态结构和功能恢复起来。当然，这样一座污染严重的高原湖泊，要使它彻底改变面貌，不是一朝一夕的事，需要一个艰难的甚至是痛苦的过程。

保护湿地资源：保护湿地就是保护我们人类自己,保护湿地是全人类的共同责任。

履行湿地公约：《关于特别是作为水禽栖息地的国际重要湿地公约》(简称《湿地公约》),是世界各国为加强湿地保护而共同签署的重要国际公约,它最初于1971年2月2日在伊朗小城拉姆萨尔签署,因而有的学者或国家也将其称为《拉姆萨尔公约》。《湿地公约》的诞生,标志着全世界大规模湿地保护的开始。截至2000年1月已有117个国家加入了这个公约,有1011处湿地被列入《国际重要湿地名录》,总面积近$80\times10^6 hm^2$。我国政府1992年7月31日正式加入《湿地公约》。加入《湿地公约》,标志着中国湿地的保护正式纳入国际的轨道,到目前为止,中国共有湿地类型保护区310处,保护了近$16\times10^6 hm^2$的天然湿地,约占中国湿地总面积的1/4。黑龙江扎龙、吉林向海、青海湖的鸟岛、湖南省东洞庭湖、江西鄱阳湖、海南东寨岗和香港米浦等7处湿地已被列入"国际重要湿地名录"。

为了切实履行《湿地公约》所承担的义务和责任,加强湿地资源的保护,由国家林业局牵头,会同国家环保总局等17个部委编写了《中国湿地保护行动计划》,它是我国今后一个时期内实施湿地保护、管理和可持续利用的行动指南。该计划在概述、评估中国湿地保护、管理和利用的现状和存在主要问题的基础上,提出了全国湿地保护和可持续利用的指导思想、目标和实现目标所要采取的具体行动,并提出了完成该行动计划的主要保障措施。

标本兼治,保护和恢复湿地：在保护现有的湿地的基础上,通过退耕还草、还林、还湖,恢复原有的湿地。"湿地恢复"或者说再造湿地,是指通过生态技术或生态工程对退化或消失的湿地进行修复或重建,再现干扰前的结构和功能,使其发挥应有的作用。首先,必须科学地解决湿地与农田之争。我国的基本国情是人多地少,向湿地要粮食、要食物成为长期以来重大战略抉择,过去中国曾一度认为"天然湿地就是荒地",而将其列为农业生产的后备资源,使大量的湿地被开发利用。

《湿地公约》简介

《湿地公约》在"总纲"中,对缔约国提出了入盟的六个条件,即:
- 承认人类同环境的关系是相互依存的;
- 认识到湿地具有调节水分循环和维持湿地特有的动植物,特别是水禽栖息地的基本生态功能;
- 相信湿地是具有巨大经济、文化、科学及娱乐价值的资源,其损失将是无法弥补的;
- 期望现在及将来阻止湿地被逐步侵蚀及丧失;
- 承认季节性迁徙中的水禽可能超越国界,因此应被视为国际性资源;
- 确信远见卓识的国内政策与协调一致的国际行动相结合,能够确保对湿地及其动植物的保护。

《湿地公约》除"总纲"外,共有十二条:

第一条 界定了湿地的概念和框定了水禽的范围;

第二条 将湿地列入《国际重要湿地名录》的有关事项;

第三条 缔约国应制定并实施相应计划,促进已列入名录的湿地的养护并尽可能地促进其境内湿地的合理利用;

第四条 缔约国应设置湿地自然保护区,无论该湿地是否已列入名录,以促进湿地和水禽的养护并应对其进行充分的监护;

第五条 缔约国应就履行本公约的义务相互协商,特别是当一片湿地跨越一个以上缔约国领土或多个缔约国共处同一水系时;

第六条 缔约国应在必要时召集关于养护湿地和水禽的会议,这种会议应是咨询性的,规定了会议的5种权利及义务,即缔约国应确保对湿地管理负有责任的各级机构知晓并考虑上述会议关于湿地及其动植物的养护、管理和合理利用的建议;

第七条 规定了出席缔约国会议的代表的资格及表决权;

第八条 指定了公约执行局及其职责;

第九条 规定了公约签署的时限、联合国或其某机构规约当事国成为缔约方的方式等;

第十条、第十一条和第十二条 分别对公约生效的时间、公约修正、公约实效(无限期)和退约有关问题及公约保存人的职责等进行了具体规定。

第四章 土地利用方式的改变与气候变化

今后中国将不再把天然湿地当作可大规模用于种植、水产、畜牧等农业生产活动的尚未开发的后备资源。目前,拥有全国六分之一天然湿地的黑龙江省已全面停止垦殖采掘活动,长江、黄河流域以及沿海地区的省份也陆续采取了类似措施。

今后10年内,有关省区还将通过移民、转产等形式停止耕种约 $40 \times 10^6 hm^2$ 耕地,将其退还给草、湖、林。在未来的10年中,我国将投资100亿元用于湿地保护与恢复。并在三江源地区、长江中下游地区、三江平原、松嫩平原和嫩江源头、高原湖泊、澜沧江流域、沿海以及红树林分布地区开展48项示范工程。在全国重点湿地生态系统类型地区再建160处湿地类型自然保护区,使总面积达到 $2000 \times 10^4 hm^2$。新建湿地监测站242个,形成湿地监测体系并加强湿地保护的科研工作。同时,中国还将恢复重建遭破坏的一批重要湿地资源,进一步扩大保护区面积,鼓励引导周边居民广泛参与,减少对天然湿地的资源依赖,共同建立推广湿地保护与持续性利用的示范模式。

造成湿地退化的一个重要原因是泥沙淤积。从某种角度而言,泥沙淤积对湿地的破坏甚至远远超过湿地的围垦。湿地的治理仅仅"退田还湖"或者"湿地恢复"是远远不够的,有可能导致"田可退,而湿地不能还"的尴尬局面,要保护好下游的湿地,还需要增加上游植被覆盖率,改变土地利用方式,减少水土流失。

有资料表明,在长江中上游山地丘陵实施综合治理,每治理 $1km^2$ 水土流失面积可增加蓄水 $5 \times 10^4 m^3$,减少地表径流量10%,滞洪削峰20%,增加枯水季节补给量7%。

合理开发利用水资源:湿地的萎缩和功能下降,与水的不合理开发利用有着极为密切的关系。保护湿地,就要规范人类的行为,尤其是要合理开发利用水资源。国民经济的发展和人民生活水平的提高,需要的水资源越来越多,要建立起"以水定人口,以水定生产,以水定发展"的宏观调控机制,要从人口、资源、环境协调发展的高度,根据实际拥有的水量来制定自己的可持续发展的规划,

珍惜水资源、保护水资源,在全社会大力提倡并推行节约用水,建立节水型农业、节水型工业、节水型社会。

要按流域建立权威、高效、协调的水资源管理体制,全面实行水资源的统一规划、统一调配、统一管理,使有限的水资源得到高效合理利用。治理上,要树立大流域的观点和综合治理的观点,通过上下游、左右岸的共同努力,实现水资源的空间配置、时间配置、用水配置和管理配置的优化。

改善农业用水,改进用水结构和技术,节约城镇和工业用水,实施多次利用。

改善和调整工农业用水量,更新农业上"灌水越多越好"的传统观念,是我国水资源可持续发展的重要途径。近年来,我国大力推进喷灌、滴灌、微灌等节水灌溉,以期实现农田灌溉科学化,工程管理企业化,使农业走向低耗高效、优质环保的现代化农业。

在城市大力提倡节约用水,中水回用。采用工业的技术创新,运用高科技,实现工业用水的再循环、再利用。

治理污染,维护湿地的生态功能:实行"防、治、管"三结合,加强水资源保护,治理水污染,保护水环境,维护水生态平衡,维护湿地的功能。

实行"防、治、管"三结合需做的工作有:
- 对污染严重的江河湖海进行重点治理;
- 强制关闭资源消耗高而又污染严重的小型企业;
- 对重点工业污染源实行达标排放;
- 对江河水量统一调度,合理安排经济建设与生态用水;
- 实施清洁生产,减少废水污染物排放;
- 综合防治水土流失,减少面源对水体和湿地的污染;
- 加快城市污水处理厂的建设,集中处理城市生活污水;
- 划分水功能区,严格控制纳污总量;
- 改进水环境监测手段,建立水质水量相结合的水资源实时监测系统、决策支持系统和管理控制系统。

第四章 土地利用方式的改变与气候变化 · 173

"南水北调"工程

我国人均水资源仅为世界平均水平的25%,且分布很不均衡,长江流域及其以南河流的径流量占全国的80%以上,耕地面积不到全国的40%,属富水区;而黄河、淮河、海河三大流域和西北内陆的面积占全国50%,耕地占45%,人口占36%,水资源总量只有全国的12%,属缺水区。目前,中国北方的黄河、淮河、海河的水资源利用率已分别达到了54%、68%、100%。黄、淮、海平原和胶东半岛又是我国人口密集、耕地率高、经济发达的地区,目前水资源缺乏已成为经济发展的制约因素,并造成生态环境恶化,预计到2010年,北方地区的缺水量将达到$2 \times 10^{10} m^3$。南水北调就是作为解决中国北方水资源短缺的特大型工程实施的。南水北调工程有两个目的:一是满足北方经济和社会发展的水资源需求;二是通过水资源的配置,使北方地区已经遭到破坏的生态系统有所改善。

南水北调就是把长江流域的水通过输水系统引到北方缺水地区,按照规划,南水北调将分为东线、中线、西线三条引水线路,有计划、分步骤地实施。

东线是从长江下游的江苏扬州取水,通过扬水泵站,逐级北送到山东、河北、天津等地,中间要跨过黄河;中线是从长江支流的汉江丹江口水库引水,沿京广线自流到北京、天津,中间也要跨过黄河;西线是从长江上游的支流大渡河、雅砻江、通天河把水送到黄河上游,需要打隧洞。

南水北调东中西三条线路纵横中国的长江、淮河、黄河、海河几大流域,形成了一个四横三纵的格局,可以有效调节东西部地区经济社会发展对水资源的需求,达到南北调配、东西互济的优化配置目标。南水北调工程建成后,年调水量将达$5 \times 10^{10} m^3$左右,相当于增加一条黄河的水量,因为所调的水量只占整个长江水量的百分之几,因此长江流域的生态环境也不会因此受到大的影响。

海洋荒漠化的气候效应

海洋荒漠化

海洋荒漠化:占地球面积70%以上的海洋是人类和一切生命的摇篮,海洋是气候系统的重要组成部分,是气候的形成和变化的基本要素之一,海洋对陆地的气温和降水格局起着调节作用。近年来由于人口不断增加,人类活动范围不断扩大,海洋的生态环境遭到日益严重破坏和污染,反过来又威胁着人类自身的生存发展。人们用海洋荒漠化来描述海洋破坏和污染的严重性。人们常说的海洋荒漠化有广义和狭义两种。广义的海洋荒漠化是指由于海洋开发无度、管理无序、酷渔滥捕和海洋污染范围扩大,使渔业资源减少,赤潮等危害不断,海洋出现了类似于荒漠的现象。狭义的海洋荒漠化是指由于海洋石油污染形成的油膜抑制海水的蒸发,使海上空气变得干燥,使海洋失去调节气温的作用,产生"海洋沙漠化效应"。

海洋石油污染:随着人类活动范围的扩大,地球上几乎所有污染物,都通过人工倾倒,船舶排放,海损事故,战争破坏,开采石油等等多种途径,源源不断进入海洋。全世界每年往海洋倾倒各种废弃物多达 2×10^{10}t,海洋污染面积日益扩大,污染程度日趋严重,而尤以石油污染最甚。据估计,每年通过各种渠道泄入海洋的石油和石油产品,约占全世界石油总产量的 0.5%,即有 15×10^6t 以上。其中以油轮遇难和战争造成的损失最为严重。

目前,世界上 60% 的石油是经海上运输的。为了增加运量,降低成本,油轮越造越大,一旦发生事故,后果极其严重。自从 1967 年 3 月"托雷峡谷 1 号"油轮在英国东南的锡利群岛触礁而泄漏大量原油以来,世界上已经发生了 15 起重大泄油事故,泄漏原油总量达 229×10^4m³,造成大片海域污染。1978 年,法国的超级油轮"阿莫柯·卡迪斯号"在布特勒斯港附近触礁,所载 23×10^4t 原油只有一半作了回收或处理,其余一半被蒸发、散失或沉入海底,造成 15km² 内大量海洋生物死亡,在深达 60m 的范围内形成油水混合物的固定油层,而且从水面到海底出现一层稠厚的油带,可随水温升降而上升或下沉。1989 年 3 月 24 日美国 21 万吨级油轮"埃克森·瓦尔迪兹号"在阿拉斯加海域的威廉王子海峡触礁,泄漏出 17×10^4t 原油,严重污染了阿拉斯加海域。为处理原油污染事件,美国耗用巨资,历时半年。1997 年 1 月 2 日,航行在日本岛根县隐

第四章 土地利用方式的改变与气候变化

奇岛东北海域的俄罗斯13000吨级的"纳霍德卡号"油轮突然断为两截。大部分原油随船体沉入海底，部分原油随船首漂流。在断裂过程中流出的原油形成数十条油带，在日本海沿岸地区登陆，对当地的海产资源和旅游胜地造成大规模的公害。

世界石油运输总量约25％通过地中海，但这一海域只占世界水域面积的0.7％。由于运输繁忙，事故频发，1955年以来严重事故已达1300多起，由于油轮事故频发，现已成为全球遭受污染最严重的海域。由于地中海石油运输的60％集中在意大利的十几个主要港口，意大利受地中海原油污染的威胁最大。热那亚港早在1991年就已成为最易发生原油污染的港口，著名的威尼斯港湾也受到原油污染。海上漏油事故也是海洋石油污染的主要来源之一。如1979年6月30日到1980年3月20日，墨西哥湾的1号油井喷出泥浆后又喷出石油和天然气，并发生了强烈爆炸，一周内就损失石油 3×10^4 t，到7月底有 23×10^4 t 石油付水流，成为历史上最大的溢油事件。在2002年1月的一次事故中，巴西石油公司的输油管道破裂，造成1200t原油流入里约热内卢著名海滩风景区，鸟类，鱼类和许多植物死亡。7月的事故中，又有3400t原油泄露，污染了巴西北部伊瓜图河的自然保护区。

战争造成的石油污染也是触目惊心的。在二次世界大战中，曾有数百艘油轮沉没，估计损失石油1千万吨，至今仍有石油从海底沉船的腐烂油箱中渗漏出来。在长达8年的两伊战争中，几乎每天都有油轮遭到袭击，大量石油污染海湾。1983年2月，伊拉克飞机轰炸了伊朗的诺鲁兹油田，每天溢出石油二三千桶。而1991年初海湾战争期间泄漏入海洋的石油量更高达 81×10^4 t。

海洋石油污染并不局限于漏油的油船。大约有46％的海上石油污染起源于汽车、工厂和其它陆地污染源。扩展在海面上的石油阻断了海水和空气的氧交换，使海水缺氧，水生生物会因缺氧窒息、中毒等而死亡，海鸟首当其冲。潜水鸟上浮时，海面上的油污粘在身上，飞翔能力较强的海鸥接触到漂浮在海面上的油膜，石油就会渗入或粘住它们的羽毛,使它们游不动也飞不起。油污还会使羽毛失去保暖性能。如1981年初,英国北海油田钻井和一艘希腊油轮漏油,斯堪的纳维亚半岛一带有数十万只海鸟罹难。

浮游生物和藻类可直接从海水中吸收溶解的石油烃类,而海洋动物则通过吞食、呼吸、饮水等途径将石油颗粒带入体内或被直接吸附于动物体表。生物在吸收后,可能导致生物的畸形或死亡,据研究,当海水中含油浓度为0.01mm/t,孵出的鱼畸形率为25%～40%。海水含油浓度为1mm/t,24小时内大海虾幼体能死亡50%;海水中如含有1%的柴油乳化液,就能完全阻止海藻幼苗的光合作用。侵入海鸟体内的石油化合物还能引起肺炎或使其神经失常,甚至降低鸟卵的孵化率。如果海区被石油严重污染,生物要经过5～7年才能重新繁殖,其后患将持续几十年。

海洋石油污染的气候效应:海洋石油污染是当今人类活动改变下垫面性质的一个重要方面。

由于各种原因倾注到海洋的废油,有一部分形成油膜浮在海面,抑制海水的蒸发,使海上空气变得干燥。同时又减少了海面潜热的转移,导致海水温度的日变化、年变化加大,使海洋失去调节气温的作用,油膜效应的产生,使海洋失去调节作用,导致"污区"及周围地区降水减少,天气异常,产生"海洋沙漠化效应"。特别是在比较闭塞的海面,如地中海、波罗的海和日本海等海面,废油膜影响比广阔的太平洋和大西洋更为显著。

赤潮

赤潮及其危害:赤潮是海水富营养化的表现。是海水中有毒有害藻类和微生物爆发性增长形成的,其危害极大。富营养化是指湖泊、河口、海湾等缓流水体接纳过量的氮、磷等营养物质,使藻类等异常繁殖,引起水体透明度和溶解氧的下降,水质恶化,鱼类和其它水生生物大量死亡的现象。水体富营养化的一个主要表现是浮游生物的大量繁殖,因占优势的浮游生物的颜色不同,大多数情

第四章 土地利用方式的改变与气候变化

况下海水呈现红色,或绿色、褐色、黄色等,这种现象发生在海洋中就称为"赤潮"。赤潮的原凶主要由甲藻、针胞藻、金藻、硅藻、夜光藻和挠足类的夜光虫等构成,其中又以甲藻最为常见。以夜光虫为例。如果 $1m^3$ 海水中其数量超过 10^6 个时,就可以把海水"染"成赤色,浮游生物大量死亡时,也可把海水染红而汇成赤潮。在海洋中,赤潮可呈带状、片状、团状和簇状。

赤潮藻类分有毒、无毒两种。目前世界上已发现赤潮生物150多种,其中30多种含有毒素,我国发现有毒赤潮种类20余种。由赤潮引发的赤潮毒素统称贝毒,目前确定有10余种贝毒,其毒素比眼镜蛇毒素高80倍。

贝毒可以直接毒死海洋生物,一些没有被毒死的海洋生物,由于体内残留有毒物质,一旦被食用会使食用者中毒,甚至死亡。世界上每年就有2000余人因食用了含有赤潮毒素的鱼、虾而死亡。同时,赤潮还能消耗海水中的大量氧气,导致海洋生物缺氧死亡。大量海藻也可以堵塞鱼、贝的呼吸器官,同样可以导致它们死亡。无毒的赤潮也因面积大,遮盖阳光而影响海中生物生长。当这些海藻大量死亡,沉淀海底后,又因分解而消耗水中的溶解氧,使一些海洋生物窒息死亡。

海洋发生赤潮的地方,不仅直接危害这些地区的捕渔、水产养殖业,而且还会影响食品工业和旅游业的发展,使其遭受严重经济损失。世界各国沿海或近海水域因富营养化都发生过不同程度的赤潮现象,且有增无减,损失日渐严重。如1994年3月,在南非西海岸就出现了一股50多年来罕见的赤潮,臭鱼烂虾堆满整个海滩。有些海滩,臭鱼烂虾足足堆有3英尺厚。

据不完全统计,我国沿海自1980年以来,共发生赤潮300多次,大面积赤潮主要集中在东海、渤海和黄海的部分近岸、近海和河口附近海域。1997年10月至1998年4月发生在珠江口和香港海面范围达数千平方公里的赤潮,给渔业生产造成的损失数以十亿元计。近年来我国海域赤潮发生次数逐年增多,发生时间不断提前,主要赤潮生物种类增加。2001年全国海域共发现赤潮77起,累计面积达 $1.5 \times 10^4 km^2$。而1999年和2000年的这一数字分别是15起和26起,3年间增加了5倍多。

发生赤潮的条件: 赤潮的爆发既要有一定的物质基础,也与水文气象条件和海水理化特点有关。

赤潮发生的物质基础: 赤潮的爆发实际上是在一系列物理、化学和生物过程较长时间相互作用而产生的一种自然现象。但近年来赤潮现象频频发生,愈演愈烈。这与海洋污染加剧和气候变暖关系极为密切。海水中不仅生息繁衍着多种海藻、鱼虾、贝类等海洋生物,同时生存着多种浮游生物。一般来说,在环境条件的制约下,赤潮微生物和在生态系统中处于同一生态位的其它浮游生物一样,在种群和数量上处于一定的平衡状态,共同构成了相对稳定的浮游生物群落。当由于某种原因,如水体富营养化、气候变暖等而破坏了这种相对稳定的平衡状态时,一些赤潮生物就会因自身的生理与行为上的特性而显示出竞争上的优势,使生态系统中的物质和能量向着有利于该种种群发展的方向流动,打破环境的制约,形成赤潮。形成赤潮的主要物质基础是海水中有过量的氮和磷等化学物质。由于人类排放到海洋中的工业废水、生活污水以及农药、化肥急剧增加,人类活动产生的大部分废物和污染物最终都进入了海洋。据估计,每年排入海洋的污染物质超过 $200 \times 10^8 t$。如地中海沿岸工业发达的国家,每年要向地中海倾倒 $50 \times 10^4 t$ 冲洗油罐的石油污水,$90 \times 10^4 t$ 含有机氯杀虫剂的废水,$110 \times 10^4 t$ 氮、磷等植物营养物质,约100t汞,3800t铅以及大量生活污水,正在使地中海变成一个巨大的"垃圾场"和"污水罐"。

我国沿海的污染日渐严重,全国排入海洋的污水近 $10^{10} t$,通过不同途径进入我国近海的各类污染物质每年约 $15 \times 10^6 t$。2000年,全国近岸和近海海域水质劣于国家Ⅰ类海水水质标准区域的面积达 $20 \times 10^4 km^2$ 以上,其中劣于Ⅳ类水质的严重污染区面积达 $2.9 \times 10^4 km^2$,近岸和近海环境污染的主要因素是陆源污染。

第四章 土地利用方式的改变与气候变化

海水养殖的自身污染亦是诱发赤潮的因素之一。随着全国沿海养殖业的大发展,人工投喂大量配合饲料和鲜活饵,养殖池内残存饵料随着虾池换水等排入海中,这些带有大量残饵、粪便的水中含有大量含氮化合物,加快了海水的富营养化。大量污染物进入海洋,使海水中的氮、磷等营养物质过剩,即出现富营养化,为藻类的爆发性繁殖生长提供了物质条件,使其增殖加快。特别是在高温、闷热、无风的条件下近岸、半封闭港湾最易发生赤潮。

赤潮爆发的水文气象条件和海水理化特点:氮、磷等是形成赤潮的主要物质基础,而赤潮爆发的诱因则是气温的异常升高。赤潮大多发生在内海、河口、港湾或有上升流的水域,特别是受暖流影响的内海。发生季节随水温等环境因素和浮游生物种类而异,一般以春夏为其盛发期,但在热带和亚热带海区,冬季亦有可能发生。赤潮覆盖面积从几十平方米到数千平方公里,持续时间短者数日,长则可达数十日。据研究,海水温度20~30℃是赤潮发生的适宜温度范围,如果一周内水温突然升高大于2℃,则是赤潮发生的先兆。海水的盐度变化也是促使赤潮生物大量繁殖的原因之一。盐度在26‰~37‰的范围内均有发生赤潮的可能,但是海水盐度在15‰~21.6‰时,容易形成温跃层和盐跃层。温、盐跃层的存在为赤潮生物的聚集提供了条件,易诱发赤潮。监测资料表明,在赤潮发生时,水域多为干旱少雨,天气闷热,水温偏高,风力较弱等水域环境。

1997年11~12月发生在福建省泉州湾的赤潮和1998年3月下旬到4月底的珠江口赤潮,其诱因就是1997~1998年历史上最强的厄尔尼诺引起的气温异常升高。泉州湾赤潮发生于1997年11月中旬,是一起以棕囊藻为主的赤潮,面积达数千平方公里,历时1个半月,直接经济损失达1.8亿元。

通常每年11月以后,在南澎列岛周围都可以见到棕囊藻的胶质囊,但数量一般不大,而且我国东南沿海冬季盛行的东北信风也使漂浮在上层的胶质囊难以侵入到内湾水域。1997~1998年历史上最强的厄尔尼诺引发了全球性的气候异常,我国东南沿海11月后不仅气温偏高,而且东南风频吹,使得棕囊藻的胶质囊在表面海流的作用下向内湾水域不断聚集,最终导致赤潮的大规模发生。1998年3月下旬到4月底的珠江口赤潮是这个区域有史以来规模最大的赤潮,使该海域大多数港湾的网箱养鱼几近全军覆没。

海洋赤潮的防治:采取相应的措施及对策,预防赤潮灾害。

控制污水入海量,防止海水富营养化:携带大量污染物的工业废水及生活污水排放入海是引起海域富营养化的重要原因。采取有效措施,严格控制工业废水和生活污水向海洋排放,减轻海洋负载,提高海洋的自净能力。一是实行排放总量和浓度控制相结合的方法,控制陆源污染物向海洋排放,特别要严格控制含大量有机物和富营养盐污水的入海量。目前环渤海地区采取禁止使用含磷洗涤剂的措施,其中辽宁、山东两省已在全省范围内禁止使用含磷洗涤剂。天津和河北沿海城市也实施禁磷,这是减少磷污染的重要措施之一;二是在工业集中和人口密集区域及排放污水量大的工矿企业,建立污水处理装置,减少水污染物的排放;三是治理水土流失和农村的畜禽粪便污染,减少因农业面源向海洋排放的氮、磷污染物。2001年开始启动的《渤海碧海行动计划》即是综合治理渤海污染的重大行动。

科学合理地开发利用海洋:赤潮多发生于沿岸排污口,海洋环境条件较差,潮流较弱,水体交换能力较弱的海区。为避免和减少赤潮灾害的发生,对海域要进行科学规划,积极保护,科学管理,合理开发。另外,积极推广海水科学养殖技术,加强养殖业的科学管理。

建立海洋环境监视网络,加强赤潮监视:我国海域辽阔,海岸线漫长,有必要开展专业和群众相结合的海洋监视活动,扩大监视海洋的覆盖面,及时获取赤潮和与赤潮有密切关系的污染信息。特别是赤潮多发区,近岸水域,海水养殖区和江河入海口水域要进行严密监视,及时获取赤潮信息。一旦发现赤潮和赤潮征兆,积极采取措施,千方百计减少赤潮危害。

第五章 城市化的气候效应

城市是人类活动最密集的场所,因而对自然的影响最为深刻,城市所在区域原有的农田、草原、荒地被坚硬紧密、干燥又不透水的水泥、沥青、瓷砖等取代,参差不齐的建筑物,使城市的下垫面成为人为的立体下垫面;城市中发达的工业、繁忙的交通、稠密的人口,在消耗大量能源和资源的过程中,释放出热量,排放出颗粒物、SO_2、NO_2、CO 等大气污染物,形成城市特有的气候特征,造成城市环境污染,生态危机。人类力求通过合理的城市规划、城市绿化等措施减少城市化的不良影响。

城市化与城市荒漠化

城市化

城市化:人们把由传统的乡村社会转变为现代先进的城市社会的历史过程称为城市化。过去主要指农业人口转化为城市人口的过程。实际上,城市化是一个复杂的空间形态变化和社会、经济的发展过程。其主要标志是:在空间上城市规模扩大;在数量上,农业人口转变为非农业人口;非农经济代替农业经济;局地生活方式现代化。

城市化发展趋势:当代城市化有三个显著的特点:

一是近几十年来,世界城市化的进程空前加快,更多的国家和地区卷入了城市化的浪潮,城市人口增加的速度加快,在人口总数中所占的比例也越来越大;新的城市不断出现,原有的城市规模本身也在不断扩大,未来城市化的进程将继续得到推进,特别是在发展中国家。1800年世界城市人口占总人口的比重仅为2.5%,而现在已达到了46%,预计2006年世界城市化的水平将达到50%,2030年左右达到60%以上。

二是大城市化趋势明显,大都市带出现。目前世界上人口超过1000万的城市有14个,预计到2015年,人口超1000万的城市将达到27个,中国的上海、北京、天津也居其中。21世纪,每个国家的经济将比现在更大程度上依赖于城市经济。

三是郊区城市化和逆城市化。20世纪50年代后,由于特大城市人口激增,市区地价不断上升,加上人们生活水平提高,追求低密度的独立住宅,以及交通设施的现代化等原因,郊区城市化进程加速。20世纪70年代以来,一些大都市区不仅中心市区的人口外迁,郊区人们迁向更远的农村和小城镇,大都市区出现了人口的负增长,这一过程称为逆城市化。

我国属城市化水平不太高的国家,但发展速度较快。改革开放前我国设立的城市只有172个,如今已增至668个以上,城市化水平从20%提高到31%,但仍然低于世界平均水平15个百分点,比中等收入国家平均水平低27个百分点,比高收入国家低47个百分点。根据对中国经济增长的潜力和中国人口增长的综合分析,预计20年内中国城市化水平将提高到60%左右。届时,中国将是一个"中等城市化的国家"。我国的城市化进程有两个基本特点:一是大中型城市的平面扩张和城市功能的多样化,对全国156个城市的统计分析表明,大中型城市的规划面积扩展了86%,城市功能的多样化也不断推进;二是小型城市的激增,1984~1996年12年期间,中国出现了近4万个小城镇。

城市化地区的特点：从影响局地气候的角度来看，城市化地区具有以下几个特点：

非农业人口高密度聚居的区域：据统计，世界上平均人口密度为8人/km^2，而城市中每平方公里却有数百人乃至数万人。城市的划分，世界上虽然没有统一的标准，但大都以人口的多少为依据，如联合国以2万人作为城市人口规模的下限。我国规定，聚居人口10万以上的城镇，方可设市。

高强度的经济活动区域：城市主要是生产、交换、消费的集中地，是生产力的空间存在形式。它是生产力的发展、社会劳动分工加深、生产资料所有制建立的结果，是社会经济发展历史过程的体现。城市交通发达，工业生产、商品流通和消费水平都很高，使得生产资料、生活资料和能源的使用都高度集中，高速运转，是人类高强度经济活动的所在。

具有特殊下垫面：由于城市的发展，城市所在区域原有的自然环境如农田、草原等发生了根本的变化。人工建筑物、构筑物高度集中，以水泥、砖石、沥青、陶瓦和金属板等坚硬紧密、干燥又不透水的建筑材料代替了原本疏松的、被植被覆盖的土壤或空旷的荒地。人工铺砌的道路，参差不齐的建筑物，使城市的下垫面成为人为的立体下垫面，它们的物质构成和几何形状都与郊区大不相同。城市用地可分成不同的组成部分，如工业用地、商业用地、交通用地、学校用地、仓储用地、公共绿地、园林绿化用地、水面等。各种用地的功能不同，其下垫面的性质也不同。城市布局的形式又是多种多样的，就使得城市下垫面性质的改变更加复杂。

城市荒漠化

城市化是文明的象征，20世纪世界的城市发展给人类带来巨大的物质文明与精神文明，但同时由于城市是土地利用的一种特殊类型，又是人口最集中的区域，因此城市化又可导致大量的问题和破坏。大致包括几个方面：

① 人口膨胀，城市人口的增长超过资源和基础设施的供给，是形成大量"城市病"，如居住环境恶化、交通堵塞等问题的重要根源之一；

② 资源短缺，城市资源中，最突出的是水资源的短缺，城市土地、能源、生物资源也是普遍短缺的；

③ 能源过耗，且区域集中，使城市的空气污染严重；

④ 环境危机，如城市空气污染、水环境污染、噪声污染、生物生产力衰减等。

城市荒漠化是指发生在城市内，由于人口增加和地表性质等的改变而出现的类似荒漠化环境效应的环境有害化过程。其主要表现有：因流经城市的地表径流和湖泊面积减少、地下水位大幅度下降而形成的城市贫水化；因自然土地面积减少和人工不透水地面增加使地面发生变化而形成的地表石漠化；自然绿地面积和生物种类减少造成的荒漠化；环境污染及城市气候的暖干化等。

城市气候

城市气候的形成及影响范围

城市气候的形成：在城市化地区，人类活动对气候的影响，首先是通过对下垫面性质的改变来体现的。

下垫面是气候形成的重要因素。下垫面与空气之间存在着复杂的物质交换和能量交换：

① 下层空气运动的边界面。城市人为的立体下垫面，对太阳辐射的反射率和地面长波净辐射都比郊区小，而其导热率和热容量都比郊区大，蓄热能力比郊区高。但是，因其植被面积小，不透水面积大，储藏水分的能力比郊区低，蒸发、蒸腾比郊区小。下垫面的粗糙度比郊区大。因此在能量平衡和水分平衡上，城市和郊区有明显的差异，使其对空气的温度、湿度、风向、风速都有很大的影响。

②在城市高强度的经济活动中,要消耗大量的能源和资源。在能源燃烧过程和生产工艺过程中,会排放出颗粒物、SO_2、NO_2、CO等大气污染物。当其排放量超过空气的自净能力时,就会造成城市的空气污染,改变大气的组成成分,改变能量平衡,影响空气的透明度,减小能见度,为云、雾的形成提供丰富的凝结核,从多方面影响城市气候。

③在工业生产、生活用能和机动车行驶等消耗能源的同时,还会有一定量的废热排放到环境中,这些人为热使城市比郊区增加了许多额外的热量收入。在高纬度的城市冬季甚至可以大于太阳辐射的热量收入。另外,城市的 CO_2 等温室气体的排放量大,空气中 CO_2 的浓度比郊区高得多,其温室效应也比郊区大得多,这些又都使城市的热量平衡发生了变化。

④城市中还有大量人为水汽的排放,如火电厂的冷却塔等,这又使得城市的水分平衡与郊区不同。

由于上述原因,使城市除了受当地纬度、海陆位置、太阳辐射、大气环流和地形地貌等区域气候因素的作用外,受强烈的人类活动的影响,在区域气候的背景下,形成有别于附近郊区的局地气候。

城市气候的影响范围:城市气候所涉及的范围如图5.1所示。在城市建筑物屋顶以下之地面称为"城市覆盖层",它受人类活动的影响最大。城市覆盖层与街道的宽度、走向、路面铺砌材料、不透水的面积、绿化面积、建筑材料、建筑物的密度、高度、人为热和人为水汽的释放等都有密切关系,该尺度的气候属于小尺度气候。由建筑物屋顶以上到对流云中部这一层可称为"城市边界层",它受城市大气污染物性质、浓度和参差不齐屋顶的热力、动力影响,湍流混合作用显著,与城市覆盖层间交换着物质和能量,并受区域气候因子的影响,属于中尺度气候。在城市的下风向还有一个"城市尾羽层"或可称为"市尾烟气层",这一层中的污染物、气流、气温、降水、云、雾等都受到城市的影响。在"城市尾羽层"之下为"乡村边界层"。在不同的风速下,城市对下风向的影响可达到30km,最大时可达到

100km。但在区域静风条件下,城市又有显著的热岛环流时,城区出现穹隆型尘盖,城市尾羽层就不存在如图 5.2 所示。城市边界层的上限高度因天气条件而异,白昼和夜间不同。在中纬度大城市,常见的情况下晴天白昼可达 1000~1500m,而夜间只有 200~250m;夜晚城市尘盖顶高有时只有 100~200m。

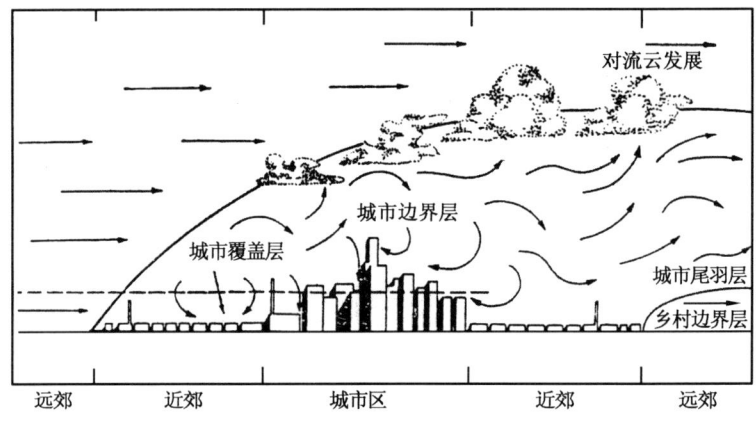

图 5.1 城市大气分层示意图

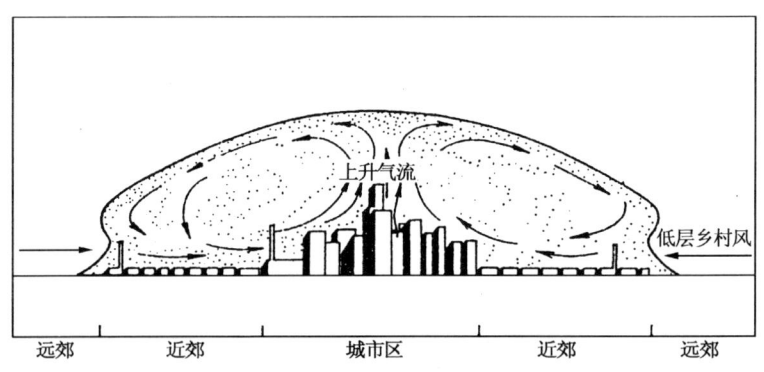

图 5.2 城市大气尘盖示意图

城市气候是指在城市影响下形成的气候,其范围包括城市边界层、城市尾羽层和城市覆盖层。

关于城市化对气候影响的范围，目前还有不少争论。有科学家曾估计，目前全世界城市所占有的面积大约 $10^6 km^2$，仅为全球陆地总面积的 0.2%，估计市面积每年按 $2\times 10^4 km^2$ 的速度增加，在近期内所占地球面积的比例仍然是很小的，因此城市化对全球大尺度气候的影响是不重要的。但也有科学家则认为，城市化对气候的影响远远超出了局地气候的范围，甚至可影响全球气候。这是因为：

第一，许多人为污染物、人为热和 CO_2 的释放对各种尺度的气候都有明显的影响，而它们来源于城市的比重很大。

第二，城市尾羽层覆盖了相当大的面积。这一层内湍流和垂直速度增强，改变了气温和湿度，增加了云量和降水。这些影响可伸及城市下风向 100km。

第三，不少观测事实说明，天气尺度和中尺度天气系统如气旋、锋面经过大城市时，受当地下垫面的影响，其移动路径、强度、速度和其它性质都会发生变化。

第四，许多城市集中分布在一个区域，形成一个大的城市群。这些城市效应叠加在一起，其累积影响是相当大的。

第五，城市化所占地球面积的比例虽然很小，但居住在城市中的人口比重却很大，而且其增长速度很快。

城市气候的特点

如前所述，城市气候是在区域气候背景上，经过城市化后，在人类活动影响下而形成的一种特殊的局地气候。城市气候既有所属区域大气候背景的影响，又反映了城市化后人类活动所产生的作用，因此，不同大气候区的城市气候不尽相同，但也存在一些共同的城市气候特征。许多学者对处于不同地理位置的城市气候进行过深入的研究。在 20 世纪 80 年代初期美国学者兰兹葆曾将城市与郊区各气候要素的对比总结如表 5.1 所示。

我国的周淑贞先生等对城市气候进行过多年研究，他们认为从大量观测事实来看，城市气候的特征可归纳为城市五岛(即浑浊岛、热岛、干岛、湿岛、雨岛)效应和风速减小,风向多变。

表 5.1　城市与郊区气候特征比较

要　　素	市　区　与　郊　区　比　较
大气污染物	凝结核比郊区多10倍,微粒多10倍,气体混合物多5～10倍
辐射与日照	太阳总辐射少10%～20%,紫外辐射:冬季少30%,夏季少5%,日照时数少5%～15%
云　和　雾	云:总云量多5%～10%,雾:冬多1倍,夏多30%
降　　　水	降水总量多5%～15%,<5mm雨时数多10%,雷暴多10%～15%
降　雪　量	城区少5%～10%,城区下风方多10%
气　　　温	年平均高0.5～3.0℃,冬季平均最低高1～2℃,夏季平均最高高1～3℃
相　对　湿　度	年平均小6%,冬季小2%,夏季小8%
风　　　速	年平均小20%～30%,大风少10%～20%,静风日数少5%～20%

城市浑浊岛效应:城市浑浊岛效应主要有四个方面的表现。首先是城市大气中的污染物比郊区多,大气污染严重。关于大气污染问题,可参考本书的第二章。其次是城市大气中因凝结核多,低空的热力湍流和机械湍流又比较强,因此其低云量和阴天日数(低云量8的日数)远比郊区多。如上海1980～1989年城区平均低云量为4.0,郊区为2.9。城区一年中阴天(低云量8)日数为60天,而郊区平均只有31天;晴天城区为132天而郊区平均为178天。欧美大城市如慕尼黑、布达佩斯和纽约等亦观测到类似现象。第三是城市大气中因污染物和低云量多,使日照时数减少,太阳直接辐射 S 大大削弱,而因散射粒子多,其太阳散射辐射 D 却比郊区强。故城区的大气浑浊度因子 D/S 明显大于郊区。在浑浊度因子分布上,城区呈现出一个明显的浑浊岛。第四是城市浑浊岛效应还表现在城区的能见度小于郊区。这是因为城市大气中颗粒状污染物多,它们对光线有散射和吸收作用,有减小能见度的效应。城市的浑浊岛不仅在城市区域明显,在城市尾羽层受城市的影响,也表现出浑浊岛效应。

城市热岛效应:城市中心地区近地面温度经常高于周边地区及郊区,这种现象称为"城市热岛效应",这是城市气候最明显的特征之一。城区气温 T_u 与郊区气温 T_r 的差值 $T_u - T_r$ 称为热岛强度。当天气晴朗无风时,热岛强度更大。例如上海在1984年10月22日20时天晴,风速1.8m/s,广大郊区气温在13℃上下,一进入城区气温陡然升高,老城区气温在17℃以上,好像一个"热岛"矗立在农村较凉的"海洋"上。城市中人口密集区和工厂区气温最高,成为热岛中的"高峰",又称热岛中心。类似此种强度的热岛在四季均可出现,尤以秋冬季节晴朗无风天气下出现频率最高。

世界上大大小小的城市,无论其纬度位置、海陆位置、地形起伏有何不同,都能观测到热岛效应。而其热岛强度又与城市规模、人口密度、能源消耗量和建筑物密度等密切有关。

城市热岛形成有多种因素。下垫面的改变、人为热、温室气体的排放对城市热岛的形成具有重要作用。

首先,是城市下垫面性质与郊区差别很大。同时,由于城市建筑物密集,太阳辐射在墙壁与地面间、墙壁与墙壁间可发生多次反射,因此吸收的太阳辐射能多,而长波辐射的热能损失少,夏季在阳光下,混凝土平台的温度可比非混凝土的地面的气温高8℃,屋顶和路面则高17℃。再加上城市风小,热量不易外散,这些都导致其气温高于郊区。城市地面、建筑材料的导热率和热容量比自然下垫面要大得多,因而城市下垫面的储热量远高于郊区。夜间下垫面温度比郊区高,通过长波辐射供给大气的热量也比郊区多,使城区与郊区的温差在夜间更为明显。

第二,城市下垫面不透水面积大,植被少,可供蒸发的水分少,因此用于蒸散的潜热比郊区少得多,而用于下垫面增温和向空气输送的显热则比郊区多。

第三,在中高纬度城市特别是冬季,人为热的释放也是城市热岛形成的重要因素。如在冬季,莫斯科人为产生的热量是太阳辐射的3倍。

第四,城市空气中存在大量的污染物,温室气体浓度大,它们对地面长波辐射的吸收能力强,增温效应也很明显。

通常城市热岛强度有明显的日变化和年变化。在晴天稳定的天气条件下,多是夜晚至凌晨强,白昼午间弱;冬季强,夏季弱。

城市热岛强度与天气系统和气象条件有密切关系。通常在高压系统的控制下,天气晴好,层结稳定,风力较弱或静风时,热岛强度大。在风速大,空气层结不稳定时,城市和郊区空气的水平和垂直运动的混合作用强,热岛强度小。

城市干岛和湿岛效应:城市的相对湿度比郊区小,有明显的干岛效应。其形成既与下垫面因素有关,又与天气条件密切相关。在白天太阳辐射下,由于城区绿地面积少,可供蒸发的水汽量少,因此下垫面通过蒸散过程进入低层空气中的水汽量小于郊区。特别是在盛夏季节,郊区农作物生长茂密,城郊之间自然蒸散量的差值更大。

城市光污染加剧热岛效应

光污染是指由于光辐射而对生活、工作环境以及人体健康产生的不良影响。它主要来源于日光、灯光以及各种反射、折射光源造成的各种过量和不协调的光辐射。

光污染在影响人体的同时,也在对城市气候产生潜移默化的影响。据深圳气象台的数据,由于城市热岛现象的加剧和全球变暖的影响,10年来深圳的年平均气温提高了2℃,而被戏称为"人造火山"的"元凶"之一就是作为"反光镜"的玻璃建筑物。大面积的建筑物玻璃墙由于反射太阳光,使之辐射到周围地区,导致辐射区气温升高,造成光热污染。为减少光热污染,许多城市,如上海、新加坡等城市都曾出台相关条例对城区内的玻璃幕墙的面积和数量进行限制。

城区建筑物密集、高低不齐,下垫面的粗糙度大,又有热岛效应,其机械湍流和热力湍流都比郊区强,通过湍流的垂直交换,城区低层水汽向上层空气的输送量又比郊区多,这两者都导致城区近地面的水汽压小于郊区,形成城市干岛。

到了夜晚,风速减小,空气层结稳定,郊区气温下降快,饱和水汽压减低,有大量水汽在地表凝结成露水,存留于低层空气中的水汽量少,水汽压迅速降低。而城区因有热岛效应,其凝露量远比郊区少,夜晚湍流弱,与上层空气间的水汽交换量小,城区近地面的水汽压高于郊区,出现城市湿岛。这种由于城郊凝露量不同而形成的城市湿岛,称为"凝露湿岛"。

城区平均水汽压比郊区低,再加上有热岛效应,其相对湿度比郊区显得更小。以上海为例,上海1984～1990年平均相对湿度,城中心区不足74%,而郊区则在80%以上,呈现出明显的城市干岛。

城市雨岛效应:城市对降水影响问题,国际上存在着不少争论。但多数人认为城市有使城区及其下风方向降水增多的效应。周淑贞对上海近30年(1960～1989年)汛期降水的分析表明,城区的降水量明显高于郊区,呈现出清晰的城市雨岛。在非汛期(10月至次年4月)及年平均降水量分布图上则无此现象。

城市雨岛形成的条件是:

①在大气环流较弱,有利于在城区产生降水的大尺度天气条件下,由于城市热岛环流所产生的局地气流的辐合上升,有利于对流雨的发展;

②城市下垫面粗糙度大,对移动较缓的降雨系统有阻障效应,使其移速更为缓慢,延长城区降雨时间;

③城区空气中凝结核多,其化学组分不同,粒径大小不一,当有较多大核(如硝酸盐类)存在时,有促进暖云降水作用。

上述种种因素的影响,会"诱导"暴雨最大强度的落点位于市区及其下风方向形成雨岛。由于城市空气中尘埃和其他吸湿性核较多,在条件适合时,即使空气中水汽未达饱和,相对湿度仅达70%～80%,城市中也会出现雾,所以城市的雾多于郊区。

城市平均风速小、局地差异大、有热岛环流:城市下垫面粗糙度大,有减低平均风速的效应。例如上海市1986～1990年的平均风速比100多年前(1894～1900年)的平均风速要小34.2%。在大范围内,气压梯度极小的天气形势下,特别是晴夜,由于城市热岛的存在,在城区形成一个弱低压中心,出现上升气流。郊区近地面的空气乃从四面八方流入城市,风向热岛中心辐合。由热岛中心上升的空气在一定高度上又流向郊区,在郊区下沉,形成一个缓慢的热岛环流,又称城市风系。这种风系有利于污染物在城区积聚形成尘盖,有利于城区的云和局部对流雨的形成。我国上海、北京等城市都曾观测到此类热岛环流的存在。

此外,城市内部因街道走向、宽度、两侧建筑物的高度、型式和朝向不同,各地所获得的太阳辐射能就有明显差异,在盛行风微弱时或无风时会产生局地热力环流。而当盛行风吹过鳞次节比、参差不齐的建筑物时,因阻障效应产生不同的升降气流、涡动和绕流等,使风的局地变化更为复杂。

城市气候灾害的防御和局地气候的改善

城市大气环境综合整治

城市化除引起局地气候的变化外,还引起整个生态环境的变化。如前所述,不合理或无序的城市化可导致城市荒漠化,而城市荒漠化又反过来影响城市气候。要使城市健康发展,就需要对城市进行科学规划,对环境进行综合整治。

城市生态系统:从生态学观点看,城市化进程的加快得益于自然环境的支撑,但同时自然环境的明显改善又得益于城市建设及基础设施的配套等,显示了城市化进程能够推动本地区的环境、生态建设,但城市化进程过快,则人类活动对环境影响的强度会极大增强。

城市是一个以人类生产和生活活动为中心的,由居民和城市环境组成的自然、社会、经济复合生态系统。城市化出现了诸多问题,如人口膨胀、交通阻塞、资源匮乏、环境污染等,是城市生态系统的失调现象,也是"生态危机"的具体表现。

城市生态系统又可以分为社会生态系统、经济生态系统和自然生态系统三个子系统,各系统下面又可分为不同层次的次级子系统。城市生态系统又是一个多功能的复杂而脆弱的生态系统,只要其中某一环节发生问题,就会破坏整个城市生态环境的平衡,造成严重的环境问题。

> ## 城市经济社会发展要与环境相协调
>
> 世界城市化发展的历史中,经济发展与环境的协调状况有三种类型:
>
> 第一类城市,特别注重经济与环境的协调发展。如新加坡是近二三十年崛起的这类城市的一个成功典范。他们在改造旧城时就注意到人口、资源、环境的统筹兼顾,使其在经济不断发展的同时建设成花园式的国际大都市。
>
> 第二类城市,是先污染后治理类型,如伦敦、东京、洛杉矶等较早发展起来的大都市,分别在50年代前后出现过世界级的城市公害。其根本原因是工业、商业及人口过分集中于市区所致。后来经过多年改造,以巨大的经济投入才避免了这些污染事故的重演。
>
> 第三类城市,是以牺牲环境为代价,只顾发展经济的城市。他们承受着人口的巨大压力,在城市化迅速发展过程中一些城市虽然成为这些国家的经济发展中心,但失控的城市发展导致最肥沃的农田减少,空气、水、噪声和固体废弃物严重污染,市政给排水、住房、道路及公共设施不足,城市居民的生活和健康受到极大影响。
>
> 城市要持续发展,必须选择环境与经济协调发展之路。

城市是我国环境保护的重点区域:随着社会经济的发展,中国的城市化进程加快,城市在经济发展中处于稳定的主导地位。但目前大多数城市生态系统都超负荷承载,部分城市环境质量差。

在1999年统计的338个城市中,66.9%的城市达不到国家环境空气质量二级标准;工业和城市生活污水排放量 401×10^8 t,水体污染严重,特别是经过城市的河流和城市内的湖泊污染更为严重;淡水资源短缺,不少城市超采地下水,已引起地面沉降等环境地质问题;多数城市地下水受到一定程度的点状和面状污染;城市生活垃圾增多,噪声污染严重等。城市的环境污染和破坏严重,已成为环境保护的重点。城市化引起的环境问题及对植物的影响见图5.3。

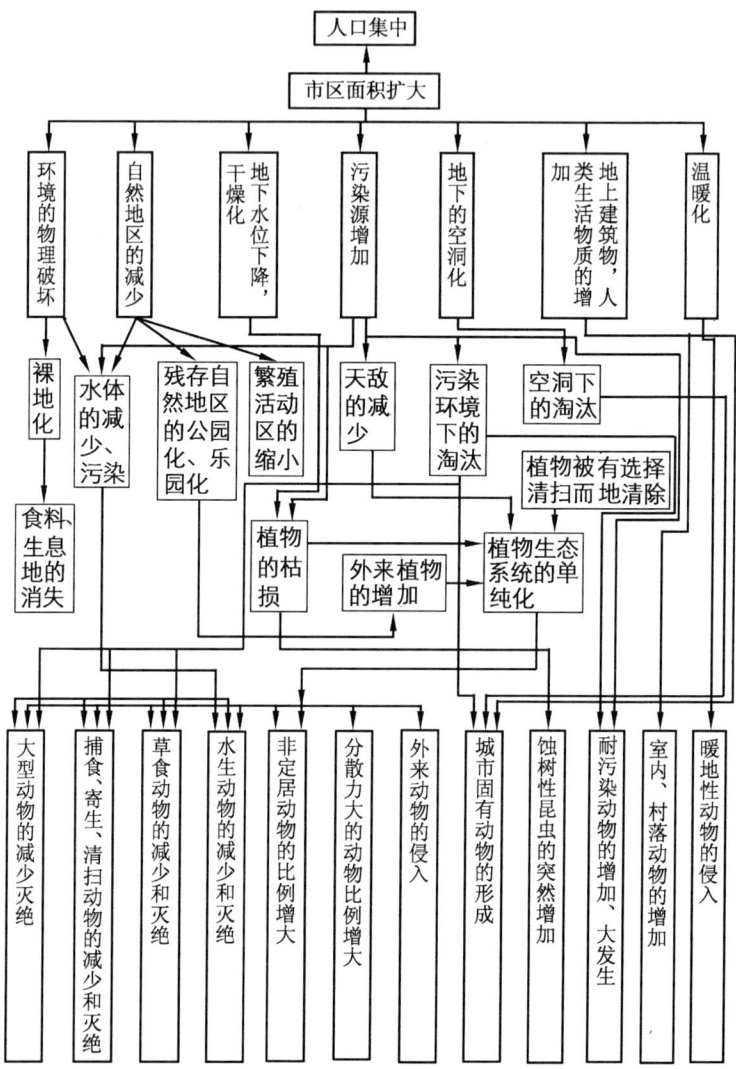

图 5.3 城市化引起的环境问题及对动植物的影响

城市环境恶化的原因是多方面的,如产业结构、工业布局、能源结构等。

城市性质定位不够准确：城市性质不同，发展方向也就不同，对环境产生的影响不同，要求的环境质量也不同。长期以来，由于片面强调变"消费城市"为"生产城市"，搞"小而全"、"大而全"，不加区别地强调发展工业，特别是重工业。结果城市的性质、规模、结构和布局失去控制，发展方向不合理，导致城市环境的严重污染和恶化。

城市规划布局不尽合理：在城市规划布局时没有充分考虑自然条件和环境，致使城市的总体规划布局不尽合理，功能区不明确。例如，由于历史原因或其它原因，有些废气污染严重的企业布置在城市的上风向；一些水污染严重的企业布置在水源地或水源地的上游；工业区和居民区混杂等。

城市基础设施不配套：城市的基础设施是城市生态系统赖以生存和发展的一般条件。城市环境基础设施如道路交通、给排水系统和污水处理设施、集中供热和连片供热系统、城市环境卫生系统、生活垃圾无害化处理设施、城市绿化系统等的建设远落后于城市规模的膨胀，降低了城市环境容量，也使城市环境的自净能力低下。

工业污染严重：在工业发展中，产业结构和能源结构不合理，生产工艺、设备落后，资源、能源消耗量大，利用率低，污染治理设施不健全，运转不正常。

中国城市发展的目标：中国城市无论在数量或规模上，在21世纪（特别是前半期）仍将处于增长的态势中。21世纪理想的中国城市应该是：经济、社会、环境协调发展的，可持续发展的城市；以高新技术为基础的高效能、高效率城市；宜人居住环境的可居性城市；具有高度文化素质的文明城市。我国城市发展的一般目标为：根据具体的情况和条件来确定适当的人口规模和增长速度，合理利用城市土地，高效的经济发展，健康的社会发展，宜人的居住环境，便捷的交通通信，主要的城市资源土地、水源、能源等节俭消耗，清洁的空气水体，完善的历史保护，安全的防卫体系，协调的城乡发展。

城市大气环境综合整治：城市大气环境综合整治就是以城市生态理论为指导，以发挥城市综合功能和整体最佳效益为前提，运用系统工程的方法，对制约城市大气环境质量的因素，采取多功能、多目标、多层次的综合对策和措施，综合治理，总体调控，以尽可能小的投入进行经济建设、城市建设和环境建设，争取最佳的环境、经济、社会效益，实现城市生态系统的良性循环。

城市环境综合整治的基本做法是：

科学确定城市的性质和发展规模：城市性质是指各城市在国家经济和社会发展中所处的地位和所起的作用，指各城市在全国城市网络中的分工和职能，如综合性城市、工业城市、交通枢纽城市、金融商贸城市、风景旅游城市等。城市的性质应该体现城市的个性，反映其所在区域的政治、经济、社会、地理、自然等因素的特点。城市是一个综合有机体，其职能往往是多方面的，城市性质只能是主要职能的反映。不同的城市具有不同的城市性质，城市性质确定后，再据此确定城市的人口数量、工业结构和工业生产规模。

因地制宜进行城市规划和布局：城市规划是城市协调发展的总体框架，可使城市生态系统及各个子系统之间达到高度有序化，是城市环境保护的有力措施。城市总体布局是从城市的实际用地条件出发，按照各项城市建设用地的要求，在城市发展性质、规模、主要建设项目、有关总体规划经济技术指标、城市发展用地选择等大体明确的前提下，对城市土地利用作出具体的落实和配置，即从宏观角度出发，在城市规划范围内统筹安排，协调全市各建设项目用地，使其分布趋向合理。

协调城市经济结构：城市的经济结构影响着城市生态系统的物质流、能量流。在经济总体目标相同的条件下，不同的经济结构，其资源消耗和污染物排放差别很大。重污染型与轻污染型工业相比，每单位产值消费的能源相差几十倍到上百倍，排放的烟尘相差十几倍到上千倍，排放的 SO_2 相差几倍到上百倍。因此，在确定城市的规模和性质后,城市规划的首要工作就是协调城市的经济结构,使之达到良性运行状态。城市产业结构是经济结构的重要组成部分,它可以体现城市的性质和发展水平。可以通过优化组合,调整产业结构,使城市产业结构符合城市功能、性质的要求,并逐步推进产业结构的高级化。调整城市的产业结构,还包括在工业区内设计合理的"工业链",使资源、能源得到充分利用。在经济技术允许的范围内,逐步改善能源结构,尽量选择清洁能源。

合理进行城市功能分区:城市的总体布局除受城市性质、规模和经济结构的影响外,还受城市的地形、气象等自然条件的制约。由于城市是由许多系统组成的综合体,在布局时,一般将城市按功能性质和环境条件划分为布局合理、相互联系的若干功能区,如居民区、商业区、工业区、仓储区、车站(港口)区、旅游区以及行政中心区等。各个功能区对环境质量的需求不同,对环境的影响也不同,在规划布局时要合理进行城市功能分区。城市规划和布局不合理,造成的环境污染往往是难以逆转的,因此对此必须高度重视。

城市总体布局结构应清晰、协调:各组成部分之间力求完整,避免穿插。不要将不同功能的用地混淆在一起,使功能区划分过分零乱,相互干扰。应巧妙利用有利的自然条件和原有基础条件,突出各区特色。

合理布局城市工业:在工业布局上,应考虑工业结构和工业项目的位置选择。合理的工业结构布局,就是按照不同的环境要求,如人口密度、能源消费密度、气象、地形条件,来安排部署工业的发展。如:对于风速比较小、静风频率比较高、扩散条件比较差的地区,不宜发展有害气体和烟尘排放量大的工业。工业建设项目的布局选址也很重要。废气排放量大的企业不宜在上风向建厂,废水排放量大的企业不宜建在靠近水源地和河流的上游。在老城区的改造中,要逐步将污染严重的企业迁移到郊区,"腾龙换业",以减少市区的污染,当然在迁移的同时要强化污染源的治理,不能使污染也迁移到郊区。

城市高温灾害的防御

一般把气温高于35℃定为炎热日,把日最高气温大于37℃的天气称为"酷热日"。我国高温灾害性天气的标准为:长城以南:最高气温≥38℃,或者最高气温达35℃,同时绝对湿度≥34hPa;长城以北,最高气温≥36℃,或者最高气温达33℃,同时绝对湿度≥32hPa。全球变暖,世界各地热浪频发,再叠加上城市热岛效应,城市的高温灾害更加频繁而突出。

城市高温灾害造成的损失是多方面的。就以对人体的影响来看,在高温下,中暑的人数大幅度增加,心脑血管病、心脏病、呼吸系统病和消化系统病的死亡率也与热浪袭击有关。

人体能耐多热?

一般地说,人体的耐热本领还是相当强的。我国吐鲁番地区的最高气温曾超过49℃,有些国家的气温可达到50到60℃,仍能活下来。试验证明,在相当干燥的空气中,健康人能在50℃的高温中呆上2个小时,在70℃的高温中呆上15分钟,在100℃的高温中呆上1分钟,而不受任何损害。人体的热感还与空气湿度有关。当气温高于28℃,绝对湿度(以水汽压表示)大于30hPa时,人就会感到又闷又热。据实验,如果在45℃的湿空气中呆上1小时,就会发生中暑昏迷。相比之下,体内生热就受不了,超过正常体温通常就是有病。体温若超过42℃,体内的某些蛋白质就可能凝固,生命自然难以维持,所以体温计的最高度数也只有42℃。

尽管人体有良好的体温调节本领,但这种本领毕竟有限。当气温和湿度高达某一界限时,人体的热量散不出去,体温就要升高,以致超过人的忍耐极限,造成死亡事故。根据广州市近10年的人口死亡资料分析,在最高气温达到34℃时,死亡人数显著增加。广州夏季温度不到34℃时,日平均死亡37人,超过34℃时,日平均死亡41人。很明显,高温天气尤其是超过或达到34℃时,是造成夏季死亡人数增加的原因之一。

死于中暑的人都属"热死"。"热死人"的事件几乎每年都有报道。所以,盛夏季节要防止阳光直射头顶,搞好防暑降温。同时,夏天不能老呆在空调房里,也要主动地去适应热环境,通过发汗来维护和强化机体的散热功能。

可以通过以下途径减低城市的热岛强度,防御城市高温灾害:

减少人为热和温室气体的排放量:盛夏季节是利用太阳能的最有利时机,尽量利用太阳能,减少煤炭、燃料油的使用量,并且大力发展风能、水力能等。提高能源利用率,减少人为热和温室气体的排放。

增大城市下垫面的反射率:在夏季用浅色涂料粉刷城市建筑物和构筑物的外表面,可降低其表面温度。

增加城区水域面积和喷水、洒水设施:这一措施是使城区下垫面的蒸发量增多,以耗去一部分热量,从而降低城市下垫面的温度,削弱地气间的显热交换。

北京给城市热岛降温
——提高绿化覆盖率,扩大水域面积,减少大气污染

2002年入伏后北京气温居高不下,柏油铺成的马路向外散发着热气。在滚滚热浪下,越来越多的洒水车溅射出点点水花,试图降低空气的燥热。

由于城市化发展,城市中的地面结构发生变化,钢筋混凝土的建筑物幕墙、水泥地面、柏油马路对热的吸收、辐射要远远大于自然状况下的土地,导致城市的许多区域就像一个个热源岛屿。一般情况下,没有绿化的广场温度要比绿化好的绿地高出3~5℃。城市面积扩大,导致受热岛效应影响的范围在逐步增加。北京正在通过加强绿化、扩大水域面积、减少大气污染来缓解城市热岛效应。

增加绿化面积,可以缓解城市热岛效应。据测试,在同等气象条件下,城市绿化覆盖率在10%以下的区域热岛效应很强;绿化覆盖率30%~40%,热岛效应为中度;而绿化覆盖率60%以上,热岛效应将会消失。北京正在增加绿化率,到2008年北京市绿化覆盖率将达40%~45%,届时北京的城市热岛效应将得到明显缓解。

扩大水域面积也能缓解热岛效应。水面可以吸收大气中的热量,在蒸发时又可以降低地表附近的温度。使用洒水车降温时,初时感觉闷热,是由于空气中湿度增加,等到水汽散发到高空后,地表的温度将会明显降低。北京市有关部门正准备让市内盖板河露天,用以增加水域面积,缓解热岛效应。

除此之外,限定汽车尾气的排放,减少了污染气体对热红外的吸收,也能缓解热岛效应。

扩大城市绿地覆盖率:城市绿化首先有遮阳蔽阴作用,如常用的行道树悬铃木树冠下的日射强度仅为空地的25%以下。其

次,绿地的蒸发蒸腾作用可耗去大量潜热。据统计,一颗成年的阔叶树一天蒸发380kg水,相当于每天耗去963kJ的热量。第三,通过植物的光合作用,吸收大量二氧化碳,放出氧气,减低空气中二氧化碳的含量,使近地面温室效应减弱。

合理布局城市建筑：根据城市地理环境,确定道路网的方位、宽度、建筑物朝向、间距等,使城市建筑物得到合理的日照和辐射,又便于自然通风,改善局地小气候条件。

城市绿化与局地气候的改善

城市绿化的多重效益：城市绿化能调节气温,增加湿度,调节碳氧平衡,提供新鲜空气,减弱温室效应,减轻城市大气污染,降低噪声,防御风沙,美化环境,其多方面的效益已众所周知,本书不再赘述。

搞好城市绿化工作,创造优美环境：搞好城市绿化,创造优美环境,需要注意以下几个问题。

构建绿地系统构架：搞好城市绿化是一项庞大的系统工程。只有树立"大环境"意识,通过科学分析论证,建立适合本市规模、分布均衡、功能强、设施完善的绿地系统构架。一座城市应有几条纵横交错的绿化带,使市区既分隔、又联系在一起；市区各主要区域应有与本区域人口数量相适应的区域园林；郊区应有既与城市紧密相联又能随城市建设发展而同步发展的"城市森林",包括林场、苗圃、果园、花圃、各类防护林带等等。如上海实施"环、楔、廊、园"城乡一体化绿化发展方针,提出了"把森林请到上海来"的构想,要在3年内把6万棵直径15cm以上的大树移到上海来,要建设500m宽、100km长的环城森林带,建成覆盖苏州河全河段的绿色走廊。

因地制宜：城市园林绿地规划必须结合城市特点,因地制宜,与城市总体布局统一考虑。如北方城市以防风沙、水土保持为主；南方城市以遮阳降温为主；工业城市要注重卫生防护绿地作用；风景城市绿地系统要注意与名胜古迹、河湖山川结合；小城镇绿化努力与周围自然环境相连。

重视道路绿化：道路用地在城市用地中占有较大比重，道路绿化是城市绿化的重要组成部分。要合理选择适合本地区的行道树，要充分利用分车带、隔离带、交通岛、桥头绿地等。

提高效能，充分发挥已有绿地作用：充分发挥利用已有绿地效能是城市绿化工作的一个重要方面。首先要"科学用地"。同样面积的草坪与树林对环境的影响是不同的。树林由于有着高大的树冠，其调节气候、制造氧气、吸尘杀菌、隔离噪声等功能都远大于草坪。在建筑物较密集、绿化地面较少的地域，宜多植较大树冠的树木，在树下也可结合植以草坪。单一的草坪在美化环境方面有着独特的作用，在空间较开阔、绿化地面较大的地域，为丰富绿化环境，可增设单一的草坪。第二是"立体绿化"。所谓立体绿化就是充分利用藤蔓植物设置篷架、绿篱、绿墙，还包括住宅阳台盆栽植物、房顶绿化等。

专家指出城市绿化存在三个误区

城市绿化是城市重要的基础设施，是城市现代化建设的重要内容。我国城市绿化工作虽然取得了显著成绩。但是绿化面积总量不足，发展不平衡，绿化水平还比较低。目前全国城市人均公共绿地仅为 $6.25m^2$，其中 134 个城市不足 $3m^2$，31 个城市不足 $1m^2$。为此，我国今后一个时期城市绿化的任务和工作目标确定为，到 2005 年，全国城市规划建成区绿地率达到 30% 以上，绿化覆盖率达到 35% 以上，人均公共绿地达到 $8m^2$ 以上，城市中心区人均公共绿地达到 $4m^2$ 以上。

业内专家指出，在实现工作目标的同时，城市绿化工作要纠正三方面的误区：

一是纠正重草轻树的误区。种草坪投资大，养护费工费力，综合效率不如种植树木，必须切实纠正一些城市热衷于种草坪，尤其在绿化广场中草多树少的现象。要在园林绿化建设中大力提倡乔、灌、草、藤有机结合；

二是纠正重外来树种、轻本地树种的误区。城市绿化树种的选择应因地制宜，要求以乡土植物为主，树种、花种要适宜本地生长，以外来树种作为必要的点缀；

三是纠正重视移大树、轻视栽大苗的误区。从别处移栽大树，既破坏别处的生态环境，又不易保证成活率，劳民伤财，得不偿失。加快城市绿化效果应通过栽大苗的办法来解决。

花园建在屋顶上

现代都市中,摩天大楼组成的钢筋水泥"丛林"不断扩张。鸟语花香、绿草茵茵成为都市人逐渐逝去的回忆。然而,日本和美国独出心裁,把花园搬上了房顶。

东京是世界上人口最密集的城市之一,空余空间小,只有几个为数不多的由国家管理的公园,除此之外市区的土地几乎全部为钢铁水泥所占据,想要提高植被覆盖率相当困难。近年来,随着人们环保意识的日益加强和对生活环境要求的不断提高。东京人打起了绿化"钢铁"和"水泥"的主意,出现了兴建屋顶花园和墙上"草坪"的热潮。许多业主在设计大楼时都考虑在屋顶修建花园,而设在高层楼上的餐厅饭馆也在凉台上修建了微型庭院,位于东京赤坂的大型综合设施"阿克海姿"建筑群就是一个典范。它的屋顶上建起了一座数千平方米的屋顶花园,花香袭人、绿树成荫,乔木灌木错落有致,假山流水别有风情。走进其间,仿佛置身于南国园林。现在只要登上东京的摩天大楼,就会发现不仅街道两旁、房前屋后种满绿树红花,周围许多建筑物也"头顶花园,身披绿装"。日益增多的屋顶花园和凉台上的微型庭院已成了东京的新景观。

无独有偶,美国环境保护军为降低城市热岛效应和减少烟雾,计划在芝加哥市的几幢高楼顶上修建屋顶花园。第一座屋顶花园打算铺草或种些小型植物。

修建楼顶花园对建筑物来说好处众多,可以缩小温度变化幅度,防止建筑物裂纹;减少紫外线辐射,延缓防水层劣化;能节约能源,美化环境。同时,还具有调节城市温度和湿度、改善气候、吸收二氧化碳、释放氧气、吸附污染物质、净化大气等效果。

为此,日本政府决定鼓励修建楼顶花园。东京都城市建设管理部门规定,在兴建大型建筑设施时必须有一定比例的绿化面积,楼顶花园可以作为绿化面积使用。从 1999 年度开始,日本政府决定对修建楼顶花园的业主提供低息贷款。如果建筑面积在 $2000m^2$ 以上、楼顶花园面积占楼顶总面积 40% 以上,不仅可以得到修建楼顶花园所需资金的低息贷款,而且其主体建筑也可享受部分低息贷款。

城市"噪光"危害与防治

城市"噪光"污染:所谓噪光是指对人体心理和生理健康产生一定影响及危害的光线。噪光带来的污染就叫光污染。

国际上一般将光污染分成三类,即白亮污染、人工白昼和彩光污染。不少商店和建筑物用大块镜面式铝合金装饰的外墙、玻璃幕墙等形成的光污染属于白亮污染；夜间一些大酒店、大商场和娱乐场所的广告牌、霓虹灯、大城市中设计不合理的夜景照明等，强光直刺天空，使夜间如同白昼，这属于人工白昼；舞厅、夜总会安装的黑光灯、旋转灯、荧光灯以及闪烁的彩色光源则构成了彩光污染。

有关专家指出，光污染这一长期被人们忽视的污染源有可能成为21世纪直接影响人类身体健康的又一环境杀手。

最近，意大利和美国的科学家研究小组通过研究卫星提供的有关全球居民区和工业区光污染降低夜空能见度的资料后发现，全球有2/3地区的居民看不到星光灿烂的夜空，尤其在西欧和美国，高达99%的居民看不到星空。昔日儿歌中的"星光照亮大地"的歌词意义已不复存在，现在到处耀眼的路灯、建筑照明、灯箱广告等造成的光污染使得人们在夜晚已难以看到美丽的星空。

在我国，这种情况也不同程度地存在着，并且有越演越烈之势。近年来，随着经济的飞速发展，城市建设突飞猛进，城市夜景照明建设热火朝天。城市更亮了，夜色更美了，但是光污染在这些"光环"的笼罩下一直被人们忽视。正处于发展阶段的各城市，在建设过程中普遍存在"越来越亮"、"你比我亮，我比你更亮"的误区。

"噪光"污染源：70年代末至80年代初，国外开始大量使用一些新型建筑材料，以这些材料制成的镜面建筑很快在西方风行起来，并于80年代传入我国。在我国深圳、广东、上海、北京等大中城市，大面积采用玻璃幕装饰建筑外墙面随处可见。然而，由此造成的白光污染却是人们始料不到的。镜面建筑物玻璃的反射光比阳光照射更强烈。

据测定，镜面玻璃的反射系数达82%～90%，比毛面砖石类外装饰建筑墙面的反射系数大10倍左右。1996年，上海出现了第一起因城市建筑物玻璃幕墙折射引起光污染的环保投诉，随后各地有关玻璃幕墙光污染的投诉不断增多。除玻璃幕墙外，建筑物的釉面砖、磨光大理石以及家装中普遍采用的各种装饰材料，户外闪烁的各色霓虹灯、广告灯和娱乐场所的彩色光源,也都可能对我们的身体健康和周围的环境造成各种不良影响,甚至家庭用灯、电视、电脑等也是造成光污染的污染源。

据测定:一般白粉墙的光反射系数为69%～80%,特别光滑的粉墙和洁白的书簿纸张的光反射系数高达90%,比草地、森林或毛面装饰物面高10倍左右,这个数值大大超过了人体所能承受的生理适应范围,构成了新的污染源。

光污染还有一个往往被人们忽视的种类,就是书写的白纸。近距离读写使用的书本纸张越来越白,越来越光滑,在这个"强光弱色"的局部视环境中,人眼受的光刺激很强,视觉功能不能充分发挥,眼睛特别容易疲劳,这是造成近视的重要原因。

"噪光"污染的危害:在光污染中受害的首当其冲是眼睛。瞬间的强光照射会使人们出现短暂的失明现象,普通的光污染也会造成人眼的角膜和虹膜的伤害,抑制视网膜感光细胞功能的发挥,从而引起视疲劳和视力下降。

在缤纷多彩的灯光环境呆的时间长一点,人们或多或少会感觉对心理和情绪上的影响。刺目的灯光让人紧张,人工白昼使人难以入睡,扰乱人体正常的生物钟。如1996年8月,上海市10多户居民联名状告居住附近的"高层邻居",原因是这些高楼大厦外墙装饰的玻璃幕墙大面积强烈光,炎炎夏日,太阳光被反射到居民室内,不仅光亮刺眼,而且造成室内急骤升温,对其正常生活和工作造成严重影响。

医学研究发现,人们长期生活或工作在逾量或不协调的光辐射下,会出现头晕目眩、失眠、心悸、食欲下降和情绪低落等神经衰弱症状。而作为夜生活主要场所的歌舞厅中的光污染危害更是让人触目惊心,使长期在歌舞厅活动和工作的人正常细胞衰亡,出现血压升高、体温起伏、心急躁热等各种不良症状。

不适当的灯光设置对交通的危害很大,事故发生率会随之增加。特别是幕墙玻璃像一面巨型的镜子,在太阳光的照射下,熠熠闪光,严重影响街道上的车辆和行人的交通安全,北京的一些司机反映,下午4时许从西往东经过西客站,强烈的反光刺激得眼睛都睁不开,若不警惕,这种光污染造成的交通事故恐怕就难以避免。

"噪光"污染引发事故的情况也时有发生。如在德国柏林,1987年曾发生一场大火,警方在建筑物内部始终未找到起火原因,最后终于发现对面高层玻璃幕墙产生的聚光才是真正的"元凶"。1996年11月,北京朝阳区一辆停放在商场旁边的小轿车,因正好被玻璃幕墙反射的太阳光照射,加上镀膜玻璃安装不平整,造成聚光效果,把轿车上的门橡胶密封条烤化到"流泪"。

过度的城市夜景照明危害正常的天文观测,专家估计,如果城市上空夜间的亮度每年以30%的速度递增,会使天文台丧失正常的观测能力,这已成为困扰世界天文观测的一个难题。建于1675年的英国格林威治天文台近年来就为此所困扰。

人工白昼还会伤害鸟类和昆虫,强光可能破坏昆虫在夜间的正常繁殖过程,许多依靠昆虫授粉的植物也将受到不同程度的影响。

"噪光"污染的防治:关注视觉污染,改善视觉环境,已经刻不容缓。关于光污染,各国关注程度不同,法律约束差别也非常大。在欧美许多国家,曾经有过城市亮化的兴盛期,亮化之后察觉到了危害,接受了深刻的教训,不少国家已经有了针对光污染的一些法律条文。例如,欧美一些国家,早在20世纪80年代末就开始限制在建筑物外部装修使用玻璃幕墙。不少发达国家或地区已明令限制使用釉面砖和马赛克装饰外墙,如新加坡立法规定建筑外墙面积的90%必须使用环保材料。我国现在开始认识光污染的危害,但还没有相应的法律法规。

在光污染的防治方面,要尽快建立健全法律法规,采取综合治理措施。限制使用反射系数大的装修、建筑材料,加强对广告灯和霓虹灯的管理,控制使用激光装置等。公众个人应自我保护,要尽量避免在噪光污染的环境中久留。对无法避开的外界强光源,设法在房间里安装百叶窗或双层窗帘以调节光线。

噪光影响健康

"噪光",顾名思义,就是干扰人们正常活动、使人感到厌烦恼怒,进而对人的身心健康产生一定影响乃至危害的光线。噪光,其实是一种视觉污染。

许多高楼大厦的"外包装",几乎都是大面积的玻璃幕墙,它美观、轻盈,特别适合高层建筑。但玻璃幕墙也会形成较强的反射光、聚焦光,影响人的身心健康,是"噪光"的一种。当楼外的人平视或仰视到玻璃幕墙时,总会觉得头昏目眩、厌倦烦躁、情绪低落,尤其在太阳光经玻璃幕墙反射后,对人的眼睛刺激最大,容易使眼角膜和虹膜受到损伤;当强光聚到视网膜时,还可能引起视网膜烧伤,轻者也会使眼睛的调节能力减弱,从而导致视觉模糊、视力下降,白内障的发病机率也会提高。

英国剑桥大学研究人员实验证明,五光十色的霓虹灯,耀眼刺目的强光波,能导致生物体内大量细胞遗传变性,使不正常的细胞增加,扰乱肌体自然平衡,引起人们头晕、烦躁、失眠等"光害综合症"。

要减少夜间"噪光"的危害,首先不要过多设置夜光风景点,加强对广告灯和霓虹灯的管理。作为普通居民,要尽可能减少在光污染地带长期停留。

在城市规划中要立足生态环境的协调统一,对广告牌和霓虹灯应加以控制和科学管理,在建筑物和娱乐场所周围,要多植树、栽花、种草和增加水面,以便改善光环境,注意减少大功率强光源,力求使我们的城市风貌和谐自然,让人们能够生活在一个宁静、舒适、安全、无污染、无公害的优美环境中。

第六章
关爱环境，善待地球

在人地关系中，人类活动起主导作用，"天行有常"，自然规律不可替代。人类在其发展历史中，饱尝了违反自然规律而受到的自然的惩罚，20世纪以来，随着科学技术的发展和经济规模的扩大，人类赖以生存的地球遭到了前所未有的破坏，地球和人类共同面临着生存的危机。环境问题的严峻挑战，促使人类反思自己的行为，人类开始觉醒，并规范自己的行动，逐步走向绿色文明。

让我们共同珍惜地球家园！

"生物圈2号"的启示

"生物圈2号"实验

科学家们将人类休养生息的地球称为"生物圈1号"。为了试验人类离开地球能否生存，美国从1984年起在亚利桑那州图森市以北沃洛克镇的沙漠中建造几乎密封的"生物圈2号"试验基地，于1991年5月建成,占地面积 $1.28hm^2$,容积 $20.4\times10^4m^3$。亚利桑那州光照强烈,生境相对荒凉,有些类似于太空的环境。

"生物圈 2 号"试验基地外观是一个巨型钢架玻璃建筑物,其内部是模仿大自然的人工生态环境系统。在这个建筑物内,设有生活区、农作物区、热带雨林区、草原区、海洋区、沼泽区和沙漠区,还有人造山脉。圈内有土壤、水源、空气,还有各种农作物、花草、果树、牲畜、鱼类和微生物等动植物共有 3800 多种。这里除阳光和能源来自外界之外,饮食起居的一切均来自生物圈内。

"生物圈 2 号"虽然与外界隔绝,但可以通过电力传输、电信和计算机与外部取得联系。居民们在与世隔绝的生态环境中从事环保研究和科学实验,探求生物圈内生态环境变化过程。科学家们希望这个模拟地球环境的实验室能提供足够的食物、水和空气。

"生物圈 2 号"的运转是基于地球生态系统中能量流动和物质循环的原理,其简要过程可以用一种特制的被称"生态球"的密封玻璃球来演示。

"生态球"里面装着淡水、空气、绿藻植物、一种似虾状节肢动物、蜗牛以及一些浮游生物和微生物。这些生命及其所在的环境是与外界完全隔绝的,其中的绿色植物利用空气中的二氧化碳和水分在阳光下进行光合作用合成有机物并供给氧气,动物食植物或其碎屑,微生物及浮游动物将死亡的动植物或排泄物分解后生成二氧化碳和矿物质,开始新的循环。

经过严格的筛选,由 4 男 4 女组成的科学家队伍进入"生物圈 2 号"开始研究工作,他们中有海洋学家、植物学家、气象学家、机械工程专家及医学专家等。

第一阶段的实验持续了两年,第二阶段换人后进行了半年就被迫停止了。这是因为还不到一年半,这个生态系统就出现了问题,"生物圈 2 号"的生态环境状况急转直下。"生物圈 2 号"内空气中氧浓度从 21% 下降到 14%,二氧化碳和二氧化氮的含量却直线上升,工作人员几乎无法呼吸,不得不由外界向生物圈内注入氧气。放在圈内的25种脊椎动物,死去了19种;蜜蜂和其他可以传授花粉的昆虫大多数灭绝了,靠昆虫传授花粉繁殖的植物因此断了后代,而牵牛花藤疯长,黑蚂蚁爬满了建筑物的金属框架,蟑螂儿孙满堂。科学家们被迫提前撤出这个"伊甸园","生物圈2号"的实验以失败告终。

今天,"生物圈2号"已无人居住,成为既是游览胜地又是进行教育活动的场所。哥伦比亚大学加强了对试验的研究力度,实验的内容有所扩大。从2000年开始,他们利用数码技术记录植物的生长情况,以便研究植物的生长过程。学生们在"生物圈2号"上生动有趣的"地球课",学习人类栖息的生态环境知识。实验还要进行10年(巴斯曾要求进行100年)以便有充足时间观察圆顶屋内的野生动植物的生长规律。

"生物圈2号"失败的原因分析

实验结束后,科学家们对"生物圈2号"的失败原因进行了总结,认为主要原因有:

元素化学循环平衡失调:"生物圈2号"封闭以后,人们的呼吸、饮水、食物等均来自圈内的绿色植物及其与光、土壤、大气、海洋、动物、微生物组成的生态系统。然而由于设计时,土壤、大气、海洋的比例与"生物圈1号"的比例相差甚远,动物和人的呼吸、土壤及其微生物释放出的CO_2大大超过了植物所能利用的数量,而海洋来不及将多余的碳通过无机盐的形式固定下来;植物制造的O_2又被大量的呼吸及分解过程消耗甚多。

同时,N_2O的浓度也在上升。O_2浓度降低、N_2O和CO_2浓度几度超过警戒水平。以CO_2在空气中的体积比为例,1991年6月为500×10^{-6},到1992年2月达2500×10^{-6},1993年2月升至4000×10^{-6}。而地球上的CO_2浓度仅为350×10^{-6}!O_2浓度从21%一度下降到了14%,不得不从外界补充O_2。N_2O的体积比增加到79×10^{-6}。

氧、碳、氮、氢是最重要的生命元素,它们的平衡失调使"生物圈2号"的试验不能再继续。

物种关系失调:"生物圈2号"内的生态系统是由地球生物圈过分简化而来的。虽然设计者们把地球上的热带雨林、热带荒漠、萨瓦那群落、红树林、温带农田、海洋等类型的生态系统"搬进"了"生物圈",然而所搬进的主要是生态系统的第一性生产者——植被,并未把相应的动物、真菌、微生物等群落也按比例搬来。

例如,热带雨林中没有大型动物,引进土壤时带来蚂蚁及蟑螂的卵却在此大量繁殖。动物及科学家们虽是植物的消费者,然而人只能吃农作物和动物蛋白,饲养动物的食物也多来自作物秸秆。而几个主要类型的生态系统,尤其是热带雨林植物在很高的CO_2浓度下生长的非常繁茂;由于缺乏相应的消费者和分解者而大量积累,引进的藤本植物如牵牛等在高CO_2浓度环境下疯长,危及其他植物与农田。蜜蜂和其他可以传授花粉的昆虫大多数灭绝了,传授花粉繁殖的植物不能正常授粉。引进的25种脊椎动物中,有19种消失。

水循环失调:为除去水体中的过量营养元素,设计者们采用了藻类植物,但大量生长的藻类植物处理非常困难。因为内部雨量调节的失调,荒漠区变成了草原区,加重了水分循环的失调。且顶部温度比预想的高得多,水循环加快,饮用水来不及净化。内部海洋面积在减少,出现了水危机。

食物短缺:尽管第一批进驻的"生物圈人"都是能够适应各种恶劣环境并有充分思想准备的科学家,然唯缺少种地的"农民"。尽管"生物圈"里农田区占了很大的比例,但种出的麦子、水稻却不结籽,粮食供给遂成问题。

这并不是因为"生物圈"里的环境条件不适宜种植,而是因为"生物圈人"不善种地。在第二次实验中,1名农学院毕业的大学生作为"生物圈人"进驻后,打出的粮食反倒吃不完了。

"生物圈 2 号"的启示

"生物圈 2 号"试验虽然失败了,但它的教训却是我们值得珍重的财富,而它的失败也正是对地球人类最好的警示。

"生物圈 2 号"最宝贵的经验和教训就是:到目前为止,还没有发现一种环境和功能像"生物圈 1 号"(地球)那样完美的可替代的生态系统,即使用最好的生态学知识,用最新的现代高新技术知识,有充足资金作后盾,营造完全封闭的像地球那样完美的人工生态系统仍是十分困难的,甚至是不可能的。即使是地球上最恶劣的环境也比完全脱离地球环境的人工生态系统更容易适应生物的生存。

地球生物圈的大气、土壤、海洋、生物群落之间是经历了极其漫长的岁月后达到高度和谐的。"生物圈 2 号"虽然使地球上不同地理起源的动植物和微生物在沙漠上安了家,然而,种间的竞争、互利、协调发展等关系却是人工所难以模仿的。

任何大规模的生态环境工程和人类改变自然的活动都要特别慎重,要充分研究和预防人类活动对环境可能造成的不良影响。我们在自然面前已经走过不少弯路,再也不能让违背自然规律的现象发生。

"生物圈 2 号"的设计思想及其对人类未来生存环境的超前忧患意识也给人们以宝贵的启示,如发表在 1998 年 2 月《科学》杂志上的一篇论文,指出随着"生物圈 2 号"内 CO_2 含量的增加,人造海洋中珊瑚的生存受到了威胁。这表明,"生物圈 2 号"为研究全球气候变暖如何影响生态系统提供了一个理想平台。目前已有多项与全球气候变化有关的研究项目正在"生物圈 2 号"开展,吸引了不少世界一流的科学家。

"生物圈 2 号"是地球的一个缩影。地球面临的全球环境变化问题,其后果可在"生物圈 2 号"的实验中看到或体验到。像"生物圈 2 号"内部生物所面临的问题,同样可能是地球人类所要面临的。

人类与地球环境

人类与环境

只有一个地球：在浩翰的宇宙中,地球是渺小的一员,质量只有太阳的 1/330000,而太阳又仅是银河系 1000 多亿颗恒星中的一颗。现代天文望远镜可以观察到 100 亿光年到 200 亿光年的范围,发现了 10 亿个以上像银河系那样的星体,但就目前所知,在宇宙中只有地球生长着高等生物。因此地球是一个既普通又十分特殊的星体,它能够提供给生命和人类繁衍的条件是其他星体难以具备的,大自然赋予人类得天独厚的生存和生活条件。

美国生态学家史蒂文生曾经说过:"我们都是一艘脆弱的航天飞船上的乘客,作着同一旅程,我们依赖它有限的水分及土壤生存,与它存亡与共。"如果从漆黑无垠的宇宙看地球,它不过是浩瀚空间的一叶孤舟,如同沿着固定的轨道绕太阳旋转的一艘"航天飞船"。这位生态学家的比喻贴切而富于哲理,在太阳系的周围,人类没有近邻可以互相召唤,地球这艘飞船不可能找到可以停靠的"基地",不存在人类可以迁居的天外"绿洲"。

从宇宙宏观上看,人类只有一个地球,地球是人类的共同家园。地球是很脆弱的,人类也是很脆弱的,人类不能自毁家园。

人与环境的和谐：人与气候的关系是人地关系的重要组成部分,而地球自然环境是人类赖以生存和发展的自然基础。在人地关系中,人类活动起主导作用,但"天行有常",自然规律不可替代,不可改造。

人类发展的历史,就是认识自然,利用自然的历史。人与环境的和谐就是在人类与环境的相互作用中取得一种相互协调、相互平衡的状态,人与环境的和谐程度大致可包括适应生存、环境安全、环境健康、环境舒适和环境欣赏 5 个层次。

适应生存：适应生存是一切生命存在的基本条件,也是人类与环境和谐的最低层次。在适应生存条件下,人们仅能够勉强维持基本的生理需求,生存状况与其它动物没有太大差别。目前世界上大多数国家早已解决了适应生存的问题,但并不意味着该问题彻底解决,除了一些国家和地区还挣扎在基本温饱的边缘外,人口剧增、资源耗竭、生态环境破坏使人类仍然面临着难以适应生存的问题。

环境安全：环境安全建立在适应生存的基础上。人类与威胁环境安全的灾害之间的斗争,伴随着人类发展的全过程。过去人类面对的主要是自然因素形成的灾害,而目前,环境污染、生态破坏等人为灾害已经成为或正在成为人类最终实现环境安全的巨大威胁。

环境健康：环境健康是指人类与环境相互作用过程中,环境系统功能正常,环境质量良好,人类身心健康,生命质量有保障。环境污染是对环境健康的直接威胁,严重影响环境质量和人体健康。

环境舒适：环境舒适代表着人类与环境之间更高的和谐程度,需要较高的经济社会发展水平、良好的环境和生态作为基础,要有舒适的人居环境和良好的发展空间。

环境欣赏：是当人类的物质需求已经得到相当充分的满足时,精神需求就成为人类生产和生活中的主要内容。

环境规律：制约人类发展的规律有五类,即：自然规律、社会规律、经济规律、技术规律和环境规律。如图 6.1 所示,每一个圆圈代表一类规律,圈内是符合该类规律的人的行为集合,五类规律概化为五个圈。人类在实现自己特定目标时,往往要受到多种规律的制约。

规律的作用可以表现为三种状态,规律的作用方式和目标一致者称为协同,规律的作用方式和目标相反者称为拮抗,规律的作用方式偏离目标称为偏离。显然,协同者是实现目标的动力,拮抗者是实现目标的阻力,偏离者是实现目标的离心力。规律作用的状态与人类实现预定目标所选择的途径有关。

在多种规律的共同作用下,为了实现既定目标,需要寻找使得各种规律都成为协同者。人类要实现可持续发展的战略目标,其行为必须同时遵循这五大规律,即五律协同。

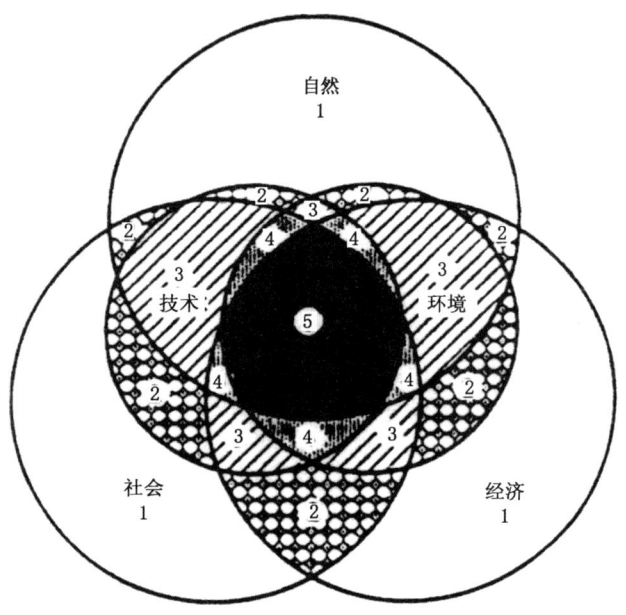

图 6.1　规律协同示意图(引自左玉辉,2002)

环境规律是人类与环境相互作用的规律。人类的社会活动和经济活动只要违背了环境规律就会使环境恶化。生态学的基本规律,即:相互制约和相互依赖的互生规律、相互补偿和相互协调的共生规律、物质循环转化的再生规律、物资输入与输出的平衡规律、相互适应和补偿的协同进化规律、环境资源的有效极限规律,它们也适用与人类和自然的关系。

图 6.2 概括地表示了生态平衡同人口、资源、环境等的关系。问题的关键是人口的控制及人类与自然关系的协调。

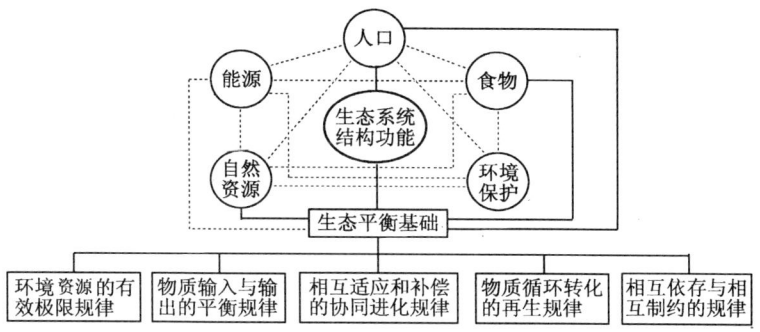

图 6.2 生态平衡与环境问题的关系示意图

全球环境变化是人类面临的共同挑战

当前,包括气候变化在内的环境问题仍然突出,全球环境变化是人类面临的共同挑战。而很多对气候变化脆弱的社区和地区同时也面临着人口增加、资源耗尽和贫穷的压力。正如1999年9月联合国环境规划署发布的由30个环保研究机构,850名有关专家联合撰写的《2000年全球环境展望》报告所指出的,在过去30年中,虽然国际社会在环保领域取得了一定成绩,但全球整体环境状况持续恶化。贫困和过度消费导致人类无节制地开发和破坏自然资源,是造成环境恶化的罪魁祸首。目前,全世界61亿人口中有35亿居住在低收入国家。在许多发展中国家,过度开发自然资源,造成环境不断恶化,进一步加剧了贫困。另一方面,占世界总人口五分之一的发达国家,个人消费占全球的90%,同时还消费着世界58%的能源、45%的鱼肉和84%的纸张,这种消费方式不仅给地球资源带来了沉重压力,而且消费所产生的大量温室气体和废弃物等也对全球环境构成了巨大威胁。报告认为,由于世界各国解决当前全球面临的重大环境问题的步伐落后于环境恶化速度,21世纪环境发展将面临严峻挑战。

消除贫困、发达国家改变消费方式、加强环境管理、增加环保投资以及减免发展中国家的债务是遏制全球环境恶化趋势的先决条件。社会、经济和环境是可持续发展中的三个支柱,缺少任何一个支柱都将导致可持续发展战略的崩溃。正如联合国环境规划署执行主任特普费尔指出的,人类目前正处于发展的十字路口,人类的未来掌握在自己手中,今天所作的抉择将决定自己和子孙后代生活在什么样的环境之中。

"活着的地球"还能活多久?

2002年7月9日世界自然保护基金会(WWF)发表了2002年度《活着的地球》报告,提出了"地球活力指数"和"全球生态影响指数"两个最重要的参考指数并分析了它们近30年来的变化。"地球活力指数"所取的是森林、淡水和海洋生物多样性3个相互独立的环境参数的平均值,是反映全球自然生态系统状况的一支晴雨表。

报告指出:2000年的"地球活力指数"比1970年下降了37%。其中森林物种总量指数是指282个生活在森林生态系统中的鸟类、哺乳类和爬行类动物种群,在近30年间下降了15%;淡水物种总量指数是指195个生活在湖泊、江河和湿地等淡水生态系统中的鸟类、哺乳类、爬行类、两栖类和鱼类动物种群,其总量在近30年间下降了54%;海洋物种总量指数是指217个生活在海岸和海洋生态系统中的鸟类、哺乳类、爬行类和鱼类动物种群,1970年至2000年下降了35%。

"全球生态影响指数"反映了人类对可再生资源的消耗情况。自1961~1999年,该指数增长了80%,已经超过了地球生物最大负荷的20%。报告估计,如果按照目前消耗自然资源的速度和全球人口增长速度测算,未来人类对自然资源的"透支"程度将以每年20%的速度不断增加。这意味着到2050年,人类所要消耗的资源将是地球生物潜力的1.8至2.2倍,换句话说,到那时,可能需要两个地球才能满足人类对于自然资源的需求。但是,我们有两个地球吗?报告严厉批评了发达国家的浪费生活模式是导致地球自然资源被高速耗费的主要原因。如果这种趋势不改变,到2050年,全球海洋渔产资源将枯竭,能吸收人类所排放的CO_2的原始森林将被完全摧毁,大量水源被污染,干净水源变得极为稀少,人类赖以生存的地球资源环境将岌岌可危。要想制止这一趋势、达到可持续发展,首先要提高生产商品及服务的自然资源使用效率;其次要有效地使用消费资源,采用更为节约的消费方式,同时要重新重视高收入国家与低收入国家之间的不同消费层次;其三,要通过提高全球教育和健康水平来控制人口增长;其四,为了维护生物多样性和保持生态服务性的功能,必须要首先保护好、管理好自然生态系统。

人类环境保护史上的三个路标

环境问题的严峻挑战,促使人类反思自己的行为,人类开始觉醒,并规范自己的行动,逐步走向绿色文明。在人类环境保护史上有三个路标,标志着人类前进的里程。

第一个路标是 1972 年斯德哥尔摩人类环境会议:

工业革命后,随着科学技术和商品经济的迅猛发展,人类生产力水平有了极大提高,世界出现了前所未有的"增长热"。这种高速的经济增长,不仅加剧了通货膨胀、失业等固有的社会矛盾,而且加剧了能源危机、环境污染和生态破坏等更为广泛而严重的问题。

1962 年,蕾切尔·卡逊的《寂静的春天》一书出版,书中列举了大量污染事实,指出:人类一方面在创造高度文明,另一方面又在毁灭文明,环境问题如不解决,人类将"生活在幸福的坟墓之中"。

1972 年由罗马俱乐部编写的《增长的极限》一书,借助系统动力学模型,得出了"零增长"下"全球均衡"的结论。这个结论虽然过于悲观,但却促使人们重视全球性战略问题的研究,提醒人们注意地球的承载能力。

联合国人类环境会议就是在这种背景下召开的,这次会议将环境问题严肃地摆在了人类的面前,唤醒了世人的警觉,标志着全人类对环境问题的觉醒。这次会议通过了《人类环境宣言》。

《人类环境宣言》为了保护和改善人类环境所规定的基本原则,成为世界各国制定环境法的重要根据和国际环境法的重要指导方针。

为联合国人类环境会议提供的非正式报告《只有一个地球》,是第一本关于人类环境问题的最完整的报告。报告不仅论及污染问题,而且还将污染问题与人口、资源、工艺技术影响、发展不平衡,以及世界范围的城市化困境等联系起来。

《人类环境宣言》节选

- 人类环境对于人类的幸福和对于享受基本人权,甚至生存权利本身,都是必不可少的。
- 保护和改善人类环境是关系到全世界各国人民的幸福和经济发展的重要问题,也是全世界各国人民的迫切希望和各国政府的责任。
- 在现代,人类改造环境的能力,如果明智地加以使用的话,就可以给各国人民带来开发的利益和提高生活质量的机会。如果使用不当,或轻率地使用,这种能力就给人类和人类环境造成无法估量的损害。
- 在发展中国家,环境问题大半是由于发展不足造成的……因此发展中的国家必须致力于发展工作,牢记他们优先任务和保护及改善环境的必要。为了同样目的,工业化国家应当努力缩小他们自己与发展中国家的差距。
- 我们在决定在世界各地的行动时,必须更加审慎地考虑它们对环境产生的后果……为了这一代和将来的世世代代,保护和改善人类环境已经成为人类一个紧迫的目标,这个目标将同争取和平、全世界的经济与社会发展这两个既定的基本目标共同和协调地实现。
- 为实现这一环境目标,将要求公民和团体以及企业和各级机关承担责任,大家平等地从事共同的努力。各地方政府和全国政府,将对他们管辖范围内的大规模环境政策和行动,承担最大的责任。
- 为筹措资金以支援发展中国家完成他们在这方面的责任,还需要进行国际合作。种类越来越多的环境问题,因为它们在范围上是地区性或全球性的,或者因为它们影响着共同的国际领域,将要求国与国之间广泛合作和国际组织采取行动以谋求共同的利益。

《宣言》还规定了在保护和改善人类环境方面应采用的共同观点和共同原则。

第二个路标是 1992 年里约联合国环境与发展大会:

第一次联合国人类环境会议之后,人类更加广泛和深入地开展了对环境与发展问题的探索。

1987 年,联合国委托以布伦特兰夫人为主席的世界环境与发展委员会(WCED)提交的著名报告《我们共同的未来》,提出了一种崭新的理念——可持续发展战略思想。尽管人类探索的脚步没有停止,但由于人类行动过于缓慢,全球的环境状况却在日趋恶化。

20世纪80年代,人们相继发现了"全球变暖"、"臭氧层空洞"和"酸雨沉降"等全球性的环境问题,这些问题与人类的生存休戚相关。

在这种背景下,1992年6月在巴西里约热内卢召开的联合国环境与发展大会,是人类环境与发展史上影响深远的一次盛会。在这次会议上通过并签署了五个重要文件:《里约环境与发展宣言》、《21世纪议程》、《气候变化框架公约》、《生物多样性公约》和《关于所有类型森林问题的不具法律约束的权威性原则声明》。里约热内卢会议使世界各国对可持续发展达成了共识,并在发展中开始付诸实施。虽然推行可持续发展战略方针的道路崎岖而漫长,但重要的是找到了前进的道路和方向。

《21世纪议程》简介

里约环发大会通过的《21世纪议程》的基本思想是:人类正处于历史的抉择关头。我们可以继续实施现行的政策,保持着国家之间的经济差距;在全世界各地增加贫困、饥饿、疾病和文盲;继续使我们赖以维持生命的地球的生态系统恶化。不然的话,我们就得改变政策,以改善所有人的生活水平,更好地保护和管理生态系统,争取一个更为安全、更加繁荣的未来。对此,任何一个国家都不可能光靠自己的力量取得成功。只有全球携手,才能求得持续发展。因此,各国必须制定和组织实施相应的可持续发展战略、计划和政策,以迎接人类社会面临的共同挑战。

《21世纪议程》内容分为四个部分,即经济与社会的可持续发展、资源保护与管理、主要群体的作用和实施手段。这四个部分也是组成全球可持续发展战略系统的四个子系统。在四个子系统之下各设若干章(共40章)以阐述每一可持续发展方面的方案领域和行动。其主要内容包括:
- 加速发展中国家可持续发展的国际合作和有关的国内政策;
- 消除贫困;
- 改变消费方式;
- 人口动态与可持续能力;
- 保护和促进人类健康;
- 促进人类住区的可持续发展;

- 将环境与发展问题纳入决策进程；
- 保护大气层；
- 统筹规划和管理陆地资源的方法；
- 制止砍伐森林；
- 脆弱生态系统的管理——防治荒漠化；
- 脆弱生态系统的管理——可持续的山区发展；
- 促进可持续农业和农村的发展；
- 生物多样性保护；
- 对生物技术的环境无害管理；
- 保护海洋资源；
- 保护淡水资源的质量和供应——对水资源的开发、管理和利用采用综合性办法；
- 有毒化学品的环境无害化管理，包括防止在国际上非法贩运有害废料；
- 危险废物环境无害化管理，包括防止在国际上非法贩运危险废料；
- 固体废物的环境无害化管理以及同污水有关的问题；
- 对放射性废料实行安全和环境无害化管理；
- 采取全球性行动促进妇女可持续的公平的发展；
- 青年和儿童参与可持续发展；
- 确认和加强土著人民及其社区的作用；
- 加强非政府组织作为可持续发展合作者的作用；
- 支持《21世纪议程》的地方当局的倡议；
- 加强工人及工会的作用；
- 加强工商界的作用；
- 科学和科技界；
- 加强农民的作用；
- 财政资源及其机制；
- 环境无害化和安全化技术的转让、合作和能力建设；
- 科学促进可持续发展；
- 促进教育、公众意识和培训；
- 促进发展中国家能力建设的国家机制及国际合作；
- 国际体制安排；
- 国际法律文书及其机制；
- 决策资料。

以上38条加上第一部分和第三部分的序言，共40章，构成了《21世纪议程》的全部内容。

第三个路标是 2002 年 9 月约翰内斯堡可持续发展首脑会议：

里约环发大会之后，国际社会在可持续发展领域出现了许多积极的变化，主要表现在：

①《生物多样性公约》和《荒漠化公约》等诸多环境公约相继生效；

②各国政府将可持续发展纳入本国经济和社会发展战略；

③各国际组织致力于可持续发展，联合国成立了可持续发展委员会，联合国系统内外的许多机构都将其经常性活动与实施《21世纪议程》结合起来；

④可持续发展的观念逐步深入人心，全民环境意识大大增强，关心并参与保护环境的人与日俱增；

⑤国际社会从总体上对各项环境问题的研究更加深入，政策措施日益具体化。

近10年来，尽管出现了一些积极变化，但是总体上全球环境恶化的趋势仍没有得到扭转，全球环境形势依然严峻。在发达国家，温室气体和废物的排放仍在增加；浪费型的生产和消费模式基本上没有改变。许多经历了快速经济增长和城市化的国家，空气和水污染也在恶化，对人类健康的危害大大增加；酸雨和越境空气污染已经从发达国家蔓延到发展中国家，成为许多发展中国家的突出问题。如果不能及时采取行动的话，气候的变化将会带来灾难。在世界许多地方，持续的贫困加剧了自然资源的退化和荒漠化的发展；越来越多的人受到饮用水不足的困扰；生物多样性急剧减少。环境恶化已直接威胁到全球的经济和社会发展。

国际上在有关环境的合作方面，各国因自身利益不同，有关权益和义务方面矛盾交错复杂，特别是发达国家与发展中国家的矛盾。如在实施《气候变化公约》的谈判中，美国拒不履行公约规定的义务，同时违背公约原则，要求发展中国家承担减排温室气体的义务，使形势复杂化。里约环发大会确立了"共同但有区别的责任"原则，要求发达国家提供"新的和额外的资金"，然而，多数发达国家并未履行承诺。

为进一步推动里约会议所倡导的全球伙伴关系和可持续发展战略的实施,2002年8月26日至9月4日在南非约翰内斯堡举行了可持续发展世界首脑会议。这次会议以"人、星球和繁荣"为主题,对里约环发大会以来世界可持续发展方面取得的成就和遇到的障碍进行评价,制定出切实有效的行动计划,为实现全球可持续发展提供新的动力,其重点是化计划为行动。会议通过了两份主要文件:《可持续发展世界首脑会议执行计划》和《约翰内斯堡可持续发展承诺》。《约翰内斯堡可持续发展承诺》是政治宣言,各国领导人在《承诺》中,郑重表达了实施可持续发展的承诺,将联合采取行动以"拯救地球,促进人类发展,并实现共同的繁荣与和平"。发达国家承诺履行1992年环境发展大会上承诺的"共同而有区别的责任",发展中国家首先是消除贫困,在发展经济的同时,保护好环境和生态。《执行计划》是一个涉及到可持续发展各方面的综合性行动计划,提出了一系列新的、更具体的环境与发展目标,并设定了相应的时间表。该计划分为十章,分别是:序言、消除贫困、改变有悖于可持续发展的消费和生产方式、保护和管理实现经济和社会发展的自然资源、全球化世界的可持续发展、健康与可持续发展、小岛发展中国家的可持续发展、非洲国家的可持续发展、执行方法和实施可持续发展的机制框架,其中最后两章突出了这次峰会化语言为行动的宗旨。此次首脑会议促使可持续发展尽快变成了现实,使可持续发展道路将为所有人服务,包括富人和穷人,今天的一代和未来的子孙。

在约翰内斯堡举行的可持续发展世界首脑会议上,朱镕基代表中国政府向世界宣告中国坚定不移地走可持续发展道路的决心,并阐明了中国政府促进可持续发展的5点主张,即:深化对可持续发展的认识;实现可持续发展要靠各国共同努力;加强可持续发展中的科技合作;营造有利于可持续发展的国际经济环境;推进可持续发展离不开世界的和平稳定。

共同而有区别的责任

在《里约宣言》中清楚地阐明了各国在环境问题上负有"共同但有区别的责任"原则,在约翰内斯堡可持续发世界首脑会议上又重申了这一原则。"共同但有区别的责任"原则是指,发达国家和发展中国家对全球环境问题上负有共同的责任,都应承担义务,但发达国家对造成目前环境恶化状况负有更大责任;应该援助发展中国家在环境问题上的努力。具体地说,"共同但有区别的责任"的要求是:

(1)发达国家必须改变目前不可持续的发展方式,包括改变现有的不可持续的生活方式,减少自然资源的浪费,减少排放有毒有害物质,在"可持续发展"方面率先做出表率。

(2)发达国家通过资金援助和技术转让帮助发展中国家在经济上得到发展,从而使发展中国家在经济发展的基础上有能力保护和改善环境。

(3)国际组织及机构采取措施,保证贸易和经济发展的公平性,以维护发展中国家的利益。

(4)在经济发展与环境保护的一些关系上,如环境与贸易问题、知识产权与环境技术转让问题以及保持当地传统文化等问题上,必须尊重发展中国家的发展需求与权利,不能以环境为借口对发展中国家的经济发展和贸易设置壁垒。

可持续发展

"牧童经济"与"宇宙飞船经济"

人类社会的发展需要利用自然和环境资源,而自然和环境资源又是有限的。为了从根本上解决这一矛盾,必须在未来建立一种新经济方式。

英国著名的经济学家K.E.博尔丁提出两种经济模式,一种是现有的对自然界进行掠夺、破坏式的经济模式,称之为"牧童经济";另一种是未来应建立的模式,叫做"宇宙飞船经济"。

"牧童经济"："牧童经济"实际上就是传统发展模式。"牧童经济"是一个生动比喻,使人们想到牧童在放牧时,只管放牧而不顾草原的破坏。传统发展模式的主要特点就是大量地、迅速地消耗自然资源,把地球看成取之不尽的资源无限度的索取,同时,造成废物大量累积,使环境污染日益严重。

科学家们警告说:"人类不再是在吃地球的利息,而是在吃地球的老本了。"显然,"牧童经济"这条路不能再走下去了。

走出传统战略的旧框架、旧体系,创立新思维、新体系和新战略,走可持续发展之路就成为未来发展的唯一选择。唯此,才能摆脱人口、环境、贫困等多层压力,提高其发展水平,开拓更为美好的未来

"宇宙飞船经济":博尔丁认为,"牧童经济"将会被"宇宙飞船经济"所代替。我们知道,科学家在设计宇宙飞船时,非常珍惜飞船的空间和它所携带的装备和生活必需品,在飞船中,几乎没有废物,即使乘客的排泄物也经过处理、净化,变成乘客必需的氧气、水和盐回收,再给乘客使用。如此循环不已,构成一个宇宙飞船中的良性循环的生态系统。

"宇宙飞船经济"就是根据这一思想而提出的。它把地球看成一个巨大的宇宙飞船,除了能量要依靠太阳供给外,人类的一切物质需要靠完善的循环来得到满足。

事实上,地球上的生命生生不息的奥秘,就在于地球是一个自给自足的生态系统,它在太阳能的推动下,日复一日,年复一年地进行着物质的周期循环,不需要补给什么东西,也没有多余的废物。生命就是在这川流不息的物质循环中得以体现。

"宇宙飞船经济"就是把这一生态学观念应用于人类社会的经济模式,要求人类按照生态学原理建造一个自给自足的、不产生污染的经济或生产体系,其内部具有极完善的物质循环和更新的性能。因此"宇宙飞船经济"就是"可持续发展"的经济道路。

生态球的启示

在一个晶莹剔透的玻璃球里，盛着清水、绿色的水藻、五颜六色的珊瑚和空气，有几只金黄色的小虾在水中游弋。这个直径为10cm的玻璃球已完全封闭，既不能输入氧气，也无法放进食饵。然而，与世隔绝的小虾仍然像生活在江河中那样游来游去，并不感到缺氧和食物的威胁。有的小虾已在玻璃球中生活了4年多。这是为什么呢？

原来，囚禁在玻璃球里的小虾与水、空气、水藻以及肉眼看不见的细菌，加上外界的阳光，形成了一个微妙的生态系统。人们把这种玻璃球称为生态球。它是由美国宇航局实验室的科学家研究出来的。目前，生态球不仅成了一种热门的室内装饰品，而且还是学校里新的教具。

生态球内的生态平衡，对解决宇航员在飞船中实行自给自足的生活有很大的启示。自从宇宙飞船腾空而起开发太空存在着一系列的技术问题，其中最伤脑筋的是如何解决人在飞船中的生活问题。如果人们要在飞船中工作一年或更长的时间，势必要带上大量的食物、水和氧气，并处理好人的排泄物如粪便、汗水、尿、二氧化碳等。这些都是令人棘手的事。

人在自然界生活，靠自然界提供食物，人的排泄物，也靠自然界来处理，人与植物、动物、微生物等构成了一个物质循环体系。那么，在飞船中是否也可以形成一个完整的循环体系呢？现在，科学家已设计出废物还原的宇宙旅行船装置，可以把起飞时所携带的食物、水、空气在使用后，通过废物还原过程而不断地重复利用。

例如，用化学过滤器把船员呼出的二氧化碳和水蒸气收集起来；用蒸馏或其他方法从人的粪便中回收尿素、盐和水分；把处理过的干粪用紫外线进行消毒杀菌，连同收集的二氧化碳和水喂给生长在水箱中的海藻，通过光合作用，海藻把二氧化碳和粪便中的含氮化合物转变为有机物和氧气，供船员们食用和呼吸。据计算，只要在起飞时给每个船员带上110kg的海藻，这个系统的运转就能无限地满足船员们生存所需要的全部食物和氧。

这就给我们以宝贵的启示。从太空看地球，地球不也是一艘宇宙飞船吗？如果地球也采用"废物还原装置"，不是就可以既不弄脏地球，又可以持续利用资源而没有资源枯竭之患了吗？

人类，作为"宇宙飞船"的驾驶员，将珍惜地球上的一草一木，把地球驶向光辉灿烂的未来。

可持续发展

可持续发展：在解决环境问题的长期探索中，人类逐渐认识到，单纯依靠污染控制技术解决不了日趋复杂和广泛的环境问题，只有按照生态可持续性和经济可持续性的要求，改革传统发展模式，包括对生产和消费模式作出重大变革，控制人口，改变现有技术和生产结构，减少资源消耗，人类才有可能实现自身的可持续发展。

在《我们共同的未来》一书中，将可持续发展定义为"既满足当代人的需要，又不对后代人满足其需要的能力构成危害的发展"。

可持续发展强调的是环境与经济的协调，追求的是人与自然的和谐，其核心思想就是经济的健康发展应该建立在生态持续能力、社会公正和人民积极参与自身发展决策的基础之上。其目标是不仅满足人类的各种需求，务使人尽其才，物尽其用，地尽其利，而且还要关注各种经济活动的生态合理性，保护生态资源，不对后代人的生存和发展构成威胁。

可持续发展是指导人类走向绿色文明的重要指南，也是解决环境与发展问题的唯一出路。可持续发展是一个包括了经济、社会、技术各项变革的长期动态过程，它要求世界各国根据自身的自然、经济、社会和文化的条件和特点，探求可持续发展的道路。中国是一个环境大国，解决好自己的发展与环境问题将是对世界最大的贡献之一。

可持续发展已成为中国的国家战略。中国的可持续发展战略是建立在转变传统经济增长方式和深化、扩展环境保护战略基础上的。

中国的可持续发展：中国的可持续发展包括5个支持系统，即生存支持系统、发展支持系统、环境支持系统、社会支持系统和智力支持系统。其中环境支持系统是实施可持续发展的限制条件。

可持续发展战略的五个支持系统

根据中国科学院可持续发展研究组的研究,中国可持续发展包括五个支持系统,即生存支持系统、发展支持系统、环境支持系统、社会支持系统和智力支持系统。

生存支持系统:生存支持系统是实施可持续发展战略的基础条件,它以供养人口并保证其生理延续为标志。任何社会,如果不能提供最基础的生存支持系统,也就不可能满足人类各高水平的发展需求。因此,良好的生存支持系统是启动和加速发展支持系统的前提。

发展支持系统:发展支持系统是实施可持续发展的动力条件。其基本特点表现为:人类已不满足直接利用自然状态下的初级生产力,而是应用多要素的组合能力,生产更多的产品,形成庞大的社会分工体系,以满足人类更多、更高的需求。生存支持系统和发展支持系统是相互衔接的,一般是先有生存,后有发展,没有生存,就没有发展。

环境支持系统:环境支持系统是实施可持续发展的限制条件,它是生态缓冲能力、抗逆能力和自净能力的总和,以维护人类的生存支持系统和发展支持系统。生存支持系统和发展支持系必须在环境支持系统的允许范围之内。如果人们为满足自身的物质和精神追求,过分掠夺资源、能源等,从而超出环境支持系统的许可阈值时,人类的生存支持系统和发展支持系统就可能崩溃,更不可能实现可持续发展的战略目标。

社会支持系统:社会支持系统是实施可持续发展的保证条件。假设生存支持系统、发展支持系统和环境支持系统都没有超出可持续发展总体要求的范围,但社会支持系统出现了问题,如社会分配不公、贫富悬殊过大、社会动乱、战争的破坏和威胁等,其结果是不仅不能提高人类社会的可持续发展水平,还会将生存、发展、环境三大系统的支持能力破坏殆尽。

智力支持系统:智力支持系统是实施可持续发展的持续条件。它主要涉及教育水平、科技竞争力、管理能力和决策能力。一个国家或地区如果教育水平和科技创新能力低下,必然缺乏可持续发展的基础和后劲。尤其是全社会的管理水平和决策水平的高低,更是体现智力支持系统作用的关键,一项重大的决策失误甚至可以销蚀、破坏生存、发展、环境以及社会支持系统所具有的能力。

任何一个国家或地区的可持续发展,都受到以上5大支持系统的共同作用,其中任何一个系统的失误与崩溃,最终都会削弱可持续发展的总体能力。

建立符合中国国情的可持续发展模式包括：
①实施严格控制人口数量、大力开发人力资源的人口战略；
②建立资源高效利用和适度消费的社会经济体系；
③建立与发展阶段相适应、不断进行制度创新的环保体制；
④建立促进与世界市场接轨的更加开放的贸易体制；
⑤加快全方位的变革，逐步从传统发展模式向可持续发展模式过渡。

中国的环境与发展对策

中国的环境保护任重而道远

与所有的工业化国家一样，我国的环境污染问题是与工业化相伴而生的。

20世纪50年代前，我国的工业化刚刚起步，工业基础薄弱，环境污染问题尚不突出，但生态恶化问题经历数千年的累积，已经积重难返。

20世纪50年代初，中国追随前苏联工业化"赶超战略"，走上了一条用高消耗、高污染换取工业高增长的发展道路。

20世纪70年代末，在付出了惨痛的经济、社会和环境代价后，中国开始了经济改革和开放的进程，计划经济逐步解体，市场经济逐步确立，使中国步入了高速增长期，但随着改革开放和经济的高速发展，我国的环境污染渐呈加剧之势，特别是乡镇企业的异军突起，使环境污染向农村急剧蔓延。同时，生态破坏的范围也在扩大。时至如今，环境问题与人口问题一样，成为我国经济和社会发展的两大难题。

中国的环境保护事业从20世纪70年代开始了艰难的起步，经过多年的努力，中国环境与发展事业取得重大进展，主要表现在：

①逐步将环境保护逐步融入经济发展中;
②环境保护的投入明显增加,污染防治能力增强;
③积极开展生态建设和保护,注重生态系统的恢复和重建;
④全民环境意识明显提高,公众参与与环保的积极性十分活跃。

目前中国的环境与发展正处在一个重要转折时期,进入21世纪,全国环境污染加剧的趋势从总体上开始得到控制,部分城市和地区环境质量有所改善。但我国人口、经济同环境的紧张关系尚难有大的缓解,环境状况不可能马上好转,几十年来沉积下来的环境问题不可能在几年之内就能彻底解决,环境压力大、问题多、基础差这样一种不利状况还会延续相当长一个时期。

改善环境,使我国真正走上可持续发展之路,需要经过几代人的不懈奋斗,需要政府、各行各业和全民参与的,包括生产、消费、科学技术、社会文化和伦理道德的全面变革,以实现我们的生存发展同地球生态系统的和谐。

环境问题的行为对策

中国环境与发展的十大对策:1992年8月,我国政府为了履行承诺,把可持续发展战略应用于中国的建设实践,促进经济建设与环境保护的协调发展,根据我国具体情况,提出了我国环境与发展领域应采取的十条对策和措施,这是我国现阶段和今后相当长一段时期内环境政策的集中体现。

中国环境与发展的十大对策是:
①实行持续发展战略;
②采取有效措施,防治工业污染;
③深入开展城市环境综合整治,认真治理城市"四害";
④提高能源利用效率,改善能源结构;
⑤推广生态农业,坚持不懈地植树造林,切实加强生物多样性的保护;

⑥大力推进科技进步,加强环境科学研究,积极发展环保产业;

⑦运用经济手段保护环境;

⑧加强环境教育,不断提高全民族的环境意识;

⑨健全环境法制,强化环境管理;

⑩参照环发大会精神,制定我国行动计划。

5R——有利于环境的生活方式:人类同居一个星球,分享同一片星空,无论来自地球的哪一个角落,都肩负着缔造美好生活、保护自然环境的重大责任。

祖先给我们留下了璀璨的文明,也留下了气象万千的大自然,我们不应该把一个"千疮百孔"的地球留给子孙后代。

关爱地球、善待环境,是每个地球村村民的责任,而崇尚自然、尊重自然的绿色文明正在成为现代人生活方式的内在部分。

5R 生活方式:

节制消费(Reduction):地球资源及其环境容量是有限的,必须把消费方式限制在生态环境可以承受的范围内。

节制消费、降低消耗,例如简化商品包装、节能节水、少开空调、自觉执行机动车尾气排放控制措施、尽量乘坐公交车等。节约、节省和节制,在这里不是受贫困经济制约的不得已的手段,而是一种引以为荣的环境意识,是文明和教养的重要标志。

替代消费(Reevaluation):替代消费是缓解与发展矛盾的有效途径,即用对环境有利的绿色产品去替代那种高污染高消耗的消费品。

选购商品要审视该产品是否具有对环境有害的成分,购买有绿色标志的产品。例如拒绝购买那种污染水源的高磷洗衣粉,以促使厂家对低磷洗衣粉的研制。

公众对绿色食品的需求,又带动了无公害食品的生产和生物制品对化学农药的替代。

这样,消费者手中的钞票实质上成了绿色的选票,淘汰那些高污染高消耗的产品,促进净化工艺和清洁技术的发展。

循环利用(Recycle):为了利用有限的地球资源而实现人类的可持续发展,人们正在放弃"牧童经济",而接受"宇宙飞船经济"的概念。

过去许多物品被认为是废弃物的垃圾,现在可以通过分类回收体系而重新利用。例如,污水经过处理后作为中水再用作清洁用水、绿化用水等;一些国家明文规定政府机关用纸的60%必须是再生纸,使用和购买再生用品也正在成为一种社会风气。

重复使用(Reuse):随着全球生态危机的加剧和公众环境意识的提高,曾在发达国家风靡一时的"一次性使用"风潮正在成为历史。许多人出门自备可重复使用的购物袋,以拒绝滥用不可降解的塑料袋;自备餐具,以不使用一次性塑料泡沫饭盒;许多大旅店已不再提供一次性牙刷,以鼓励客人自备牙刷来减少"一次性使用"所造成的灾难。

人类无法超越地球资源的有限,但可以通过重复使用来提高资源的利用率。

拒绝使用野生动物制品(Rescue):目前每天都有50个物种由于人类的活动而灭绝。照此下去,到21世纪末,数十万个物种将会永远灭绝。

越来越多的人意识到要保护生物多样性,必须从改变每个人的生活方式入手。过去显示尊贵的珍稀裘皮,在许多国家成了耻辱的标记;而食用野生动物更是遭人唾弃的犯罪行为。在消费者—倒卖者—盗猎者这个毁灭野生动物的犯罪链条中,消费者的生活方式是最关键的一环。

每个消费者如果都拒绝使用野生动物制品,那些贩卖野生动物的不法商贩才会失去市场,偷猎者也才会销声匿迹。

5R生活方式是有利于环境的生活方式,它必然会成为现代人的主流生活方式。

21世纪优秀世界公民的绿色行为

- 积极参加植树活动;
- 使用可再生材料制成的工作生活用品;
- 节约能源;
- 节省使用自然资源;
- 改变不利于环境保护的饮食习惯;
- 尽量利用公共交通,短途旅行尽可能骑自行车或者以步代车;
- 在居室庭院中种植多叶植物;
- 爱护每一块绿地;
- 动员周围的人为环保尽心尽力;
- 亲近大自然,和我们的动植物朋友和谐相处;
- 关心并积极参与科技事业,使之成为改善环境状况的动力;
- 从事每项活动前,充分考虑其对环境的影响,并采取预防措施。

参 考 文 献

曹凤中等.绿色的热点.北京:中国环境科学出版社,1998
陈光庭.从观念到行动——外国城市可持续发展研究.北京:世界知识出版社,2002
陈新强,郑国光等.可持续发展中的若干气候问题.北京:气象出版社,2002
陈英旭.环境学.北京:中国环境科学出版社,2001
陈志远.中国酸雨研究.北京:中国环境科学出版社,1997
戴君虎,丁枚,方精云.温室效应.北京:中国环境科学出版社,2001
戴维·基斯著,邓兵译.大灾难.北京:世界知识出版社,2001
方精云.全球生态学.北京:科学技术出版社,2000
费道洛夫 E.人与自然——生态危机和社会进步.北京:中国环境科学出版社,1986
戈尔·阿尔著,陈嘉应译.濒临失衡的地球——生态与人类精神.北京:中央编译出版社,1997
郝瑞庭,赖辉亮.环宇危情——来自地球的报复.北京:世界知识出版社,1999
Houghton J 著,戴晓苏等译.全球变暖.北京:气象出版社,1998
IPCC 第一工作组第三次评价报告.1999 年 11 月版
IPCC 第二工作组第三次评价报告.2000 年 11 月版
IPCC 第三工作组第三次评价报告.2000 年 12 月版
贾昱,李建会.全球环境变化——人类面临的共同挑战.武汉:湖北教育出版社,1998
经济合作与发展组织.环境管理中的市场与政府失效:湿地与森林.北京:中国环境科学出版社,1996
Julie,Stauffer 著,张康生等译.水危机.北京:科学技术出版社,2000
卡洛琳·麦茜特著,吴国盛等译.自然之死.长春:吉林人民出版社,1999
李爱贞.生态环境保护概论.北京:气象出版社,2001
李爱贞,刘厚凤.气象学与气候学基础.北京:气象出版社,2001
刘大椿.环境问题.北京:中国人民大学出版社,1995
刘文.环境与我们.上海:上海科技教育出版社,1995

李政道,周光召.绿色战略.青岛:青岛出版社,1997
陆渝蓉.地球水环境学.南京:南京大学出版社,1999
马世骏,王如松.社会－经济－自然复合生态系统(J).生态学报,(1),1984
Nisbet E G 著,郭彩丽等译.逝去的伊甸园.北京:中国青年出版社,2001
潘守文等.现代气候原理.北京:气象出版社,1994
秦大河等.生态环境变化与对策建议.生态环境与保护,(9):30—34,2000
曲格平.从斯德哥尔摩到约翰内斯堡.环境保护,(6),2002
曲格平.中国的环境与发展.北京:中国环境科学出版社,1993
世界自然保护基金会.《活着的地球》(2002 年度)报告.2002
施雅风主编.中国气候与海面变化及其趋势和影响.济南:山东科学技术出版社,1996
孙崇基.酸雨.北京:中国环境科学出版社,2001
孙铁珩等.污染生态学.北京:科学出版社,2002
陶诗言.温室效应与气候变化研究.北京:海洋出版社,1999
王冬桦等.人类与环境——环境教育概论.上海教育出版社,1999
王明星.大气化学.北京:气象出版社,1999
温刚等.全球环境变化.长沙:湖南科技出版社,1997
延军平等.跨世纪全球环境问题及行为对策.北京:科学技术出版社,1999
晏路明.人类发展与生存环境.北京:中国环境科学出版社,2001
叶笃正等.当代气候研究.北京:气象出版社,1991
张坤民.可持续发展论.北京:中国环境科学出版社,1997
张维平.保护生物多样性.北京:中国环境科学出版社,2001
中国 21 世纪议程——中国 21 世纪人口、环境与发展白皮书.北京:中国环境科学出版社,1994
中国环境保护 21 世纪议程.北京:中国环境科学出版社,1994
中国科学技术蓝皮书第 5 号.气候蓝皮书·气候.北京:科学技术文献出版社,1990
中国科学院可持续发展研究组.2000 中国可持续发展战略报告.2000
中国科学院可持续发展研究组.2001 中国可持续发展战略报告.2001
周辉春.拯救共同的家园.哈尔滨:哈尔滨工业大学出版社,2002
周淑贞,束炯.城市气候学.北京:气象出版社,1994
左玉辉.环境学.北京:高等教育出版社,2002